Photoshop 设计师精通之道

摄影 + 平面 + UI + 网店 实战全解

委婉的鱼 编著

電子工業出版社
Publishing House of Electronics Industry
北京•BEIJING

内 容 简 介

近些年，Photoshop软件在平面设计、广告摄影、影像创意、网页制作、后期修饰、视觉创意及界面设计中的重要地位越来越不可被撼动，学好Photoshop是一个渐进的过程。本书分别讲解了Photoshop的起源、用途、抠图、调色、合成、特效制作、摄影后期、平面设计、UI界面设计、网店设计等众多知识。

本书结构清晰、文字通俗流畅、实例丰富精美，适合从事平面设计、UI设计、网页设计、摄影后期、自媒体设计、电商设计等工作的读者学习，也可以作为相关院校的电子商务和设计类专业的教材。

本书配备了超大容量的多媒体教学视频，以及书中的实例源文件和相关素材，读者可以借助配套资源更好、更快地学习Photoshop。

图书在版编目（CIP）数据

Photoshop设计师精通之道：摄影+平面+UI+网店实战全解 / 委婉的鱼编著. —北京：电子工业出版社，2020.7

ISBN 978-7-121-39121-7

Ⅰ. ①P… Ⅱ. ①委… Ⅲ. ①图像处理软件 Ⅳ. ①TP391.413

中国版本图书馆CIP数据核字(2020)第100863号

责任编辑：孔祥飞
印　　刷：中国电影出版社印刷厂
装　　订：中国电影出版社印刷厂
出版发行：电子工业出版社
　　　　　北京市海淀区万寿路 173 信箱　　邮编：100036
开　　本：787×1092　1/16　印张：15.5　字数：437 千字
版　　次：2020 年 7 月第 1 版
印　　次：2020 年 7 月第 1 次印刷
定　　价：89.00 元

凡所购买电子工业出版社图书有缺损问题，请向购买书店调换。若书店售缺，请与本社发行部联系，联系及邮购电话：（010）88254888，88258888。

质量投诉请发邮件至 zlts@phei.com.cn，盗版侵权举报请发邮件至 dbqq@phei.com.cn。

本书咨询联系方式：010-51260888-819，faq@phei.com.cn。

前言

本书是初学者快速自学 Photoshop 软件的实战教程，全书基于 Photoshop CC 软件，结合作者多年的图像处理和实战经验，以基本知识带动实例的学习模式，全面讲解 Photoshop 的使用方法和实战应用。

本书内容编排

本书共 9 章，遵循循序渐进的原则安排了学习内容，从简到难，从理论到应用，确保读者可以轻松、快速入门：第 1 章讲解了 Photoshop 的起源及用途；第 2 章讲解了 Photoshop 的各种抠图技法；第 3 章讲解了色彩的基本知识及相关的调色命令，并一一列举了练习案例；第 4、5 章讲解了图像的合成及特效制作；第 6 章讲解了摄影后期；第 7~9 章，讲解了平面设计、UI 界面设计及网店设计等 Photoshop 的综合应用。

本书涉及了 Photoshop 的调色、抠图、合成及后期处理四大核心内容，剔除了不必要的理论知识和过于简单的操作，确保了内容的精简性和实用性。书中每个知识点都配有经典实例进行说明，具有很强的启发性，大部分内容还配有相应的练习案例帮助读者进一步巩固所学知识。本书注重理论与实践的结合，旨在给读者“授之以渔”。

本书主要特色

典型实例，操作性强

本书采用知识点和综合案例相结合的方式，专为初学者打造，帮助读者通过实践学习，由浅入深，确保读者快速入门。

全程图解，提高兴趣

本书版面整洁、美观，使用图例对重点知识进行剖析说明，让读者能够轻松阅读，提升对学习 Photoshop 软件的兴趣。

练习丰富，巩固所学

在学完本书主要的知识点后，还配有丰富的练习案例，帮助读者巩固所学知识。

配套丰富，帮助入门

本书配备了超大容量的多媒体教学视频，以及书中的实例源文件和相关素材，读者可以借助配套资源更好、更快地学习 Photoshop 软件。

本书内容力求严谨细致，但由于作者水平有限，书中难免存在疏漏和不妥之处，恳请广大读者批评、指正。

目录

第 1 章　探索神奇的 Photoshop 世界

1.1　Photoshop 的起源简述

Adobe Photoshop 简称“PS”，是由美国 Adobe 公司开发的图像后期处理软件，它在图像、图形、文字、视频、出版等方面都有涉及，下图为 Photoshop CC 的启动界面。

1990 年，Adobe 公司发布了 Photoshop 1.0.7 版本。

1994 年，Photoshop 3.0 版本正式发布，在这个版本中提出图层功能。

1997 年，Photoshop 4.0 版本发布。

1998 年，Photoshop 5.0 版本发布。

1999 年，Photoshop 5.5 版本发布。

2000 年，Photoshop 6.0 版本发布，在这个版本中提出形状功能。

2002 年，Photoshop 7.0 版本发布。

2003 年起，Adobe 公司将发行的 Photoshop 版本开始以读者熟知的 Photoshop CS 命名。

2005 年，Photoshop CS2 版本发布。

2007 年，Photoshop CS3 版本发布。

2008 年，Photoshop CS4 版本发布。

2010 年，Photoshop CS5 版本发布。

2012 年，Photoshop CS6 发布测试版，至此以 Photoshop CS 命名的一系列版本走向终点。

2013 年起，Adobe 公司发行的 Photoshop 版本开始以 Photoshop CC 命名，包括 Photoshop CC 2014、Photoshop CC 2015、Photoshop CC 2017、Photoshop CC 2018、Photoshop CC 2019 等版本。

1.2 Photoshop 的用途简述

Photoshop 的专长在于图像后期处理，能够对已有位图的图像进行编辑加工或者添加特殊效果。

Photoshop 的用途包括：图像编辑、校色和调色、人像后期、图像合成、特效制作、网页设计及简单的动画制作等。

1. 图像编辑

图像编辑是 Photoshop 的基础，它包括对图像进行变换、复制、删除、裁剪、修补、虚化、拉直等一系列操作。如下左图所示是一张变形的图像，经过 Photoshop 编辑可将其进行修正，效果如下右图所示。

2. 校色和调色

Photoshop 可以对图像色彩的明暗、对比度、色相、饱和度等一系列参数进行调整和校正。如下左图所示是一张冬天里红色小野果的图像，经过调色可将其颜色调整为如下右图所示的效果。

3. 图像合成

Photoshop 可以将几张图像通过各种工具和菜单命令进行合成。如下左图所示是一张平板电脑和手机的图像素材，Photoshop 可将其和其他一些图像素材进行合成，得到如下右图所示的效果。

4. 特效制作

使用 Photoshop 的滤镜、常用菜单及基本工具可以将图像制作成油画、素描、水墨、水彩、插画、漫画及手绘等特殊效果。如下左图所示是一张普通的人像图像，经过 Photoshop 编辑，可将其处理成如下右图所示的素描效果。

5. 人像后期

Photoshop 在后期处理中，可以对图像的亮度、对比度、色彩等进行修正，针对人像图像还可以进行消除皱纹、美化皮肤、液化形体等操作。如下左图所示是一张普通的人像图像，经过修瑕疵、磨皮、液化等操作后，可将其处理成如下右图所示的效果。

6. 特殊字体

利用 Photoshop 可以设计出一些非常漂亮的字体特效。如下左图所示是一张普通的文字图像，经过 Photoshop 编辑，可将其处理成如下右图所示的玻璃效果。

7. 平面设计

Photoshop 在图书封面、三折页、海报、App 设计、界面设计及网页制作等平面设计中也扮演着非常重要的角色。如下图所示是用其设计的杂志封面和人物海报。

8. 动画制作

利用 Photoshop 还可以制作一些简单的逐帧动画，比如最常见的 Gif 动画，如下图所示。

第2章 抠图

2.1 抠图简述

1. 抠图

抠图是指将图像中需要的部分单独分离出来，使需要的部分成为单独图层的操作过程。实质上，是从图像中将需要的部分截取出来。

2. 方法

抠图的方法有很多，比如套索工具抠图、选框工具抠图、橡皮擦工具抠图、快速选择工具抠图、魔棒工具抠图、蒙版抠图、图层混合模式抠图、应用图像抠图、钢笔工具抠图、色彩范围抠图、通道抠图、选择并遮住抠图等。需要注意的是，不同的素材会用到不同的方法，没有任何一种方法是万能的，针对素材本身的特点，一般会在几种方法之间灵活切换。

3. 注意事项

（1）根据用途决定抠图的精细程度。如果仅仅是一般的用途，就没必要注意所有细节，将所需内容快速抠出来就好；如果要用于杂志或者海报，就需要花费一些时间和精力去精细处理。

（2）没有万能的抠图方法，注意各种抠图方法的配合使用，不要拘泥于某一种方法。

（3）为了不损坏原图，一般都会将原图复制一个图层，然后进行抠图操作。

（4）如果图像需要反复修改，在创建好要抠出图像的选区后，一般会给该选区创建一个图层蒙版，不管图像抠多还是抠少，之后都可以很方便地进行修改。所以用魔棒工具、快速选择工具、色彩范围、通道命令等创建好要扣取图像的选区后，就可以添加图层蒙版，再进行调整。

（5）在抠图时放大图像的操作过程中，尽量注意细节，这样等恢复图像原本大小时，一些细微的瑕疵基本就看不到了。

（6）为了不让抠出图像的边缘太生硬，有时会对图像进行羽化处理，而为了消除杂边，一般会对创建的选区进行适当收缩。

（7）有条件的话，可以使用手绘板抠图。

2.2 快速选择工具抠图

原理：使用快速选择工具创建想要的选区，然后复制选区内容即可。

适用范围：适合抠一些背景简单、抠出部分与背景色彩反差较大，并且细节较少的图像。

优缺点：抠图速度很快，但是细节把握比较粗略，不适合像头发一样有细节的图像。

使用方法：选择快速选择工具，根据要创建的选区大小，在属性栏调整画笔的大小，然后在图像窗口单击并拖动鼠标光标，即可创建选区，接着通过选区加减运算进一步精确选区，最后复制选区内容。

如果背景比较简单，所抠出的部分比较复杂，就可以先选择背景的选区，然后反选，最终调整出所需的选区。

举例：如下图所示是“老鹰”和“背景”两张素材图，要求利用快速选择工具将素材图中的老鹰抠出来，然后将其移动到背景上。

步骤 01：打开 Photoshop，执行“文件>打开”命令（快捷键为 Ctrl+O 组合键），打开“老鹰”素材图，新建“背景”图层，如下图所示。

步骤 02：选择快速选择工具，在属性栏设置画笔大小为“30”像素，然后在图像窗口中老鹰的位置单击并拖动鼠标光标，得到如下图所示的选区。

步骤 03：在属性栏选择添加到选区笔头，将没有选上的部分选上，通过选区加减运算进一步精确选区，效果如下图所示（同理，选择从选区减去笔头，可以将选区内多余的部分减去）。

Tip：放大图像进行操作，更容易把握细节。

步骤 04：执行“图层>新建>通过拷贝的图层”命令（快捷键为 Ctrl+J 组合键），将选区内的老鹰复制一层，即可得到如下图所示的“图层 1”。

步骤 05：在图层面板隐藏“背景”图层，即可看到，老鹰已经被抠出，如下图所示。

步骤 06：执行“文件>打开”命令，打开“背景”素材图，如下图所示。

步骤 07：选择移动工具，将抠出的老鹰图层直接拖动到“背景”图层上，即可得到新的“图层1”，图像窗口显示如下图所示的效果。

步骤 08：执行“编辑>自由变换”命令，调整好“图层 1”的大小及位置后，按 Enter 键，即可得到如下图所示的效果。

步骤 09：最后执行“文件>存储为”命令（快捷键为 Ctrl+Shift+S 组合键），选择图像的保存位置和格式，保存即可，保存的 Jpeg 格式图像效果如右图所示。

练习：将如下左图所示的练习素材中的山峰用快速选择工具抠出来，然后将其移动到如下中图所示的一张练习素材图上，最终效果如下右图所示。

2.3 魔棒工具抠图

原理：使用魔棒工具创建想要的选区，然后复制选区内容即可。

适用范围：适合抠一些背景颜色彩简单、抠出部分与背景颜色反差较大、图像边界比较清晰，并且细节较少的图像。

优缺点：抠图速度很快，但是细节把握比较粗略，不适合像头发一样有细节的图像。

使用方法：选择魔棒工具，在颜色单一的背景上单击，选出背景的选区，然后通过修改容差值进一步精确选区，接着反选选区，得到要抠取图像的选区，最后复制选区内容即可。

举例：将如下左图所示的素材图用魔棒工具将鸟和鸟巢抠出来，然后将其移动到如下右图所示的背景图像上。

步骤 01：打开 Photoshop，执行“文件>打开”命令，打开“背景”图层，如下图所示。

步骤 02：选择魔棒工具，将容差值设为“25”，如下图所示。

Tip：根据图像实际情况，灵活调整容差值。

步骤 03：在图像窗口单击蓝色的天空，即可得到如下图所示的选区效果。

步骤 04：如下图所示，放大图像，可以看到图像背景还有一部分尚未被选择，这说明容差值设得有点小。

步骤 05：在魔棒工具的属性栏将容差值改为“50”，然后单击背景的蓝色天空，刚才的选区将消失，再单击一次又会得到新的选区，新选区相对旧选区会更精确，如下图所示。

步骤 06：执行“选择>反选”命令（快捷键为Ctrl + Shift +I 组合键），反选背景上的选区，即可得到要抠出的鸟和鸟巢的选区，如下图所示。

步骤 07：为了减少背景色对抠出图像的影响，执行“选择>修改>收缩”命令，打开“收缩”命令窗口，然后调整收缩量为“2”像素，最后单击“确定”按钮，即可得到如下图所示的效果。

步骤 08：执行“图层>新建>通过拷贝的图层”命令，将选区内容复制一层，即可得到如下图所示的“图层 1”。

步骤 09：隐藏“背景”图层，即可看到鸟和鸟巢已经被抠出，如下图所示。

步骤 10：执行“文件>打开”命令，打开如下图所示的“背景”素材图。

步骤 11：选择移动工具，将抠出的鸟和鸟巢图层直接拖动到“背景”图层上，得到如下图所示的一个新图层，然后将该图层重命名为“鸟”。

步骤 12：执行“编辑>自由变换”命令，调整“鸟”图层的大小及位置，如下图所示，最后按 Enter 键。

步骤 13：执行“文件>存储为”命令，选择图像的保存位置和格式，保存即可，保存的 Jpeg 格式图像效果如右图所示。

练习：请用快速选择工具将如下左图所示的“咖啡豆”抠出来，然后将其移动到如下中图所示的“背景”素材图上，最终效果如下右图所示。

2.4 图层混合模式抠图

原理：使用图层的混合模式滤去白色或黑色的背景。

适用范围：只适合抠出黑色和白色背景的图像。

优缺点：不用创建选区，而且抠图速度很快，但是局限性比较大，只能抠出黑白背景的图像。

使用方法：观察图像，使用“正片叠底”混合模式滤去白色背景，使用“滤色”混合模式滤去黑色背景。

“正片叠底”混合模式举例：使用“正片叠底”混合模式将如下左图所示的水彩画抠出来，然后将其移动到如下右图所示的背景上。

步骤 01：打开 Photoshop，执行“文件>打开”命令，打开如下图所示的“背景”图层。

步骤 02：继续执行“文件>打开”命令，打开如下图所示的水彩素材图。

步骤 03：选择移动工具，将水彩素材图拖动到“背景”图层上，得到一个新图层，然后将该图层重命名为“水彩”，如下图所示。

步骤 04：执行“编辑>自由变换”命令，调整“水彩”图层的大小及位置，如下图所示，最后按 Enter 键。

步骤 05：在图层面板中，将“水彩”图层的图层模式修改为“正片叠底”，滤去“水彩”图层的白色背景，效果如下图所示。

步骤 06：最后执行“文件>存储为”命令，选择图像的保存位置和格式，保存即可，保存的 Jpeg 格式图像效果如下图所示。

“滤色”混合模式举例：使用“滤色”混合模式将如下左图所示的“蒲公英”素材图抠出来，然后将其移动到如下右图所示的“天空背景”素材图上。

步骤 01：打开 Photoshop，执行“文件>打开”命令，打开如下图所示的“背景”图层。

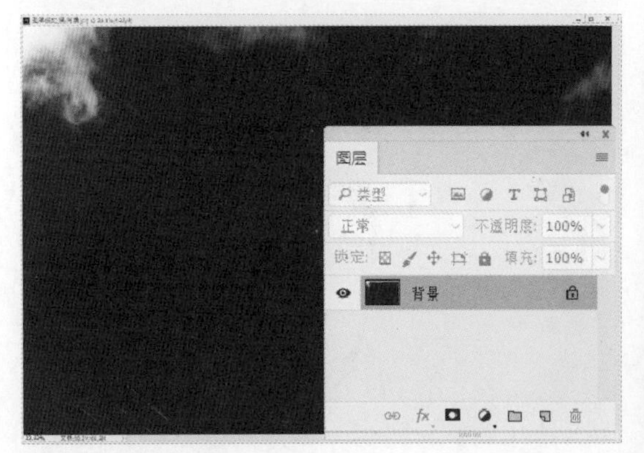

步骤 02：继续执行“文件>打开”命令，打开如下图所示的“蒲公英”素材图。

步骤 03：选择移动工具，将“蒲公英”素材图拖动到“背景”图层上，得到一个新的图层，将该图层重命名为“蒲公英”，如下图所示。

步骤 04：执行“编辑>自由变换”命令，调整“蒲公英”图层的大小及位置，如下图所示，最后按Enter键。

步骤 05：在图层面板中，将“蒲公英”图层的图层模式修改为“滤色”，滤去“蒲公英”图层里的白色背景，效果如下图所示。

步骤 06：最后执行“文件>存储为”命令，选择图像的保存位置和格式，保存即可，保存的Jpeg格式图像效果如下图所示。

“正片叠底”混合模式练习：使用“正片叠底”混合模式将如下左图所示的“樱桃”素材图抠出来，然后将其移动到如下中图所示的“背景”素材图上，最终效果如下右图所示。

“滤色”混合模式练习：使用“滤色”混合模式将如下左图所示的“月亮”素材图抠出来，然后将其移动到如下中图所示的“背景”素材图上，最终效果如下右图所示。

2.5 色彩范围抠图

原理：利用颜色的差异创建想要的选区，然后复制选区内容即可。

适用范围：适合背景色较单一且图像和背景色的色相有明显差异的图像，或所抠出的对象本身是单一色彩的图像。

优缺点：抠图速度较快，但是不适合抠出的对象中有背景色的图像，对背景复杂的图像也不适合。

使用方法：执行色彩范围命令，用吸管工具对背景取样，然后使用添加到取样和从取样中减去吸管，以及颜色容差命令进一步精确选区，确定后载入选区。接着反选选区，得到要抠出对象的选区，最后复制选区内容即可。

举例：使用色彩范围抠图法将如下左图所示的“花朵”素材图抠出来，然后将其移动到如下右图所示的“计算机背景”素材图上。

步骤 01：打开 Photoshop，执行“文件>打开”命令，打开如下图所示的“背景”图层。

步骤 02：执行“选择>色彩范围”命令，打开“色彩范围”命令窗口（在“色彩范围”命令窗口中，黑色表示隐藏，白色表示显现，不同的灰色表示不同程度的半透明显示效果），如下图所示。

步骤 03：在“色彩范围”命令窗口中，选择“取样颜色”属性，再选择“添加到取样吸管”，然后通过调整“颜色容差”的值，让想要抠出的花朵图像变黑，如右图所示。

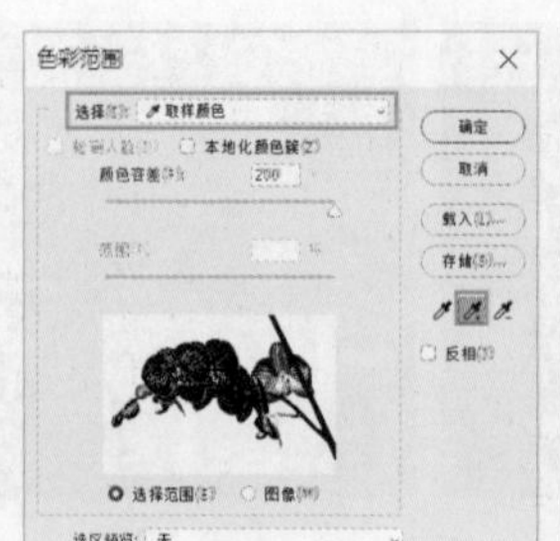

步骤 04：使用“添加到取样”吸管在图像窗口中黑色的背景上单击，直到背景全部变为如下图所示的白色为止（色彩范围窗口中白色部分即为后来的选区）。

步骤 05：单击“色彩范围”命令窗口右上角的“确定”按钮，即可载入如下图所示的选区。

步骤 06：执行“选择>反选”命令，反选选区，即可得到如下图所示的选区。

步骤 07：在工具箱选择“快速选择工具”，在属性栏选择“添加到选区”笔头，之后在图像窗口将漏选的花朵选上，效果如下图所示。

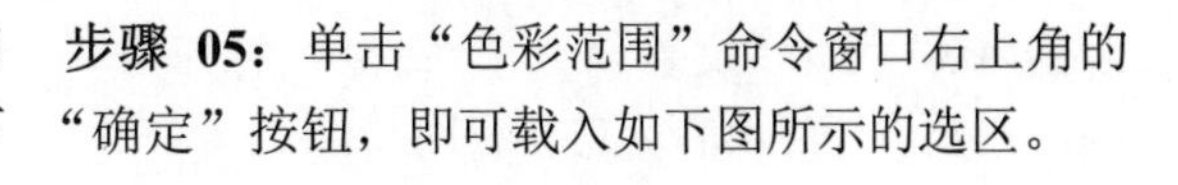

步骤 08：执行“图层>新建>通过拷贝的图层”命令，将选区内的花朵复制一层，得到如下图所示的“图层 1”。

步骤 09：在图层面板隐藏“背景”图层，即可看到花朵已经被抠出，如下图所示。

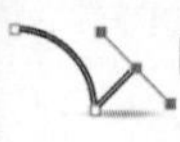

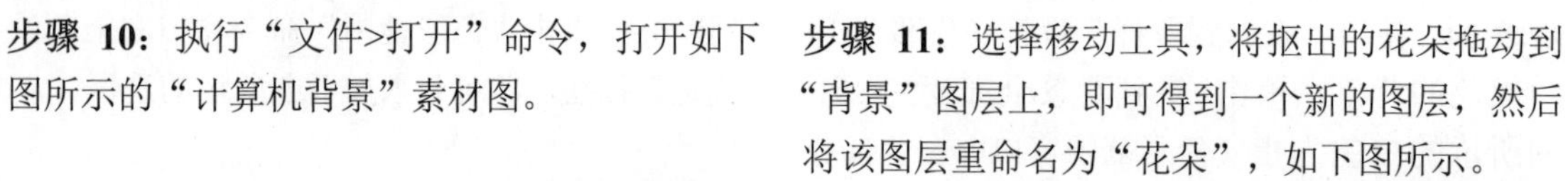

步骤 10：执行“文件>打开”命令，打开如下图所示的“计算机背景”素材图。

步骤 11：选择移动工具，将抠出的花朵拖动到“背景”图层上，即可得到一个新的图层，然后将该图层重命名为“花朵”，如下图所示。

步骤 12：执行“编辑>自由变换”命令，调整“花朵”图层的大小及位置，如下图所示，最后按 Enter 键。

步骤 13：执行“文件>存储为”命令，选择图像的保存位置和格式，保存即可。保存的 Jpeg 格式图像效果如下图所示。

练习：使用色彩范围抠图法将如下左图所示的“水母”素材图抠出来，然后将其移动到如下中图所示的“大海背景”素材图上，最终效果如下右图所示。

2.6 钢笔工具抠图

原理：使用钢笔工具创建想要抠出素材图的路径，然后将路径转换为选区，最后复制选区内容即可。

适用范围：钢笔工具几乎可以抠出所有的图像，不管抠出图像是否清晰、内容简单还是复杂、轮廓清晰还是模糊，只要能创建路径，就可以抠出来。

优缺点：几乎可以抠出90%以上的图像，抠出的素材图边界比较准确，但抠图速度较慢，像头发或者树枝等特别复杂的图像的抠图效果不好。

使用方法：选择钢笔工具，通过添加锚点、调整方向线创建好路径，然后通过按 Ctrl+Enter 组合键将路径转换为选区，最后复制选区内容即可。

举例：使用钢笔工具将如下左图所示的“草莓”素材图抠出来，然后将其移动到如下右图所示的“背景”素材图上。

步骤 01：打开 Photoshop，执行“文件>打开”命令，打开如下图所示的“背景”图层。

步骤 02：选择钢笔工具，然后在属性栏选择工具模式为“路径”，如下图所示。

步骤 03：执行“视图>放大”命令（快捷键为 Ctrl++组合键），放大图像，然后在如下图所示的草莓轮廓上单击，确定起始锚点。

步骤 04：在草莓轮廓比较平滑的地方单击（不要松开鼠标），添加第二个锚点，接着拖动鼠标光标调整方向线，调整路径的弧度，效果如下图所示。

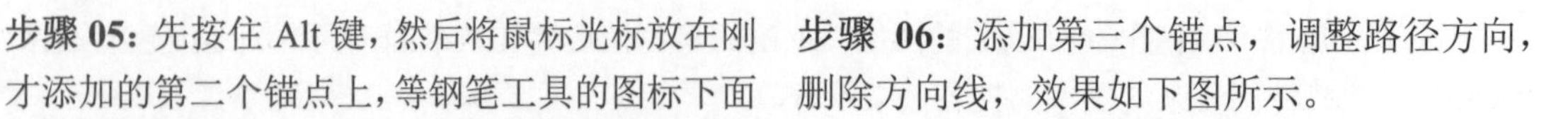

步骤 05：先按住 Alt 键，然后将鼠标光标放在刚才添加的第二个锚点上，等钢笔工具的图标下面出现倒立的“V”时单击，删除远离路径的一条方向线，避免在添加第三个锚点时影响锚点和锚点之间路径的弧度，如下图所示。

步骤 06：添加第三个锚点，调整路径方向，删除方向线，效果如下图所示。

步骤 07：如下图所示，用同样的方法添加剩余的锚点。

步骤 08：当最后一个锚点和起始锚点要重合时，先按住 Alt 键，然后在起始锚点位置处单击，即可拖动鼠标光标调整方向线，调整路径的弧度，最后当路径的弧度与草莓轮廓切合时松开鼠标，得到如下图所示的效果。

步骤 09：执行“视图>缩小”命令（快捷键为 Ctrl+–组合键），缩小图像，如下图所示，已经得到了草莓完整的轮廓路径。

步骤 10：按 Ctrl+Enter 组合键，将创建的路径转换成选区，效果如下图所示。

步骤 11：执行“图层>新建>通过拷贝的图层”命令，将选区内的草莓复制一层，即可得到如下图所示的“图层 1”。

步骤 12：在图层面板隐藏“背景”图层，即可看到草莓已经被抠出，如下图所示。

步骤 13：执行“文件>打开”命令，打开如下图所示的“背景”素材图。

步骤 14：选择移动工具，将“图层 1”拖动到背景图层上，即可得到一个新的图层，将该图层重命名为“草莓”，如下图所示。

步骤 15：执行“编辑>自由变换”命令，调整“图层”的大小及位置，如下图所示，最后按 Enter 键。

步骤 16：为了让效果更自然，为“图层 1”创建一个阴影效果（后文会讲解阴影效果），如下图所示。

步骤 17：最后执行“文件>存储为”命令，选择图像的保存位置和格式，保存即可。保存的 Jpeg 格式图像效果如右图所示。

练习：使用钢笔抠图法将如下左图所示的“螃蟹”素材图抠出来，然后将其移动到如下中图所示的“海滩背景”素材图上，最终效果如下右图所示。

2.7 通道抠图

原理：在使用通道抠图时，需要明白此时通道中黑色表示隐藏，白色表示显现，不同的灰色表示不同程度的透明度显示效果。所以在抠图时，先使用色阶、曲线、画笔等工具加深某个通道的黑白对比度，然后创建想要的选区，最后复制选区内容即可。

适用范围：适合在通道里通过色阶或者曲线调整能清楚分出明暗关系的图像，比如树叶、婚纱、人像、动物等（在通道中，需要抠出的对象和背景反差较大）。

优缺点：抠图速度较慢，但是对于细节把握非常突出，比较适合对人像头发、动物毛发、树枝等细节要求较高的图像抠图。

使用方法：观察各个通道，然后复制黑白对比度较大的那个，接着使用色阶、曲线及画笔加深复制通道的黑白对比度，再按住 Ctrl 键，单击复制通道缩览图，载入选区，接着恢复 RGB 通道的可见性，最后在图层面板复制选区内容即可。

举例：使用通道抠图将如下左图所示的“树木草地以及小湖”素材图抠出来，然后将其移动到如下右图所示的“背景”素材图上。

步骤 01：打开 Photoshop，执行“文件>打开”命令，打开如下图所示的“背景”图层。

步骤 02：在通道面板，首先选择“红”通道，观察杂草黑白对比度；然后选择“绿”通道，观察杂草黑白对比度；最后选择“蓝”通道，观察杂草黑白对比度，如下图所示。

步骤 03：通过观察发现，“蓝”通道背景与该图像的黑白对比度最大，所以在“蓝”通道上右击，在弹出的菜单中选择“复制通道”命令，将“蓝”通道复制一层，得到如下图所示的“蓝拷贝”通道。

步骤 04：执行“图像>调整>色阶”命令（快捷键为 Ctrl+L 组合键），打开如右图所示的“色阶”命令窗口。

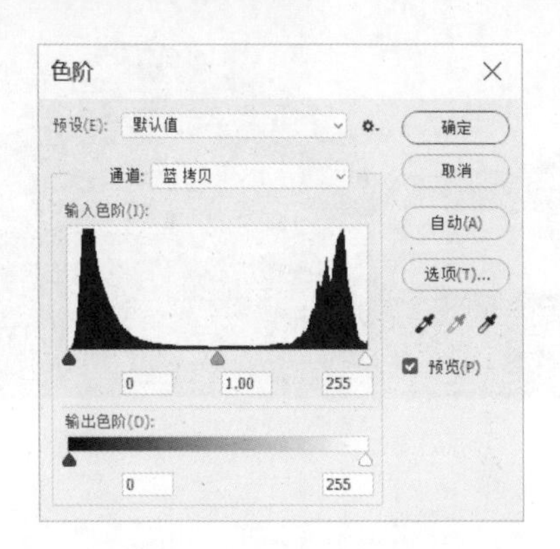

步骤 05：在“色阶”命令窗口中，调整直方图下方的暗部与亮部滑块，加深图像的黑白对比度，加深程度为不影响图像细节，又让图像与背景黑白分明，最后单击“确定”按钮，得到如下图所示的效果。

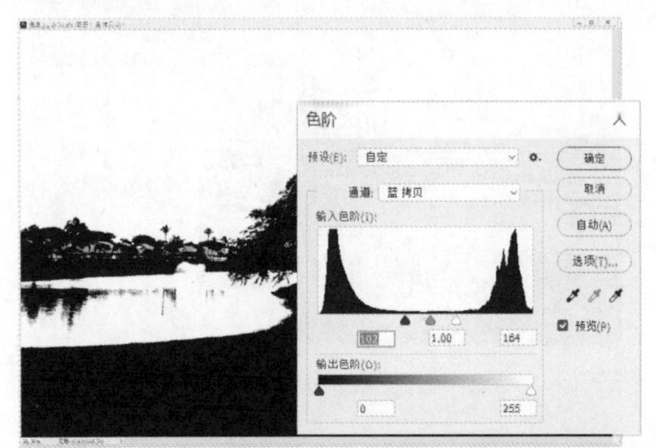

步骤 06：可以看到现在树木和草地都变成了黑色，而小湖还是白色，所以选择画笔工具，设置画笔样式为“硬边圆”，大小为“300”像素，不透明度为“100%”，硬度为“100%”，在确保前景色为黑色的情况下，涂抹图像窗口中的小湖及需要抠出的部分，得到如下图所示的效果。

步骤 07：按住 Ctrl 键，然后单击“蓝 拷贝”通道缩览图，如下图所示，已经载入了白色的背景部分选区。

步骤 08：单击“RGB”通道，恢复它的可见性，可以看到图像窗口中背景的选区已经创建好了，如下图所示。

步骤 09：执行“选择>反选”命令，反选选区，就得到了树木、草地以及小湖的选区，如下图所示。

步骤 10：执行“图层>新建>通过拷贝的图层”命令，将选区内的杂草复制一层，即可得到如下图所示的“图层 1”。

步骤 11：在图层面板隐藏“背景”图层，可看到树木、草地以及小湖已经被抠出，如下图所示

步骤 12：执行“文件>打开”命令，打开如下图所示的“背景”素材图。

步骤 13：选择移动工具，将抠出的“图层 1”拖动到“背景”图层上，得到一个新的“图层 1”，如下图所示。

步骤 14：执行“编辑>自由变换”命令，调整“图层 1”的大小及位置，如下图所示，最后按 Enter 键。

步骤 15：执行“文件>存储为”命令，选择图像的保存位置和格式，保存即可，保存的 Jpeg 格式图像效果如右图所示。

练习：使用通道抠图法将如下左图所示的“杂草”素材图抠出来，然后将其移动到如下中图所示的“背景”素材图上，最终效果如下右图所示。

2.8 选择并遮住抠图

原理：自动识别所选颜色，保留相关的颜色，智能减去不相关的颜色，然后载入想要的选区，最后输出。

适用范围：非常适合抠出动物毛发和人像头发。

优缺点：抠图速度适中，并且对细节的把握非常突出。

使用方法：执行“选择并遮住”命令，打开其命令窗口，然后使用快速选择工具做出大致选区，接着选择调整边缘画笔工具涂抹边缘，最后输出即可。

举例：使用选择并遮住抠图法将如下左图所示的素材图中的“狼”抠出来，然后将其移动到如下右图所示的“背景”素材上。

步骤 01：打开 Photoshop，执行“文件>打开”命令，打开如下图所示的“背景”图层。

步骤 02：执行“选择>选择并遮住”命令（快捷键为 Ctrl+Alt+R 组合键），打开“选择并遮住”命令窗口，如下图所示。

步骤 03： 在“选择并遮住”命令窗口左侧，选择快速选择工具，调整好适当的画笔大小后创建出如下图所示的狼的大概轮廓（此时不需要很精细）。

步骤 04： 在“选择并遮住”命令窗口左侧，选择调整边缘画笔工具，调整好画笔大小后在狼的毛发周围涂抹，Photoshop 会自动识别所选颜色，将毛发和背景分离出来，如下图所示。

步骤 05： 在“选择并遮住”命令窗口右侧的属性栏里，根据窗口中的实际效果对全局进行一些调整。将半径设为“6”像素，羽化设为“1”像素，移动边缘设为“–10%”，去除杂边，效果如下图所示。

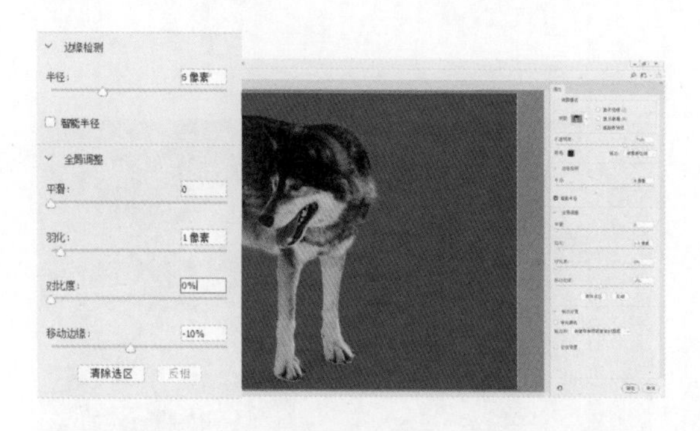

步骤 06： 在“选择并遮住”命令窗口右侧的输出设置里，将“输出到”选择为“新建带有图层蒙版的图层”，最后单击该命令窗口右下角的“确定”按钮，如下图所示，已经抠出了狼。

步骤 07： 单击“确定”按钮后，Photoshop 会自动退出“选择并遮住”命令窗口，并在图层面板生成如下图所示的带有蒙版的抠出狼的“背景 拷贝”图层，带有蒙版的图层的好处是，可以对所抠出的对象随时进行修改。

步骤 08： 为了观察抠出的图层是否有瑕疵，一般会在抠出图层下方新建一个颜色较深的纯色图层，选择“背景”图层，然后单击图层面板下方的“创建新的填充或调整图层”图标，给该图像添加一个纯色背景图层（R=9，G=81，B=7），得到“颜色填充 1”图层，如下图所示。

步骤 09：通过观察，图像中在狼的两条前腿的地方还有一些背景色，如下图所示。

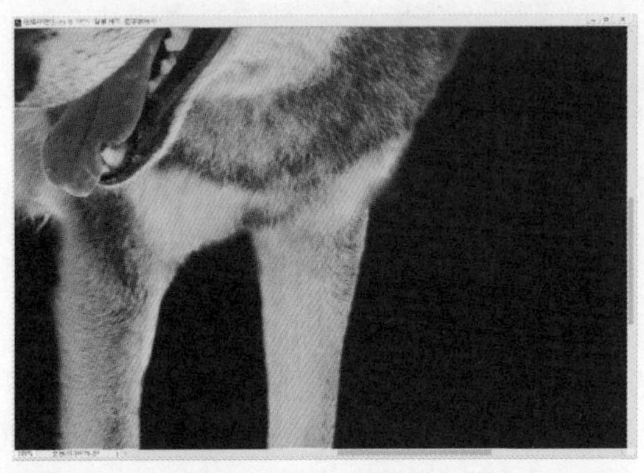

步骤 10：在图层面板中，先选择抠出狼的图层的蒙版，然后选择画笔工具，设置画笔形状为“柔边圆”，大小为“200 像素”，硬度为“0%”，最后在属性栏设置画笔不透明度为“70%”，如下图所示。

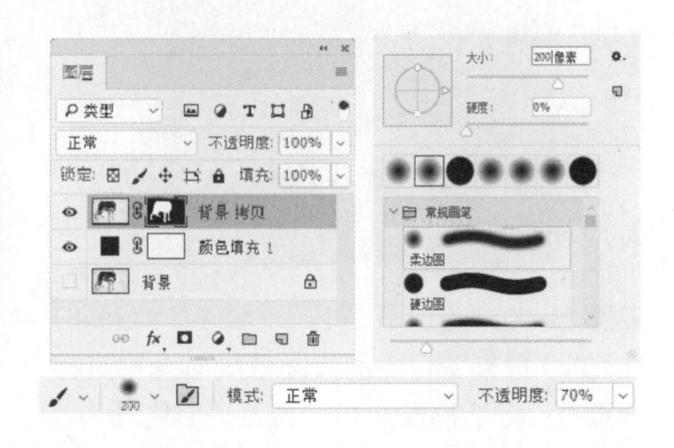

步骤 11：在确保前景色为黑色的情况下，直接在图像窗口使用画笔涂抹狼的两条前腿的地方，直到将遗漏的背景色处理干净为止，效果如下图所示。

步骤 12：执行“文件>打开”命令，打开“背景”图层，如下图所示。

步骤 13：选择移动工具，将抠出的“狼”拖动到“背景”图层上，得到一个新的图层，并将该图层重命名为“狼”，如下图所示。

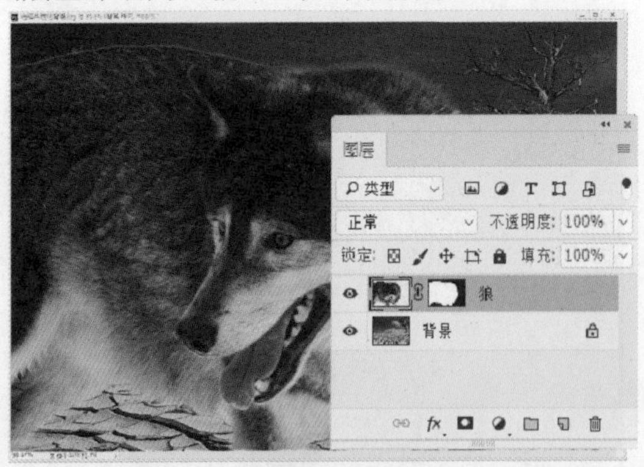

步骤 14：执行“编辑>自由变换”命令，调整“狼”图层的大小及位置，如下图所示，最后按 Enter 键。

步骤 15：为了让效果更自然，为“狼”图层创建一个阴影效果（后文会讲解阴影效果），如下图所示。

步骤 16：最后执行“文件>存储为”命令，选择图像的保存位置和格式，保存即可。保存的 Jpeg 格式图像效果如下图所示。

练习：使用选择并遮住抠图法将如下左图所示的素材图中的人像抠出来，然后将其移动到如下中图所示的“背景”素材图上，最终效果如下右图所示。

第3章 调色

通常所讲的调色包含校色和调色两方面的知识，各项知识的重要程度见下文中的“星级”。校色主要用来矫正偏色，它有固定的标准规范；而调色是将图像已有的色调加以改变，形成另一种不同感觉的色调，它更多地带有个人主观喜好，没有标准的规范，所以在学习调色的知识时，先掌握一系列最基本的调色命令，然后学习调色的思路，不要执迷于参数。

在 Photoshop 中，调色命令主要存在于如右图所示的“图像>调整”菜单命令下面，掌握它们是学好调色的基础。

亮度/对比度(C)...	
色阶(L)...	Ctrl+L
曲线(U)...	Ctrl+M
曝光度(E)...	
自然饱和度(V)...	
色相/饱和度(H)...	Ctrl+U
色彩平衡(B)...	Ctrl+B
黑白(K)...	Alt+Shift+Ctrl+B
照片滤镜(F)...	
通道混合器(X)...	
颜色查找...	
反相(I)	Ctrl+I
色调分离(P)...	
阈值(T)...	
渐变映射(G)...	
可选颜色(S)...	
阴影/高光(W)...	
HDR 色调...	
去色(D)	Shift+Ctrl+U
匹配颜色(M)...	
替换颜色(R)...	
色调均化(Q)	

3.1 色彩基本理论

3.1.1 色彩三要素（★★★★★）

1. 三要素

色相、饱和度、明度。

2. 三要素含义

色相（H）：指色彩的质地面貌，比如红、绿、蓝、青、品红等。

饱和度（S）：指色彩的浓淡程度，比如深红、浅蓝、淡紫等。

明度（B）：指色彩的明暗程度，比如亮红、亮蓝、暗紫等。

3. 举例

有如下图所示的一张素材图，分别调整它的色相、饱和度及明度，体会它们之间的不同。

步骤 01：执行“图像>调整>色相/饱和度”（快捷键为 Ctrl+U 组合键），打开“色相/饱和度”命令窗口，保持饱和度和明度不变，只将色相调整为“+77”，得到如下图所示的效果。

解析：调整色相，只会改变色彩的面貌，比如将上图中红色的蛋变成了黄色的蛋，黄色的蛋变成了绿色的蛋，绿色的蛋变成了青色的蛋。

步骤 02： 执行“图像＞调整＞色相/饱和度”命令，打开“色相/饱和度”命令窗口，保持色相和明度不变，只调整饱和度。

a.降低饱和度

将饱和度调整为“–40”，得到如下图所示的效果。

b.提高饱和度

将饱和度调整为“+53”，得到如下图所示的效果。

解析：调整饱和度，只会改变色彩的浓淡程度，比如将此图像的饱和度降低，图像色彩整体变淡，而将此图像的饱和度提高，图像色彩整体变鲜艳。

步骤 03： 执行“图像＞调整＞色相/饱和度”命令，打开“色相/饱和度”命令窗口，保持色相和饱和度不变，只调整明度。

a.降低明度

将明度调整为“–54”，得到如下图所示的效果。

b.提高明度

将明度调整为“+58”，得到如下图所示的效果。

解析：调整明度，只会改变图像色彩的明暗程度，比如将此图像的明度降低，图像色彩整体变暗，而将此图像的明度提高，图像色彩整体变明亮。

3.1.2　色彩亮度阶调（★★★★★）

1. 色彩亮度阶调的划分

根据图像中色彩的亮度级别，一般将图像分为白场、高光、中间调、阴影及黑场五个阶调，在这其中因为大部分图像的白场和黑场所占比例都很小，所以在有些情况下也说色彩亮度的三大阶调，具体是指高光、中间调及阴影。

（1）白场：图像中最亮的区域（一般很少）。

（2）高光（亮调）：图像中比较亮的区域。

（3）中间调：图像中既不是很亮，也不是很暗的区域（一般图像会有大量的中间调）。

（4）阴影（暗调）：图像中比较暗的区域。

（5）黑场：图像中最暗的区域（一般很少）。

2. 举例

有如下图所示的一张素材图，分析图中色彩亮度的各个阶调的位置。

分析：如下左图所示圈出来的部分属于高光区域，如下右图所示圈出来的部分属于阴影区域，而剩余大部分区域则属于中间调。

3.1.3 色彩模式（★★★★★）

在描述色彩时有很多种色彩模式，比如 HSB 色彩模式、RGB 色彩模式、CMYK 模式、Lab 色彩模式、位图色彩模式、灰度色彩模式、双色调色彩模式等，它们都有各自的优势和存在领域。其中最常用的主要是 RGB 色彩模式、CMYK 色彩模式及 HSB 色彩模式，HSB 色彩模式作为色彩的三要素已经在前文讲解过了。需要注意的是，HSB 色彩模式的作用对象是人眼，所以可以直观地感受到。

本节主要介绍 RGB 色彩模式和 CMYK 色彩模式，这两种色彩模式的对比图如下图所示。

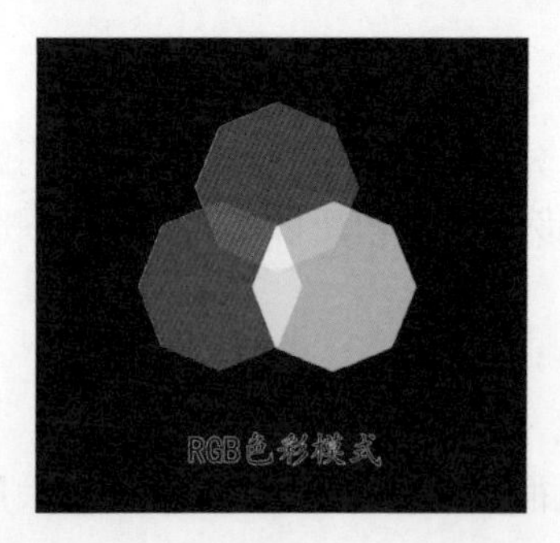

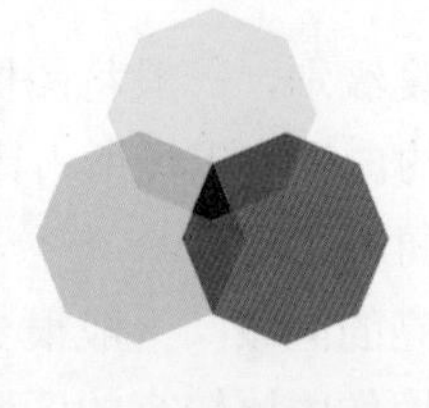

1. RGB 色彩模式

本模式用光的三原色表述色彩。

光的三原色为红色（R）、绿色（G）、蓝色（B），红色加绿色得到黄色，蓝色加绿色得到青色，红色加蓝色得到品红色，红色加蓝色和绿色得到白色，不论色光怎么混合，都得不到黑色。

2. CMYK色彩模式

本模式用印刷的三原色表述颜色。

印刷的三原色为青色（C）、品红色（M）、黄色（Y），品红色加黄色得到红色，青色加黄色得到绿色，青色加品红色得到蓝色，青色加品红色和黄色得到黑色，因为印刷技术原因得不到纯黑色，所以在CMY色彩模式里引入了黑色（K）。

3.1.4 色彩直方图（★★★★★）

如右图所示，色彩直方图是一种二维统计图表，它的横纵坐标分别代表色彩亮度级别和各个亮度级别下色彩的像素含量。

常见的直方图

（1）普通直方图

在普通图像的直方图中，像素分布像“驼峰”一样，其两端各有一部分像素位于高光和阴影处，中间的大部分像素处于中间调部分。如下图所示的素材图的直方图就属于普通直方图。

（2）欠曝直方图

缺乏曝光的图像，其代表色彩像素含量的直方图整体偏向阴影部分，图像色彩偏暗。如下图所示的素材图的直方图就属于欠曝直方图。

（3）过曝直方图

曝光过度的图像，其代表色彩像素含量的直方图整体偏向高光部分，图像色彩偏亮。如下图所示的素材图的直方图就属于过曝直方图。

（4）过饱和直方图

色彩过于饱和的图像，其代表色彩像素含量的直方图形状扁平化，图像色彩过于鲜艳。如下图所示的素材图的直方图就属于过饱和直方图。

（4）欠饱和直方图

色彩欠饱和的图像，其代表色彩像素含量的直方图偏向于中间，高光和暗部几乎没有像素，图像色彩非常平淡，图像表现为发灰。如右图所示的素材图的直方图就属于欠饱和直方图。

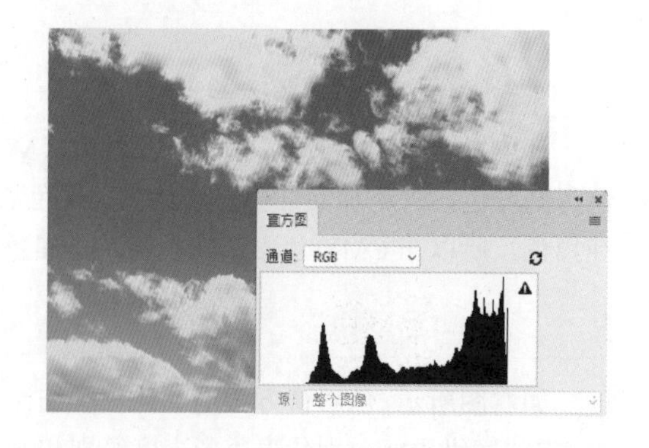

3.1.5 互补色（★★★★★）

在如下图所示的色相环中，处于色相环直径两端的颜色互为互补色，例如，红色和青色互为互补色、蓝色和黄色互为互补色、绿色和品红色互为互补色。

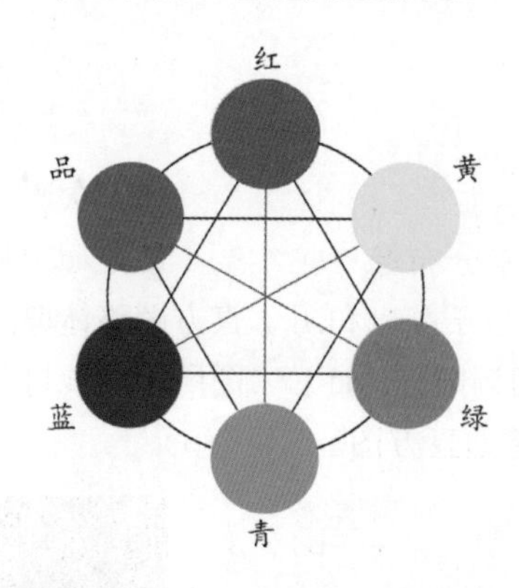

1. 互补色性质

减少图像中任意一种颜色的成分，它的互补色成分一定会增加，增加图像中任意一种颜色的成分，它的互补色成分一定会减少。例如：减少图像中的红色成分，它的互补色青色成分一定会增加。

2. 举例

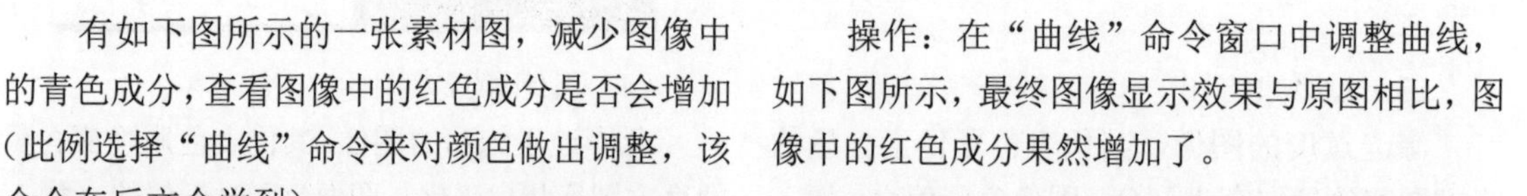

有如下图所示的一张素材图，减少图像中的青色成分，查看图像中的红色成分是否会增加（此例选择“曲线”命令来对颜色做出调整，该命令在后文会学到）。

操作：在“曲线”命令窗口中调整曲线，如下图所示，最终图像显示效果与原图相比，图像中的红色成分果然增加了。

3.1.6　加减色（★★★★★）

通过色相的混合对颜色的明度产生影响，如果叠加后图像变亮，则为加色模式，比如在图像中加红、加绿、加蓝、减青、减品、减黄；如果叠加后图像变暗，则为减色模式，比如在图像中加青、加品、加黄、减红、减绿、减蓝。

1. 加减色的使用

如果图像比较暗，一般选择加色模式变亮；如果图像比较亮，一般选择减色模式变暗。

2. 举例

有如右图所示的一张“花朵”素材图，要求使用加减色两种模式，增加图像中的蓝色。

分析：要增加图像中的蓝色，有两种方式：第一种减少图像中蓝色的互补色黄色，第二种增加图像中的青色和品红色。

（1）加色模式：减少图像中蓝色的互补色黄色。

操作：在“曲线”命令窗口中调整曲线，如下图所示，最终图像显示效果与原图相比，图像中的蓝色增加了，并且图像变亮了。

（2）减色模式：增加图像中的青色和品红色。

操作：在“曲线”命令窗口中调整曲线，如下图所示，最终图像显示效果与原图相比，图像中的蓝色增加了，并且图像变暗了。

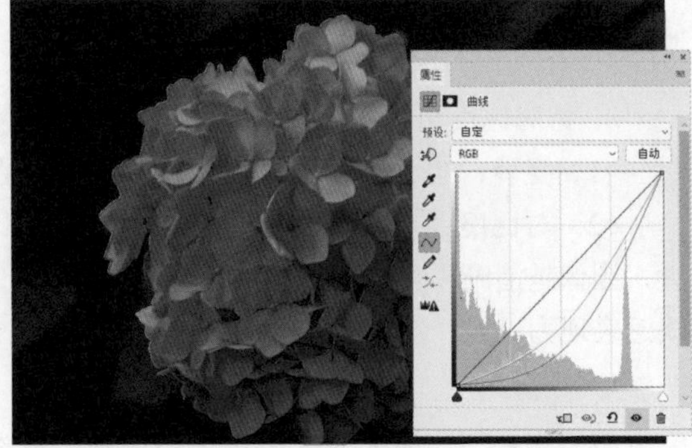

3.1.7　色彩冷暖（★★★★★）

冷暖色是指让人产生不同温度感觉的各种不同色彩。

Tip：色彩的冷暖是相对的，比如绿色，草绿色给人暖意，而翠绿色给人冷意。

1. 暖色

让人觉得热烈、兴奋、温暖的红、橙、黄等颜色被称为暖色，如下图所示的几张素材图都为暖色图像。

2. 冷色

让人觉得寒冷，安静、沉稳的蓝、绿、青等颜色被称为冷色，如下图所示的几张素材图都为冷色图像。

3.2 亮度调节

3.2.1 亮度/对比度（★★★）

亮度/对比度可以对图像整体的亮度和对比度做出调整。

（1）亮度：也称明度，是人对光强度的感受，主要指图像色彩的明暗程度。

（2）对比度：指图像中明暗区域最亮的白和最暗的黑之间的差异，差异范围越大，对比度越大，图像越清晰，色彩越艳丽；差异范围越小，对比度越小，图像越暗淡，整个色彩灰蒙蒙的，缺乏表现力。

1. 命令

（1）执行“图像＞调整＞亮度/对比度”命令。

（2）执行“图层＞新建调整图层＞亮度/对比度”命令。

2. 命令详解

如右图所示为“亮度/对比度”命令窗口。

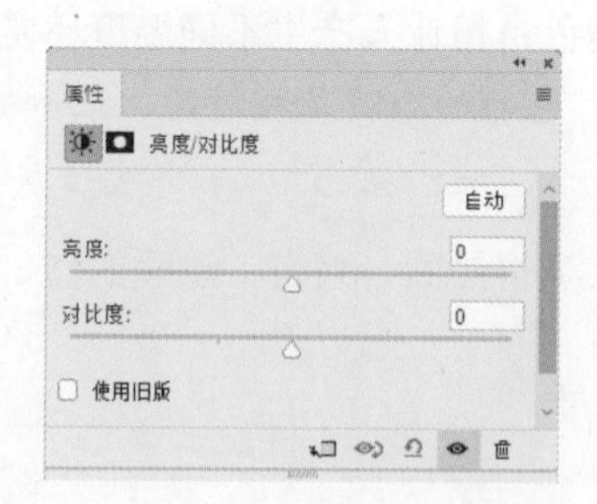

（1）亮度：对图像的亮度做出调整，向左拖动滑块使图像变暗，向右拖动滑块使图像变亮。

（2）对比度：对图像的对比度做出调整，向左拖动滑块使图像对比度变小，向右拖动滑块使图像对比度变大。

（3）使用旧版：勾选此命令，会将亮度和对比度调整后的效果作用于图像中的每个像素。

3. 举例

有如下图所示的一张素材图，要求结合图像实际情况，使用“亮度/对比度”命令对图像进行调整。

分析：图像明显缺乏亮度，对比度也稍有欠缺，所以图像显得有些灰暗。

调整：打开素材图，然后执行“图层>新建调整图层>亮度/对比度”命令，在打开的“新建图层”命令窗口中单击“确定”按钮，打开“亮度/对比度”命令窗口，针对图像存在的问题，做出如下图所示的调整，即可纠正图像存在的问题。

4. 练习

有如下左图所示的一张练习素材图（过亮），请根据上述所学知识对图像做出调整，其设置参考如下中图所示，最终效果如下右图所示。

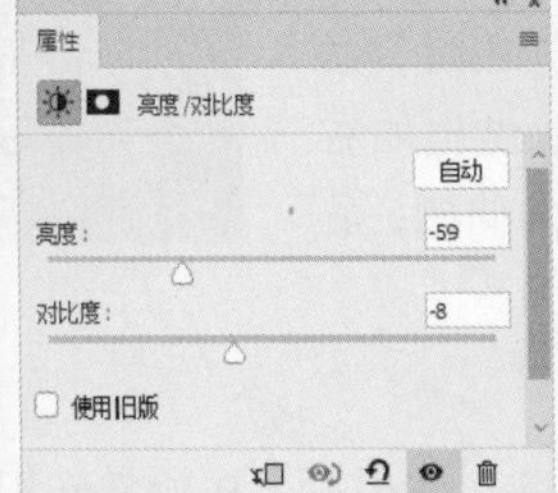

3.2.2 色阶（★★★★★）

色阶是指通过调整图像的暗调、中间调和高光决定图像色彩的丰富程度，是图像亮度强弱的指数标准。

Tip：色阶只影响亮度，不影响颜色。

1. 命令

（1）执行“图像>调整>色阶”命令。

（2）执行“图层>新建调整图层>色阶”命令。

2. 命令详解

如右图所示为“色阶”命令窗口。

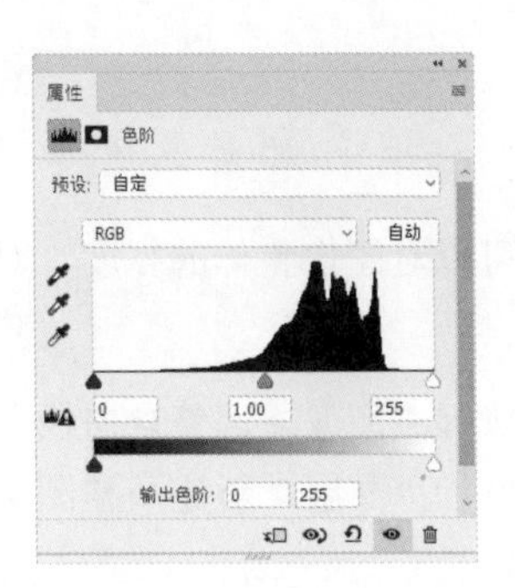

（1）预设：Photoshop 预制的一些调整方式，单击即可使用。

（2）通道选择：可以分别选择红、绿、蓝三个颜色通道或者 RGB 复合通道进行调整。

（3）直方横坐标表示图像的亮度范围，纵坐标表示阴影、中间调及高光各个亮度范围内像素的数量。

（4）输出色阶：控制图像中最高和最低的亮度数值。

3. 举例

有如下图所示的一张素材图，要求结合图像实际情况，使用“色阶”命令对图像进行调整。

分析：图像稍微有点发灰，说明对比度有所欠缺。

调整：打开素材图，然后执行“图层>新建调整图层>色阶”命令，在打开的“新建图层”命令窗口中单击“确定”按钮，打开“色阶”命令窗口，针对图像存在的问题，对色阶做出如右上图所示的调整，即可纠正图像存在的问题，最终效果如右图所示。

4. 练习

有如下左图所示的一张练习素材图，请根据上述所学知识对图像做出调整，其设置参考如下中图所示，最终效果如下右图所示。

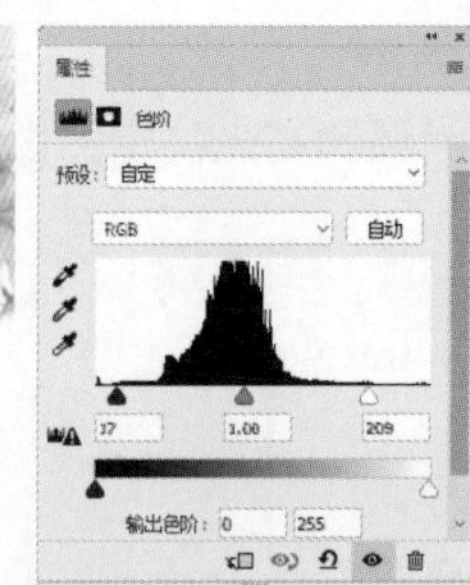

3.2.3 曲线（★★★★★）

曲线可以对图像整体的亮度、对比度和色彩做出调整。

1. 命令

（1）执行“图像>调整>曲线”命令（快捷键为 Ctrl+M 组合键）。

（2）执行“图层>新建调整图层>曲线”命令。

2. 命令详解

如右图所示为“曲线”命令窗口。

（1）预设：Photoshop 预制的一些调整方式，单击即可使用。

（2）通道选择：可以分别选择红、绿、蓝三个颜色通道或者 RGB 复合通道进行调整。

（3）直方横坐标表示图像的亮度范围，纵坐标表示阴影、中间调及高光各个亮度范围内像素的数量。

3. 举例

有如右图所示的一张素材图，下面我们利用这张素材图认识最常见的几种曲线类型，并理解曲线的工作原理。

（1）提亮曲线

执行“图层>新建调整图层>曲线”命令，在打开的“新建图层”命令窗口中单击“确定”按钮，打开“曲线”命令窗口，选择 RGB 通道，然后将曲线向左上角拉，图像窗口显示如下图所示的效果，此曲线可以将图像整体变亮，所以类似此形状的曲线被称为“提亮曲线”。

（2）压暗曲线

在打开的“曲线”命令窗口中选择 RGB 通道，然后将曲线向右下角拉，图像窗口显示如下图所示的效果，此曲线可以将图像整体变暗，所以类似此形状的曲线被称为“压暗曲线”。

（3）S 曲线

在打开的“曲线”命令窗口中选择 RGB 通道，然后将高光部分向左上角拉，阴影部分向右下角拉，图像窗口显示如下图所示的效果，此曲线可以增加图像的对比度，所以类似此形状的曲线被称为“S 曲线”。

（5）偏红色调

在打开的“曲线”命令窗口中选择红通道，然后将曲线向左上角拉，图像窗口显示如下图所示的效果，此曲线可以将图像的整体色调变红，所以类似此形状的曲线被称为“偏红色调”曲线。

（7）偏绿色调

在打开的“曲线”命令窗口中选择绿通道，然后将曲线向左上角拉，图像窗口显示如右图所示的效果，此曲线可以将图像整体色调变绿，所以类似此形状的曲线被称为“偏绿色调”曲线。

（4）反 S 曲线

在打开的“曲线”命令窗口中选择 RGB 通道，然后将高光部分向右下角拉，阴影部分向左上角拉，图像窗口显示如下图所示的效果，此曲线可以降低图像的对比度，所以类似此形状的曲线被称为“反 S 曲线”。

（6）偏青色调

在打开的“曲线”命令窗口中选择红通道，然后将曲线向右下角拉，图像窗口显示如下图所示的效果，此曲线可以将图像整体色调变青，所以类似此形状的曲线被称为“偏青色调”曲线。

（8）偏品红色调

在打开的“曲线”命令窗口中选择绿通道，然后将曲线向右下角拉，图像窗口显示如下图所示的效果，此曲线可以将图像整体色调变品红，所以类似此形状的曲线被称为“偏品红色调”曲线。

（9）偏蓝色调

在打开的“曲线”命令窗口中选择蓝通道，然后将曲线向左上角拉，图像窗口显示如下图所示的效果，此曲线可以将图像整体色调变蓝，所以类似此形状的曲线被称为“偏蓝色调”曲线。

（10）偏黄色调

在打开的“曲线”命令窗口中选择蓝通道，然后将曲线向右下角拉，图像窗口显示如右图所示的效果，此曲线可以将图像整体色调变黄，所以类似此形状的曲线被称为“偏黄色调”曲线。

（11）亮度和色彩结合调整

要求将这张图像的整体亮度变暗，然后在图像中添加一部分青色。

调整：执行“图像＞调整＞曲线”命令，在打开的“新建图层”命令窗口中单击“确定”按钮，打开“曲线”命令窗口，选择RGB通道，然后将曲线向右下角拉，图像窗口如右上图所示已经被压暗，接着选择红通道，然后将曲线向右下角拉，图像窗口如右下图所示，可以看到已经被添加了一部分青色。

4. 练习

有如下左图所示的一张练习素材图，请根据上述所学知识先适当增加图像的对比度，然后将图像调整成偏青色调，其设置参考如下中图所示，最终效果如下右图所示。

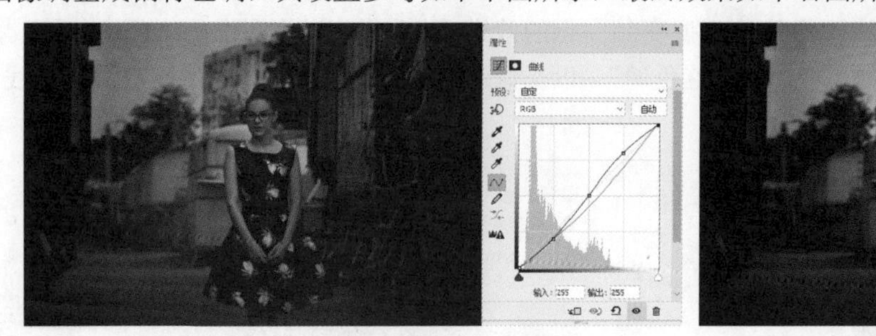

3.2.4 曝光度（★★★）

曝光度可以对曝光不足或曝光过度的图像进行二次曝光处理。

1. 命令

（1）执行“图像>调整>曝光度”命令。

（2）执行“图层>新建调整图层>曝光度”命令。

2. 命令详解

如右图所示为“曝光度”命令窗口。

（1）预设：Photoshop 预制的一些调整方式，单击即可使用。

（2）曝光度：用来调整图像的高光。向右拖动滑块得到正值，增加图像曝光度，使图像高光部分变亮；向左拖动滑块得到负值，降低图像曝光度，使图像高光部分变暗。

（3）位移：用来调整图像的阴影。向右拖动滑块得到正值，使图像阴影部分变亮；向左拖动滑块得到负值，使图像阴影部分变暗。

（4）灰度系数校正：用来调整图像的中间调。向右拖动滑块得到正值，使图像中间调部分变亮；向左拖动滑块得到负值，使图像中间调部分变暗。

3. 举例

有如下图所示的一张素材图，要求结合图像实际情况，使用曝光度命令对图像进行调整。

分析：图像明显缺乏亮度，对比度也稍有欠缺，所以有些灰暗。

调整：打开素材图，然后执行“图层>新建调整图层>曝光度”命令，在打开的“新建图层”命令窗口中单击“确定”按钮，打开“曝光度”命令窗口，针对图像存在的问题，做如下图所示的调整，即可纠正图像存在的问题。

4. 练习

有如下左图所示的一张练习素材图（过暗），请使用上述所学知识对图像做出调整，其设置参考如下中图所示，最终效果如下右图所示。

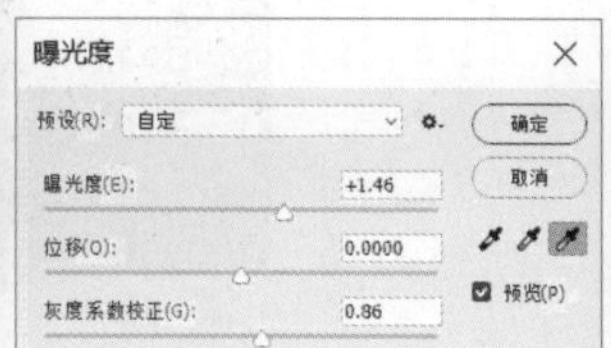

3.2.5 阴影/高光（★★★）

阴影/高光可以将图像中阴影或高光的像素色调提亮或压暗（不只是单纯地将图像提亮或压暗），从而修复图像中过曝或欠曝的区域。

1. 命令

执行“图像＞调整＞阴影/高光”命令。

2. 命令详解

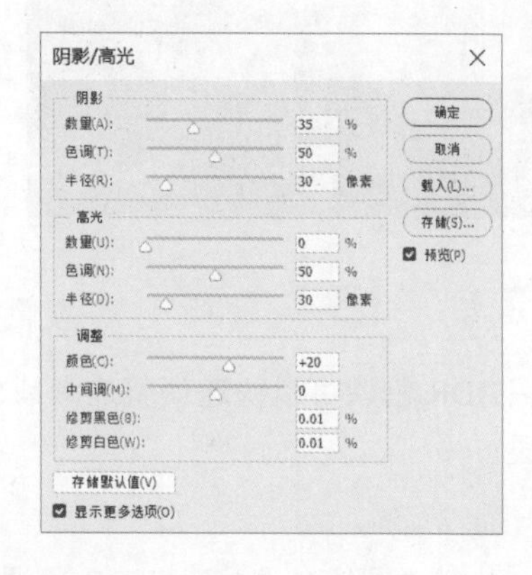

如右图所示为“阴影/高光”命令窗口。

（1）阴影

a. 数量：决定暗部变亮的程度。

b. 色调：决定暗部色调的调整范围。

c. 半径：决定暗部每个像素周围相邻像素的大小。

（2）高光

a. 数量：决定高光变暗的程度。

b. 色调：决定高光色调的调整范围。

c. 半径：决定高光每个像素周围相邻像素的大小。

（3）调整

a. 颜色：调整图像已经被修正的颜色。

b. 中间调：决定中间调中的对比度。

3. 举例

有如右图所示的一张素材图，要求结合图像实际情况，使用“阴影/高光”命令对图像进行调整。

分析：图像偏暗，阴影缺少细节。

调整：打开素材图，然后执行“图像>调整>阴影/高光”命令，打开“阴影/高光”命令窗口，针对图像存在的问题，做出如右图所示的调整，即可纠正图像存在的问题。

4. 练习

有如下左图所示的一张练习素材图，要求使用上述所学知识对图像做出调整，其设置参考如下中图所示，最终效果如下右图所示。

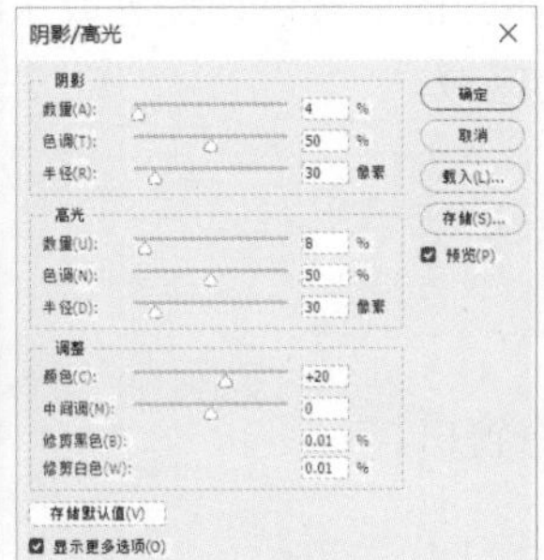

3.2.6 HDR 色调（★★★）

HDR 色调可以快速调整过曝或欠曝的图像并增加图像的清晰度，制作出高动态范围的图像效果。

1. 命令

执行“图像>调整> HDR 色调”命令。

2. 命令详解

如右图所示为“HDR 色调”命令窗口。

（1）预设：Photoshop 预制的一些调整方式，单击即可使用。

（2）边缘光：控制图像发光效果的大小和对比度。

（3）色调和细节：控制图像高光、阴影及细节。

（4）高级：控制阴影和高光的明度及图像的饱和度。

（5）曲线和直方图控制图像整体的亮度和对比度。

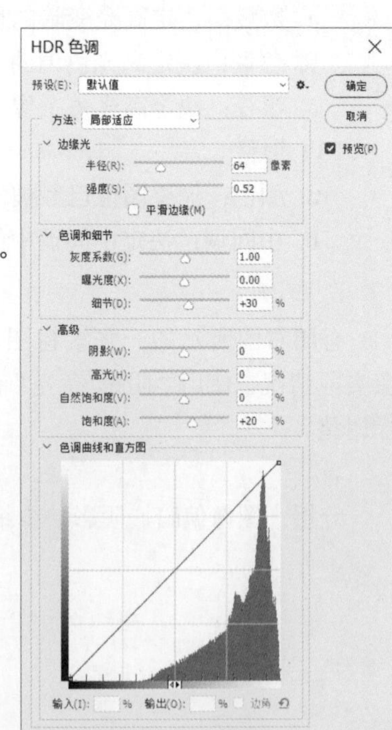

3. 举例

有如下图所示的一张素材图，要求结合图像实际情况，使用“HDR 色调”命令对图像进行调整。

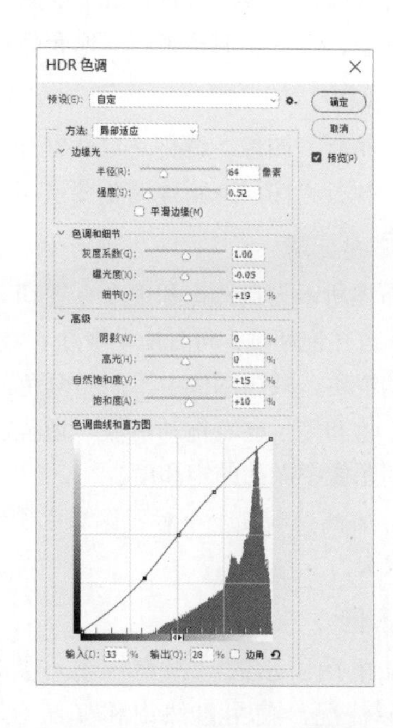

分析：图像缺乏亮度，显得有些灰暗。

调整：打开素材图，然后执行“图像>调整>HDR 色调”命令，针对图像存在的问题，做出如右图所示的调整，即可纠正图像存在的问题。

4. 练习

有如下左图所示的一张练习素材图（欠曝、发灰、缺乏细节），要求使用上述所学知识对图像做出调整，其设置参考如下中图所示，最终效果如下右图所示。

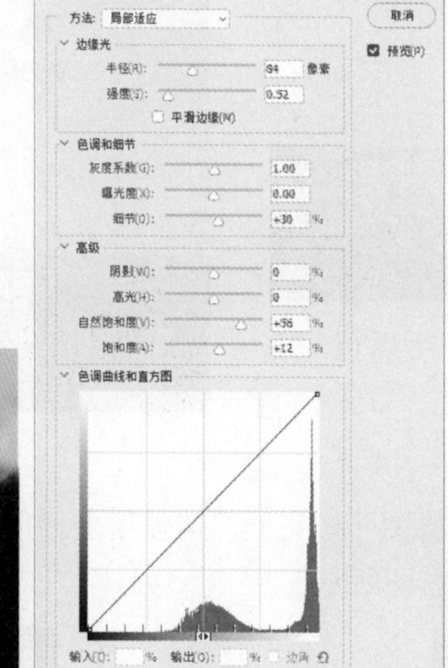

3.3 色彩调节

3.3.1 自然饱和度（★★★）

通过调整自然饱和度参数，可以对图像中颜色不够饱和的部分的饱和度做出调整，使图像的饱和度更鲜艳或暗淡。

Tip：在调整过程中 Photoshop 会智能地保护图像中颜色已饱和的部分的饱和度，只对其做小部分的调整，而着重调整颜色不饱和的部分。

1. 命令

（1）执行“图像>调整>自然饱和度”命令。

（2）执行“图层>新建调整图层>自然饱和度”命令。

2. 命令详解

如右图所示为自然饱和度命令窗口。

（1）自然饱和度：向右拖动滑块，增强图像中不饱和颜色的饱和度，向左拖动滑块，减弱图像中不饱和颜色的饱和度。

（2）饱和度：向右拖动滑块，增强图像中颜色的饱和度，向左拖动滑块减弱图像中颜色的饱和度。

Tip：自然饱和度命令对图像颜色影响较小，而饱和度命令对图像颜色影响较大。

3. 举例

有如下图所示的一张素材图，要求结合图像实际情况，使用自然饱和度命令对图像进行调整。

分析：图像饱和度稍有欠缺，所以色彩有些暗淡。

调整：打开素材图，然后执行“图层>新建调整图层>自然饱和度”命令，在打开的“新建图层”命令窗口中单击“确定”按钮，打开“自然饱和度”命令窗口，针对图像存在的问题，做出如下图所示的调整，即可纠正图像存在的问题。

4. 练习

有如下左图所示的一张练习素材图（过亮），请使用上述所学知识对图像做出调整，其设置参考如下中图所示，最终效果如下右图所示。

3.3.2 色相/饱和度（★★★★★）

使用“色相/饱和度”命令可以对图像整体或者图像中单种颜色的色相、饱和度和亮度做出调整。

1. 命令

（1）执行“图像＞调整＞色相/饱和度”命令（快捷键为 Ctrl+U 组合键）。

（2）执行“图层＞新建调整图层＞色相/饱和度”命令。

2. 命令详解

如右图所示为“色相/饱和度”命令窗口。

（1）预设：Photoshop 预制的一些调整方式，单击即可使用。

（2）颜色范围：可以选择全图或者各种单色，选择全图时，调整针对整个图像的颜色；选择某种单色时，调整只针对图像中这种单色的颜色。

（3）色相：拖动滑块调整图像颜色的质地面貌。

（4）饱和度：拖动滑块调整图像颜色的鲜艳程度。

（5）明度：拖动滑块调整图像颜色的明暗。

（6）着色：勾选此选项后，会消除图像中的黑白或彩色元素，将图像调整为单色调。

3. 举例

有如下图所示的一张素材图，请结合图像实际情况，使用“色相/饱和度”命令将图像中红色的花朵调整成蓝色的花朵。

调整：打开素材图，然后执行“图层＞新建调整图层＞色相/饱和度”命令，在打开的“新建图层”命令窗口中单击“确定”按钮，打开“色相/饱和度”命令窗口，在颜色范围中选择红色，最后做出如下图所示的调整，即可调整图像中花朵的颜色。

4. 练习

有如下左图所示的一张练习素材图，请使用上述所学知识将图像中黄色的树调整为红色的树，其设置参考如下中图所示，最终效果如下右图所示。

3.3.3 色彩平衡（★★★★）

通过调整色彩平衡的暗调、中间调和高光中各种单色的成分来平衡图像的色彩。

1. 命令

（1）执行“图像＞调整＞色彩平衡”命令（快捷键为 Ctrl+B 组合键）。

（2）执行“图层＞新建调整图层＞色彩平衡”命令。

2. 命令详解

如右图所示为“色彩平衡”命令窗口。

（1）色调：可以分别选择阴影、中间调和高光对图像的色彩进行调整。

（2）保留明度：勾选此选项，图像的亮度将不会随着调整而改变。

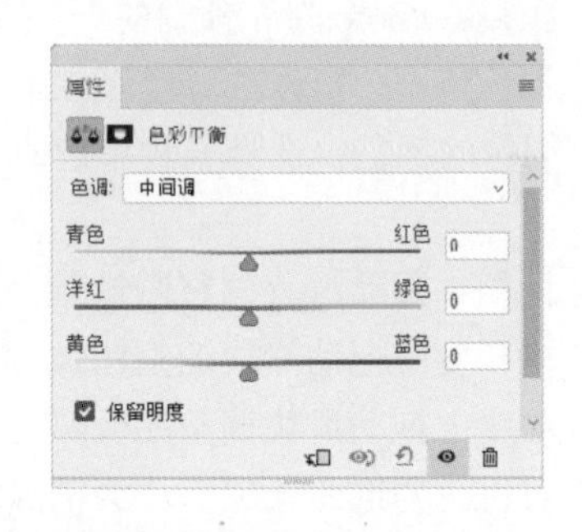

3. 举例

有如右图所示的一张素材图，要求结合图像实际情况，使用“色彩平衡”命令对图像进行调整，使图像的色彩恢复正常。

分析：图像整体偏青。

调整：打开素材图，然后执行“图层＞新建调整图层＞色彩平衡”命令，在打开的“新建图层”命令窗口中单击“确定”按钮，打开“色彩平衡”命令窗口，针对图像存在的问题，对阴影、高光及中间调分别做出如右图和下图所示的调整，即可纠正图像存在的问题。

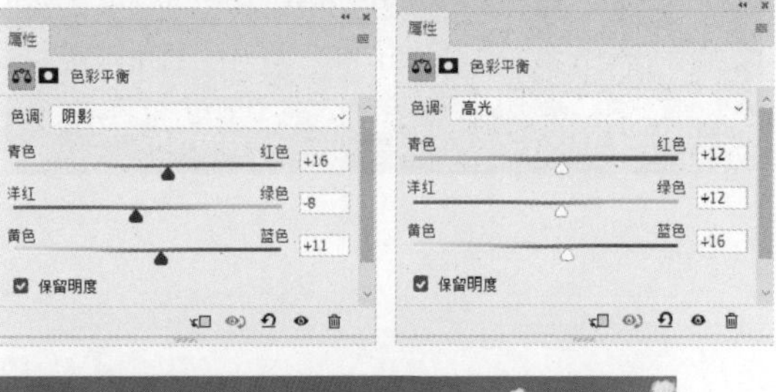

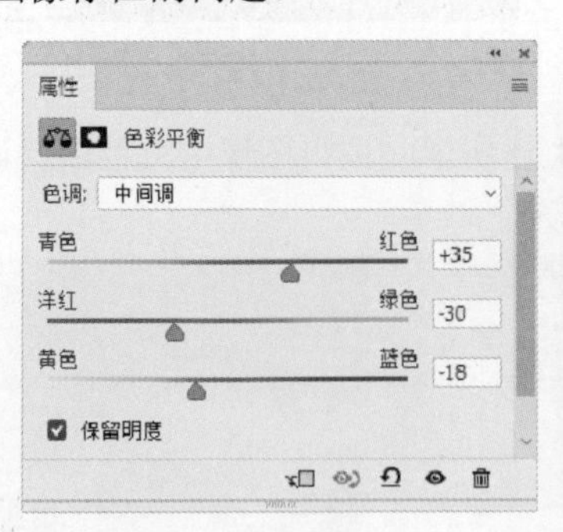

4. 练习

有一张练习素材图，要求使用上述所学知识对图像做出调整，其设置和图像最终效果如下图所示。

3.3.4 黑白（★★★★）

使用“黑白”命令可以将图像以灰色或单色显示。

Tip：该命令不同于后文要学的去色命令，去色只是单纯地去掉图像的色彩，将图像以灰度图像显示，而黑白命令通过调整各种单色的分布可以进一步调整图像的明暗。

1. 命令

（1）执行“图像>调整>黑白”命令（快捷键为 Ctrl+Shift+Alt+B 组合键）。

（2）执行“图层>新建调整图层>黑白”命令。

2. 命令详解

如右图所示为“黑白”命令窗口。

（1）预设：Photoshop 预制了一些调整方式，单击即可使用。

（2）色调：可以为图像添加颜色（单色）。

（3）各种单色：通过调整各种单色的分布即可调整图像的明暗。

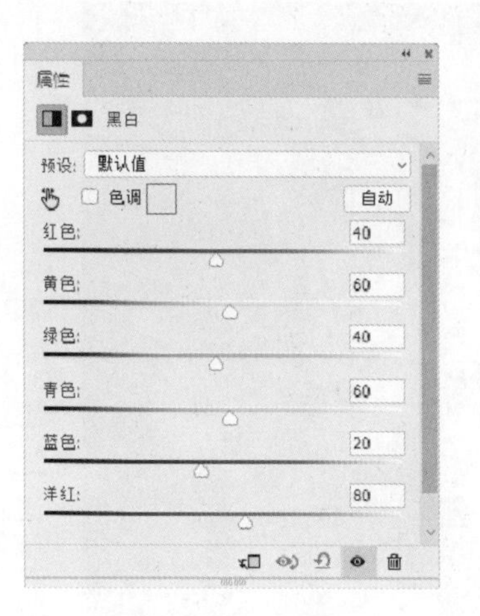

3. 举例

有如右图所示的一张素材图，要求结合图像实际情况，使用“黑白”命令对图像进行调整。

步骤 01：打开素材图，然后执行“图层>新建调整图层>黑白”命令，在打开的“新建图层”命令窗口中单击“确定”按钮，打开“黑白”命令窗口，此时图像窗口效果如下图所示。

步骤 02：对图像中的各种单色做出如下图所示的调整。

4. 练习

有如下左图所示的一张练习素材图，要求使用上述所学知识对图像做出调整，其设置参考如下中图所示，最终效果如下右图所示（答案不唯一）。

3.3.5　照片滤镜（★★★）

照片滤镜可以为图像添加各种颜色滤镜。

1. 命令

（1）执行“图像＞调整＞照片滤镜”命令。

（2）执行“图层＞新建调整图层＞照片滤镜”命令。

2. 命令详解

如右图所示为“照片滤镜”命令窗口。

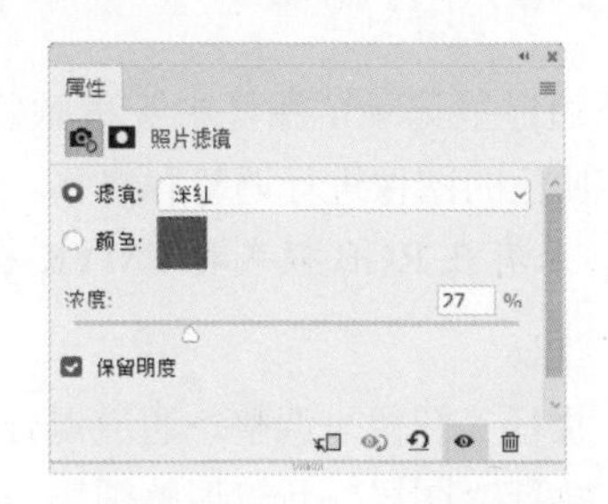

（1）滤镜和颜色

a. 滤镜：单击其下拉列表就可以选择 Photoshop 内置的颜色滤镜。

b. 颜色：单击颜色的色块会打开“拾色器”命令窗口，可以选择任意一种颜色作为滤镜。

Tip：滤镜和颜色只能选择一种来使用。

（2）浓度：拖动滑块改变效果的浓度值。

（3）保留明度：在给图像添加颜色滤镜时，图像的明度始终保持不变。

3. 举例

有如下图所示的一张素材图，要求使用“照片滤镜”命令对图像添加一个照片滤镜让图像偏冷调。

调整：打开素材图，然后执行“图层＞新建调整图层＞照片滤镜”命令，在打开的“新建图层”命令窗口中单击“确定”按钮，打开“照片滤镜”命令窗口，根据要求，做出如下图所示的调整，即可完成要求。

4. 练习

有如下左图所示的一张练习素材图，要求使用上述所学知识使图像中天空的颜色偏点紫色，其设置参考如下中图所示，最终效果如下右图所示。

3.3.6 通道混合器（★★★★）

颜色通道里记录了图像中各种颜色的分布情况，而通道混合器可以将这些颜色通道相互混合，对有偏色的图像进行调整和修复。

Tip：只有在 RGB 模式和 CMYK 模式下才可以使用通道混合器。

1. 命令

（1）执行“图像>调整>通道混合器”命令。

（2）执行“图层>新建调整图层>通道混合器”命令。

2. 命令详解

如右图所示为“通道混合器”命令窗口。

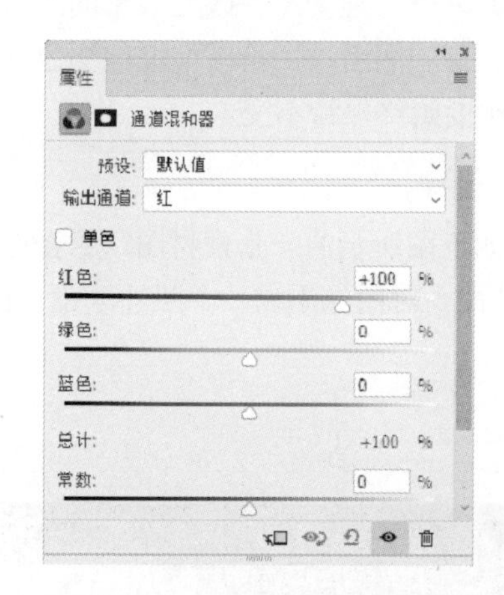

（1）预设：Photoshop 预制了一些调整方式，单击即可使用。

（2）输出通道：用来选择红、绿、蓝三个颜色通道。

（3）单色：勾选此选项，会将彩色图像转换为灰度图像。

（4）源通道：用来调整各种输出通道中红色、绿色及蓝色的百分比，用来影响源通道。

（5）常数：用来调整输出通道的灰度值。

3. 举例

有如右图所示的一张素材图，要求结合图像实际情况，使用“通道混合器”命令对图像进行调整。

分析：图像整体色调偏红。

调整：打开图像，然后执行“图层>新建调整图层>通道混合器”命令，在打开的“新建图层”命令窗口中单击“确定”按钮，打开“通道混合器”命令窗口，对红通道、绿通道及蓝通道分别做出如下图所示的调整，即可纠正图像存在的问题。

4. 练习

下面有一张练习素材图（偏青），要求使用上述所学知识对图像做出调整，其设置和图像最终效果如下图所示。

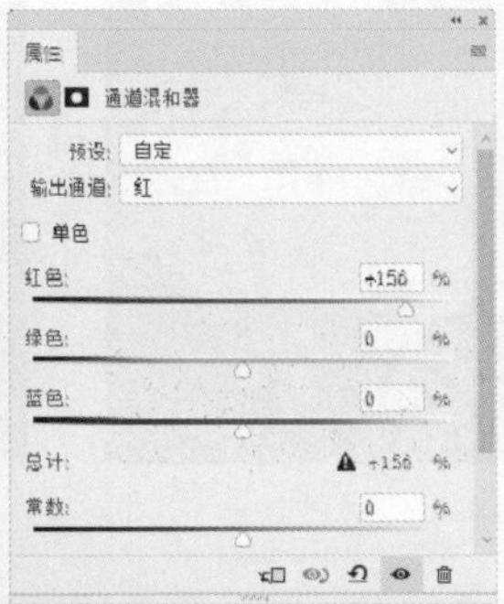

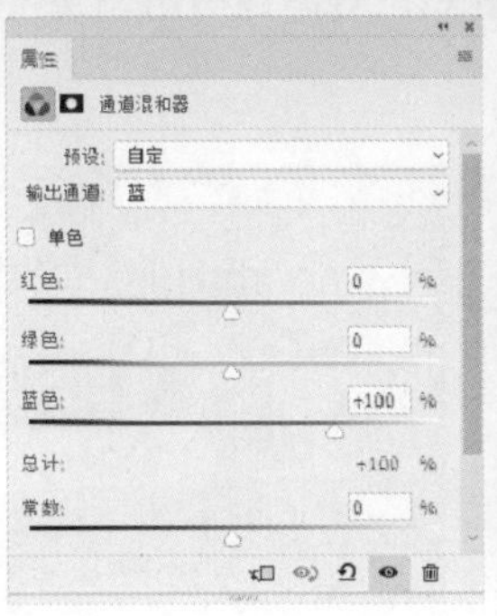

3.3.7 颜色查找（★★★★）

使用“颜色查找”命令可以在短时间内创建多个已经预设好的调色效果。

1. 命令

（1）执行“图像>调整>颜色查找”命令。

（2）执行“图层>新建调整图层>颜色查找”命令。

2. 命令详解

如右图所示为“颜色查找”命令窗口。

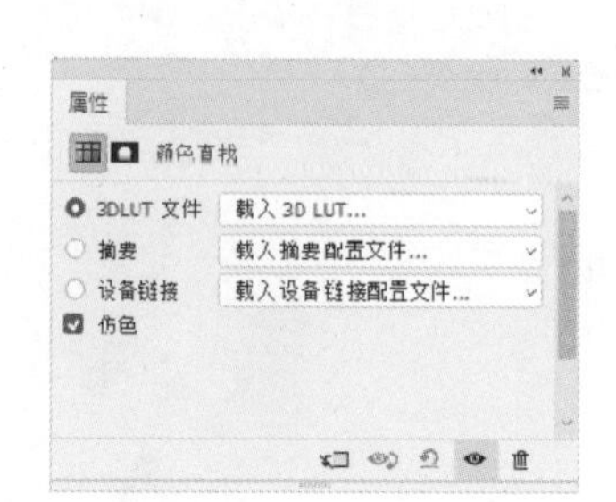

（1）3DLUT 文件：在其下拉列表中存在多种调色预设，单击“预设”按钮即可使用。

（2）摘要：在下拉列表中存在多种调色预设，单击“预设”按钮即可使用。

（3）设备连接：在其下拉列表中存在多种调色预设，单击“预设”按钮即可使用。

3. 举例

有如下图所示的一张素材图，使用“颜色查找”命令对图像选择一种调色预设。

调整：打开素材图，执行“图层>新建调整图层>颜色查找”命令，在打开的“新建图层”命令窗口中单击“确定”按钮，打开“颜色查找”命令窗口，接着在“3DLUT 文件”中选择名为“LateSunset.3DL”的预设，图像窗口效果如下图所示。

4. 练习

有如下左图所示的一张练习素材图，要求使用上述所学知识对图像做出调整，其设置参考如下中图所示，最终效果如下右图所示。

3.3.8 可选颜色（★★★★★）

使用“可选颜色”命令可以在不影响其他颜色的情况下，调整图像中的某种颜色。

1. 命令

（1）执行“图像>调整>可选颜色”命令。

（2）执行“图层>新建调整图层>可选颜色”命令。

2. 命令详解

如右图所示为“可选颜色”命令窗口。

（1）预设：Photoshop 预制了一些调整方式，单击即可使用。

（2）颜色：单击其下拉列表即可选择要改变的颜色。

（3）相对与绝对：相对调整幅度较小，绝对调整幅度较大。

3. 举例

有如下图所示的一张素材图，要求使用“可选颜色”命令将图像中红色的小浆果调整成黄色的小浆果。

调整：打开素材图，然后执行“图层>新建调整图层>可选颜色”命令，在打开的“新建图层”命令窗口中单击“确定”按钮，打开“可选颜色”命令窗口，“颜色”选择红色，然后做出如下图所示的调整，即可得到黄色的小浆果。

4. 练习

有如下左图所示的一张练习素材图，要求使用上述所学知识将图像中的红色花苞调整为绿色花苞，其设置参考如下中图所示，最终效果如下右图所示。

3.4 其他调色命令

3.4.1 反相（★★★）

使用“反相”命令可以将图像中色彩的色相和明度反转，把图像处理成负片效果。

1. 命令

（1）执行“图像>调整>反相”命令。

（2）执行“图层>新建调整图层>反相”命令。

2. 命令详解

反相没有具体的参数，只要执行此命令，原图像就会被反转。

3. 举例

有如下图所示的一张素材图，使用“反相”命令对图像进行调整。

调整：打开素材图，然后执行“图层>新建调整图层>反相”命令，在打开的“新建图层”命令窗口中单击“确定”按钮，打开“反相”命令窗口，即可得到如下图所示的效果。

4. 练习

有如下左图所示的一张练习素材图，要求使用上述所学知识对图像做出调整，最终效果如下右图所示。

3.4.2 色调分离（★★★）

色调分离可以根据指定的色阶，将图像中匹配像素的色调和明度统一，使图像中的色彩变为大的色块，产生分色效果。

1. 命令

（1）执行“图像＞调整＞色调分离”命令。

（2）执行“图层＞新建调整图层＞色调分离”命令。

2. 命令详解

如右图所示为“色调分离”命令窗口。

色阶：通过调整色阶数值的大小来影响色彩的层次。

3. 举例

有如下图所示的一张素材图，要求结合图像实际情况，使用“色调分离”命令对图像进行调整，将它调整为插画效果。

调整：打开素材图，执行“图层＞新建调整图层＞色调分离”命令，在打开的“新建图层”命令窗口中单击“确定”按钮，打开“色调分离”命令窗口，针对图像本身特点，做出如下图所示的调整，即可得到一个类似插画的特殊色彩效果。

4. 练习

有如下左图所示的一张练习素材图，要求使用上述所学知识对图像做出调整，其设置参考如下中图所示，最终效果如下右图所示。

3.4.3 阈值（★★★★）

阈值用来表示图像亮度的分界值，默认状态为中性灰（阈值色阶为 128），亮度高于 128 色阶全部以白色显示，低于 128 色阶全部以黑色显示。

1. 命令

（1）执行“图像>调整>阈值”命令。

（2）执行“图层>新建调整图层>阈值”命令。

2. 命令详解

如左图所示为“阈值”命令窗口。

阈值色阶：通过拖动直方图下面的滑块可以自定义分界阈值色阶（默认），比如将滑块拖动到 88，这表示亮度高于 88 色阶全部以白色显示，低于 88 色阶全部以黑色显示。

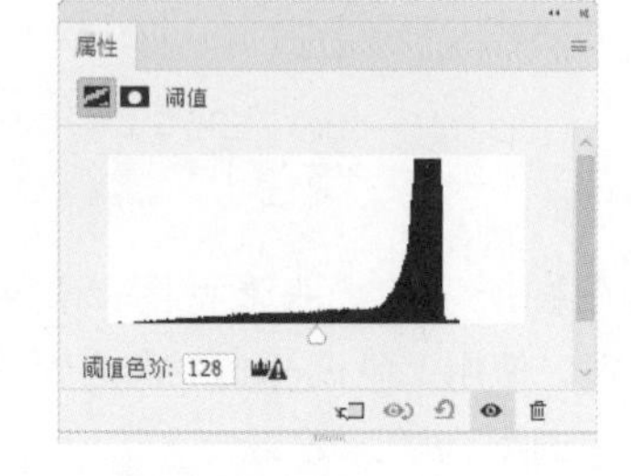

3. 举例

有如下图所示的一张素材图，要求结合图像实际情况，使用“阈值”命令将图像调整为黑白插画风格。

调整：打开素材图，执行“图层>新建调整图层>阈值”命令，在打开的“新建图层”命令窗口中单击“确定”按钮，打开“阈值”命令窗口，做出如下图所示的调整，即可得到高对比度的黑白插画风格的图像。

4. 练习

有如下左图所示的一张练习素材图，要求根据上述所学知识对图像做出调整，其设置参考如下中图所示，最终效果如下右图所示。

3.4.4　渐变映射（★★★★）

渐变映射使用渐变样式中的颜色替换画面中不同亮度的像素，实质是将照片从明度的角度划分为暗部、中间调和高光，然后用颜色渐变条对暗部、中间调和高光上色。

1. 命令

（1）执行“图像>调整>渐变映射”命令。

（2）执行“图层>新建调整图层>渐变映射”命令。

2. 命令详解

如右图所示为“渐变映射”命令窗口。

（1）渐变条：Photoshop 默认的是前景色到背景色渐变条，单击该渐变条，即可打开如右图所示的渐变编辑器，然后可以选择 Photoshop 中预设的渐变样式，或者创建新的渐变样式。

（2）仿色：可以过渡渐变，使渐变更加均匀。

（3）反向：反转渐变条前后的颜色。

3. 举例

有如下图所示的一张素材图，要求使用“渐变映射”命令对图像进行调整。

调整：

（1）打开素材图，执行“图层>新建调整图层>渐变映射”命令，在打开的“新建图层”命令窗口中单击“确定”按钮，打开“渐变映射”命令窗口，然后单击黑白渐变条，打开如下图所示的“渐变编辑器”命令窗口。

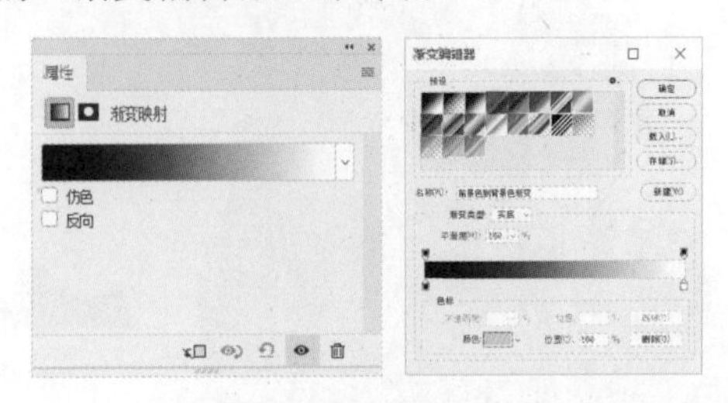

（2）在“渐变编辑器”命令窗口中创建如下图所示的渐变条，单击“渐变编辑器”命令窗口右上角的“确定”按钮后即可得到“渐变映射”命令窗口，图像窗口显示效果如下图所示。

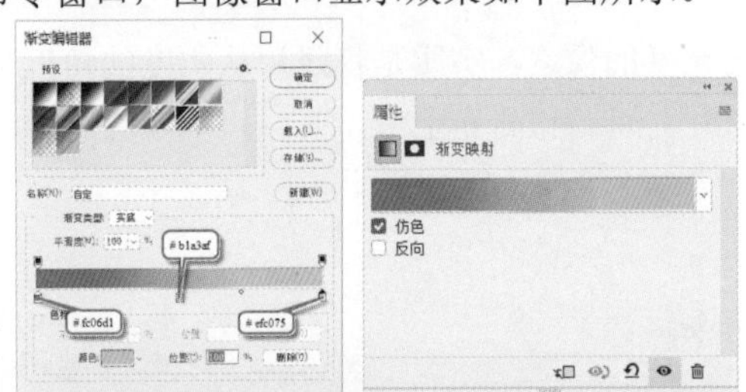

（3）因为此时图像效果不是很自然，所以在图层面板，将图层的混合模式改为“滤色”，不透明度改为“81%”，即可得到如下图所示的效果。

4. 练习

有如下左图所示的一张练习素材图，要求使用上述所学知识对图像做出调整，其设置参考如下中图所示，最终效果如下右图所示。

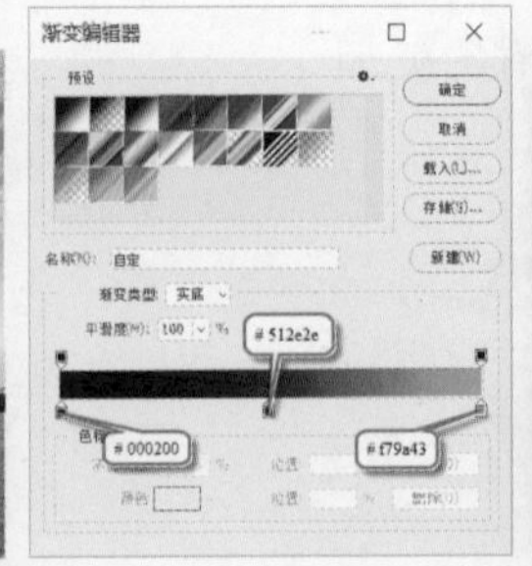

3.4.5 去色（★★★）

使用“去色”命令可以将彩色图像转换为灰度图像。

1. 命令

执行“图像＞调整＞去色”命令。

2. 命令详解

“去色”命令没有具体的参数供我们调节，只要执行此命令，原图像就会被转换为灰度图像。

3. 举例

有如下图所示的一张素材图，要求使用“去色”命令对图像进行调整。

调整：打开素材图，执行“图像＞调整＞去色”命令，即可得到如下图所示的效果。

4. 练习

有如下左图所示的一张练习素材图，要求使用上述所学知识对图像做出调整，最终效果如下右图所示。

3.4.6 匹配颜色（★★★★）

使用“匹配颜色”命令可以将两个单独的图像或者同一个图像中两个单独图层的颜色和亮度相匹配，使需要调整的目标图像的色调和亮度与被匹配源图像的色调和亮度趋于协调。

1. 命令

执行“图像＞调整＞匹配颜色”命令。

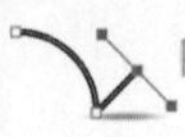

2. 命令详解

如左图所示为“匹配颜色”命令窗口。

（1）目标图像：需要被匹配的图像。

（2）图像选项

a. 明亮度：控制颜色亮度的强弱。

b. 颜色强度：控制颜色饱和度的强弱。

c. 渐隐：通过滑块控制匹配效果的强弱。

d. 中和：使匹配后图像的色调和亮度倾向于两张图像的中间色调。

（3）图像统计：在“源”选项中选择要匹配的源图像。

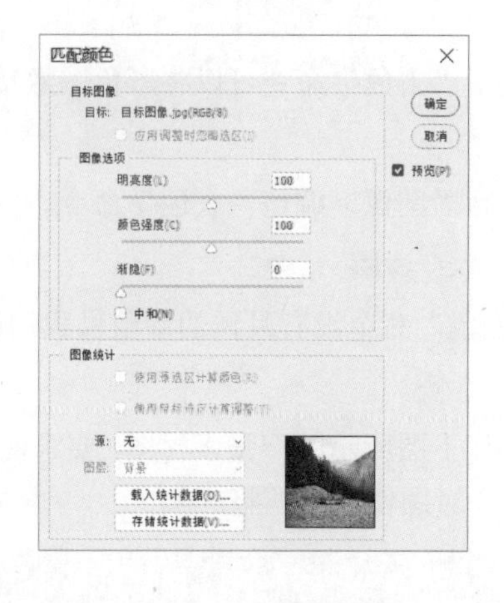

3. 举例

有如下图所示的“山谷”目标图像和“田野”源图像两张素材图，要求使用“匹配颜色”命令对目标图像匹配源图像的色调。

调整：打开两张图像，选择“山谷”目标图像，执行“图像>调整>匹配颜色”命令，在“匹配颜色”命令窗口的源属性中选择“田野”源图像，根据图像预览情况将明亮度、颜色强度和渐隐做出如下图所示的调整，单击“确定”按钮后，即可对目标图像匹配源图像的色调。

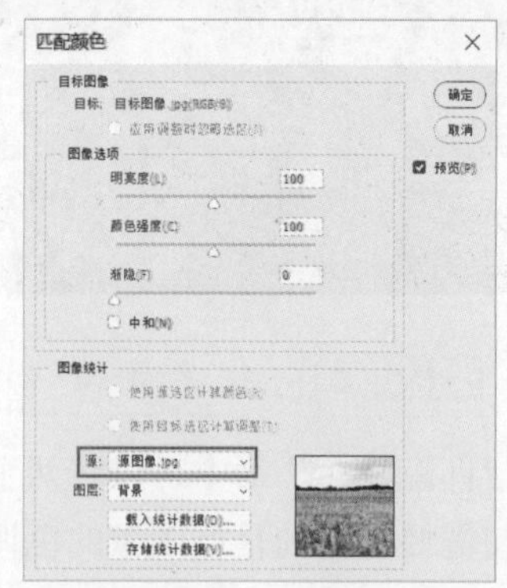

4. 练习

有“田野”目标图像和“花田”源图像两张练习素材图，要求使用上述所学知识对图像做出调整，其设置和图像最终效果如下图所示。

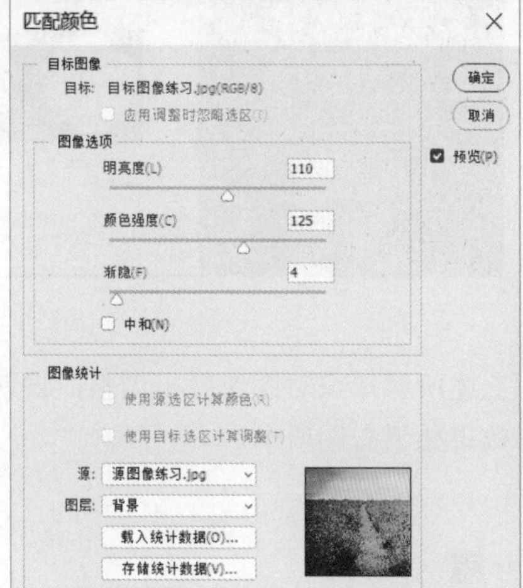

3.4.7　替换颜色（★★★★★）

使用“替换颜色”命令可以将在图像中选择的颜色替换为其他颜色，在替换过程中还可以对替换颜色的色相、饱和度、亮度进行相应调整。

1. 命令

执行“图像＞调整＞替换颜色”命令。

2. 命令详解

如右图所示为“替换颜色”命令窗口。

（1）吸管

选择、添加或者除去图像中需要改变的颜色。

（2）颜色容差

扩大或者缩小选取颜色范围。

（3）结果

单击即可打开拾色器，然后可以选择想要替换的颜色。

3. 举例

有如下图所示的一张素材图，要求使用“替换颜色”命令将图像中红色的玫瑰调整为蓝色的玫瑰。

调整：打开图像，执行“图像>调整>替换颜色”命令，在“替换颜色”命令窗口中做出如下图所示的调整，即可完成要求。

4. 练习

有如下左图所示的一张练习素材图，要求使用上述所学知识对图像做出调整，将紫色的花束变为蓝色的花束，其设置参考如下中图所示，最终效果如下右图所示。

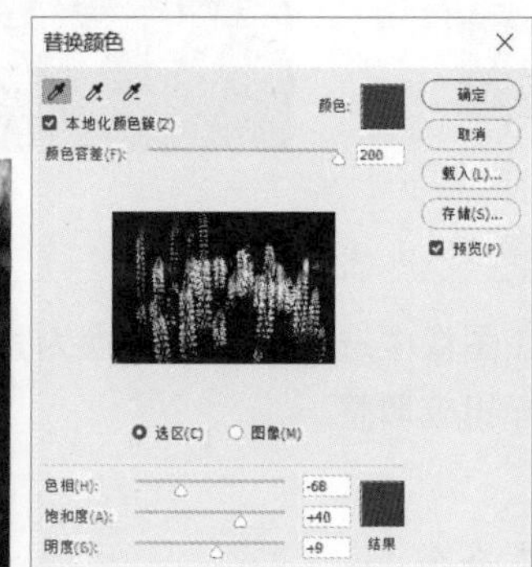

3.4.8 色调均化（★★★）

使用“色调均化”命令可以将过亮或过暗的图像通过重新分布图像中像素的亮度值来调整图像的整体亮度，使图像均匀地呈现所有范围的亮度值。

1. 命令

执行“图像>调整>色调均化”命令。

2. 命令详解

“色调均化”命令没有具体的参数供我们调节，只要执行此命令，原图像就会被自动调节。

3. 举例

有如下图所示的一张素材图，要求使用“色调均化”命令对图像进行调整。

调整：打开素材图，执行“图像>调整>色调均化”命令，最终效果如下图所示。

4. 练习

有如下左图所示的一张练习素材图，要求使用上述所学知识对图像做出调整，最终效果如下右图所示。

第4章 合成

合成是 Photoshop 后期应用中非常重要的一个部分，很多有创意、奇幻特点的图像都来自后期合成。

4.1 合成简介

1. 合成的含义

将众多要合成的图像通过混合、叠加、修饰、调色等操作，最终处理成一张完整的图像。

2. 合成的流程

完整的图像合成过程一般包括制作背景、载入素材图、蒙版过渡、调整光影及色彩、整体修饰五个环节，针对具体的案例，并不是每个环节都必须进行，比如有些简单的合成会使用已有的背景素材图，就不需要再制作背景了。

3. 合成注意事项

（1）正确的透视关系：背景上的对象应该近大远小、近实远虚、近宽远窄。

（2）正确的光影：确定光源的位置后，要保证背景上的对象阴影和光线方向一致。

（3）正确的亮度和色彩：需要确保背景上的对象亮度和色彩统一。

（4）自然的边界：边界处的色彩和纹理需要使用修复工具、仿制图章工具或者蒙版，使其过渡自然。

4.2 风景人像

1. 效果

本案例实现后的效果如下图所示。

2. 思路

首先处理人像和风景素材图，然后融合人像和风景两张素材图，接着载入白云素材图，最后进行整体修饰即可。这是一个很简单的图像合成案例，在合成过程中没有创建背景，也不涉及光影和透视关系，后期仅仅通过改变图层的混合模式就将图像融合在一起了。

3. 操作

步骤 01： 打开 Photoshop，执行“文件>打开”命令，打开如下图所示的“背景”图层。

步骤 02： 选择裁剪工具，将风景素材图裁剪成如下图所示的效果。

步骤 03： 在裁剪工具的属性栏选择“内容识别”属性，然后在图像窗口向上拖动裁剪框上的控制点至如下图所示的位置。

清除　拉直　删除裁剪的像素　内容识别

步骤 04： 然后按 Enter 键，Photoshop 就会智能填充这部分图像区域，得到如下图所示的效果。

步骤 05： 执行“图像>调整>色阶”命令，打开“色阶”命令窗口，然后做出如下图所示的调整，即可得到图像正确的亮度。

步骤 06： 执行“文件>打开”命令，打开人像素材图，如下图所示。

步骤 07：选择裁剪工具，将人像裁剪成如下图所示的效果。

步骤 08：执行“图像＞调整＞色阶”命令，打开“色阶”命令窗口，然后做出如下图所示的调整，即可恢复人像素材图正确的亮度。

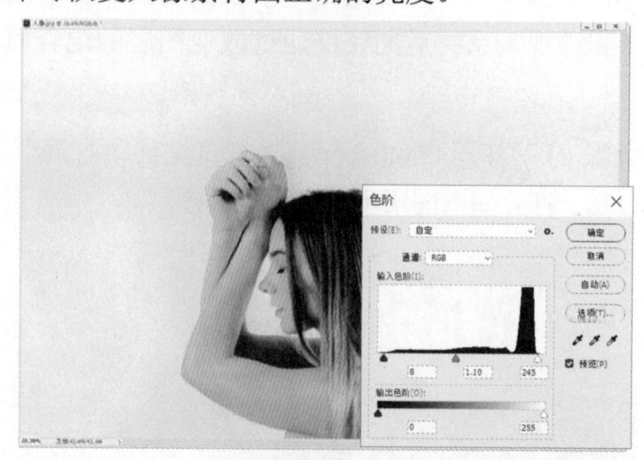

步骤 09：选择移动工具，将人像素材图拖动到风景素材图之上，得到如下图所示的一个新图层，然后将该图层重命名为“人像”。

步骤 10：执行“编辑＞自由变换”命令，调整“人像”图层的大小及位置，如下图所示，最后按 Enter 键。

步骤 11：在图层面板，将“人像”图层的图层混合模式修改为“柔光”，让其更好地融入背景素材图中。

步骤 12：根据预览效果，使用移动工具将“人像”图层移动到如下图所示的位置。

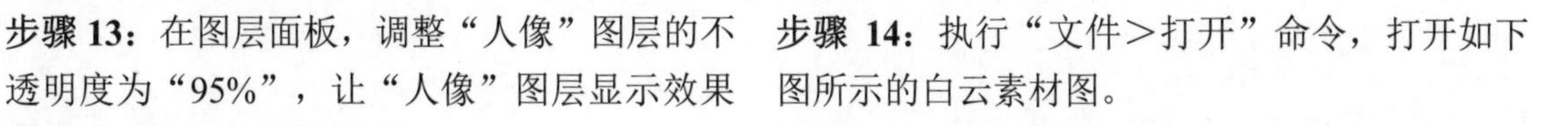

步骤 13：在图层面板，调整“人像”图层的不透明度为“95%”，让“人像”图层显示效果稍微淡一些，如下图所示。

步骤 14：执行“文件>打开”命令，打开如下图所示的白云素材图。

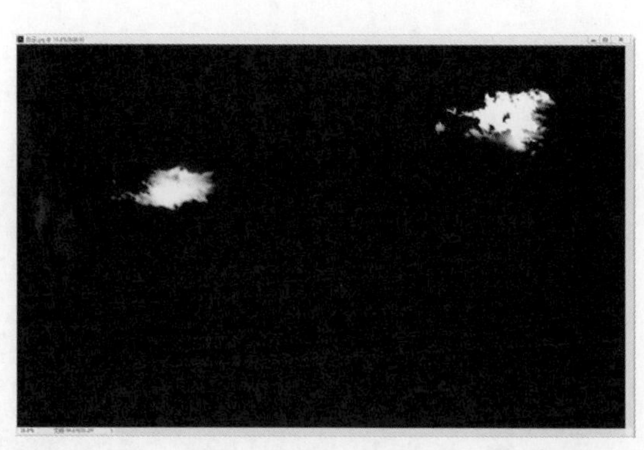

步骤 15：选择移动工具，将白云素材图拖动到“人像”图层之上，得到如下图所示的一个新图层，然后将该图层重命名为“白云”。

步骤 16：在图层面板中，调整“白云”图层的混合模式为“滤色”，滤去图像中的黑色背景，效果如下图所示。

步骤 17：执行“编辑>自由变换”命令，调整“白云”图层的大小及位置，如下图所示，最后按 Enter 键。

步骤 18：执行“图像>调整>颜色查找”命令，打开“颜色查找”命令窗口，在该命令窗口中选择 DLUT 文件中的“Fuji F125 kodak 2395”预设，为图像添加一个较柔和的色调，效果如下图所示。

步骤 19：最后执行“文件>存储为”命令，选择图像的保存位置和格式，保存即可。

4.3 水果魔方

1. 效果

完成本案例后的效果如下图所示。

2. 思路

首先创建背景，然后处理魔方素材图，接着对水果素材图进行变形、透视、添加蒙版等操作，最后整体修饰即可。这个案例涉及抠图、透视关系、调整光影及蒙版过渡等知识，需要耐心、细致地将各种图像融合在一起。

3. 操作

步骤 01：打开 Photoshop，执行“文件>新建”命令（快捷键为 Ctrl+N 组合键），然后设置相应的宽度和高度等，单击“创建”按钮后，新建“背景”图层，如下图所示（为了让案例比较清晰，所以创建的背景像素较大，分辨率较高，读者在练习时，可根据需要创建大小合适的图像背景）。

步骤 02：执行“图层>新建填充图层>纯色”命令，在打开的“新建图层”命令窗口中单击“确定”按钮，打开“拾色器”命令窗口，此时图层面板会自动添加一个“颜色填充 1”图层，然后在“拾色器”命令窗口中选择#b7b6b6 颜色，图像窗口显示效果如下图所示。

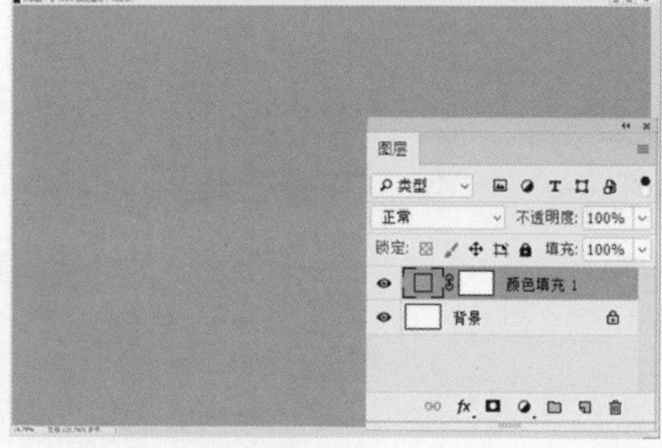

步骤 03：执行“图层>新建>图层”命令（快捷键为 Ctrl+Shift+N 组合键），新建一个空白图层，然后将该图层重命名为“墙角”，接着选择多边形套索工具，创建如下图所示的选区。

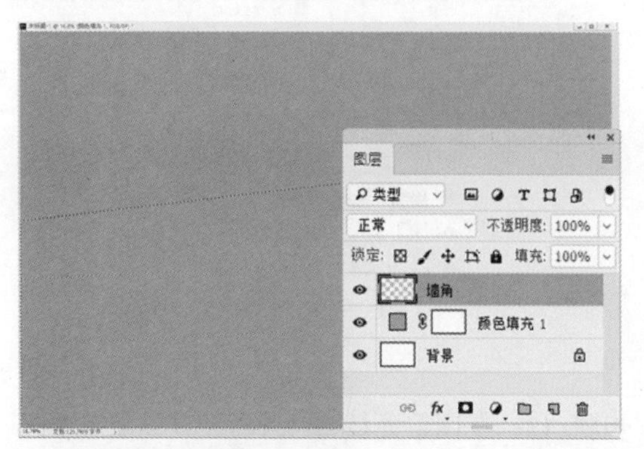

步骤 04：执行“编辑>填充”命令（快捷键为 Shift+F5 组合键），将“墙角”图层填充为黑色，接着执行“选择>取消选择”命令，取消刚才的选区，效果如下图所示。

步骤 05：执行“图层>图层蒙版>显示全部”命令，给“墙角”图层添加一个白色的图层蒙版，如下图所示。

步骤 06：选择渐变工具，设置一个由黑到白的渐变条，然后在图像窗口单击并拖动鼠标光标，得到如下图所示的效果即可。

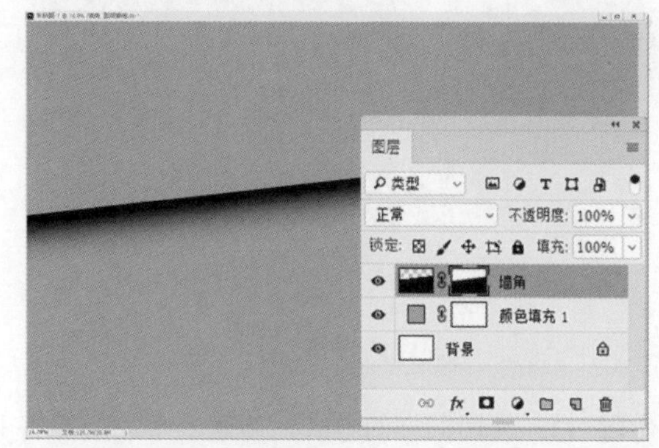

步骤 07：在图层面板将“墙角”图层的不透明度修改为“10%”，图像窗口显示效果如下图所示。

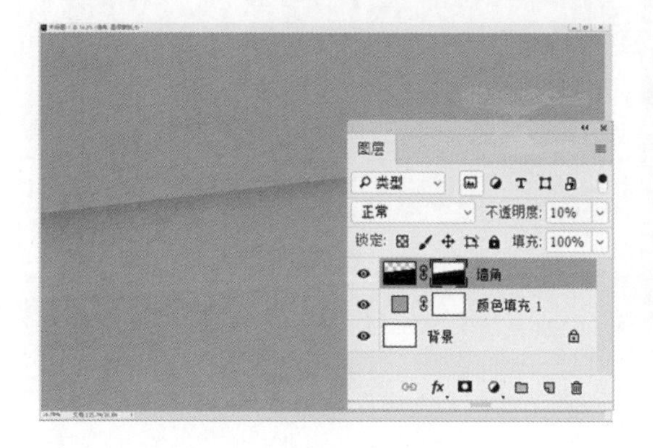

步骤 08：假设光线是从图片右下角照射过来的，那在图片右下角会有高光，同样在图片左上角也有一些高光，执行“图层>新建>图层”命令，新建一个空白图层，将其重命名为“平面右下”，然后选择多边形套索工具，创建如下图所示的选区。

步骤 09：执行“编辑>填充”命令，将“平面右下”图层填充为白色，接着执行“选择>取消选择”命令，取消刚才的选区，如下图所示。

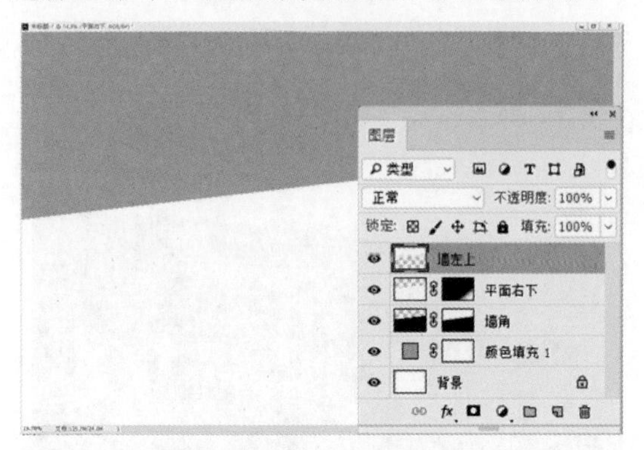

步骤 10：执行“图层>图层蒙版>显示全部”命令，给“平面右下”图层添加一个白色的图层蒙版，如下图所示。

步骤 11：选择渐变工具，设置一个由黑到白的渐变条，然后在图像窗口单击并拖动鼠标光标，得到如下图所示的效果。

步骤 12：在图层面板将“平面右下”图层的不透明度设置为“50%”，图像窗口显示效果如下图所示。

步骤 13：使用同样的方式，新建一个图层并将其重命名为“墙左上”，然后创建如下图所示的选区，并填充为白色。

步骤 14：添加蒙版并进行过渡，然后将“墙左上”图层的不透明度设置为“50%”，图像窗口显示效果如下图所示。

步骤 15： 解锁“背景”图层（单击“背景”图层上方的小锁图标即可），同时选择所有图层，然后执行“图层>图层编组”命令（快捷键为Ctrl+G 组合键）进行编组，并将该组重命名为“背景”，如下图所示。

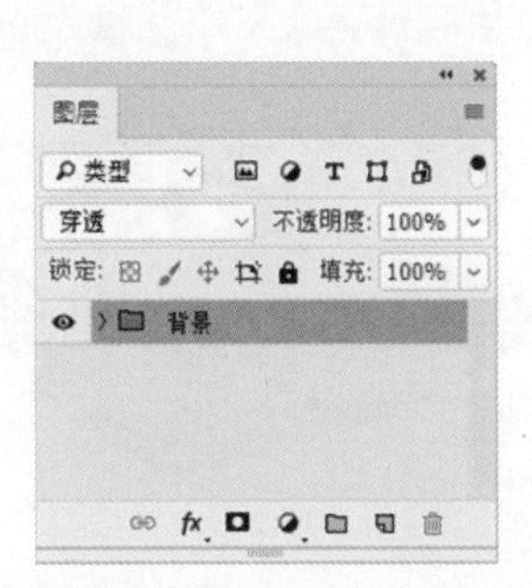

步骤 16： 执行“文件>打开”命令，打开如下图所示的魔方素材图。

步骤 17： 使用通道抠图法抠出魔方，如下图所示。

步骤 18： 使用移动工具，将抠出的魔方素材图直接拖动到“背景”组之上，得到如下图所示的一个新图层，将该图层重命名为“魔方”。

步骤 19： 执行“编辑>自由变换”命令，调整“魔方”图层的大小及位置，如下图所示，最后按 Enter 键。

步骤 20： 执行两次“图层>新建>通过拷贝的图层”命令，将“魔方”图层复制 2 层，然后将复制图层分别重命名为“影子 1”和“影子 2”，如下图所示。

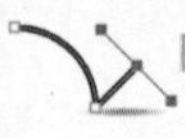

步骤 21：选择“影子 1”图层，按住 Ctrl 键，单击“影子 1”图层的缩览图以载入该图层的选区，执行“编辑＞填充”命令（快捷键为 Shift+F5 组合键），将“影子 1”图层填充为黑色，执行“选择＞取消选择”命令，取消刚才的选区，效果如下图所示。

步骤 22：执行“编辑＞自由变换”命令，调整“影子 1”图层的大小及位置，如下图所示，最后按 Enter 键。

步骤 23：执行“滤镜＞转换为智能滤镜”命令，将“影子 1”图层转换成智能对象，然后执行“滤镜＞模糊＞高斯模糊”命令，设置模糊半径为“40”像素，最后单击“确定”按钮，对“影子 1”图层进行高斯模糊处理后的效果如下图所示（转换成智能对象是为了后期可以灵活调整参数）。

步骤 24：在图层面板中，将“影子 1”图层移动到“魔方”图层下方，效果如下图所示。

步骤 25：执行“图层＞图层蒙版＞显示全部”命令，给“影子 1”图层添加一个白色的图层蒙版，如下图所示。

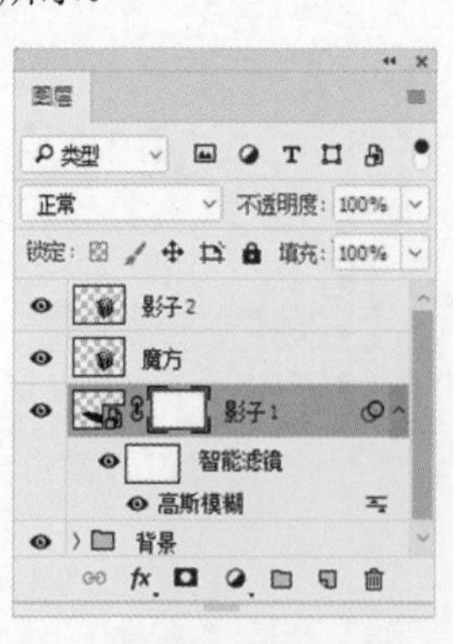

步骤 26：选择渐变工具，设置一个由黑到白的渐变条，然后在图像窗口单击并拖动鼠标光标，图像窗口显示效果如下图所示。

步骤 27：在图层面板中，将“影子 1”图层的不透明度设置为“45%”，图像窗口显示效果如下图所示。

步骤 28：选择“影子 2”图层，按住 Ctrl 键，单击“影子 2”图层的缩览图以载入该图层的选区，执行“编辑>填充”命令，将“影子 2”图层填充为黑色，执行“选择>取消选择”命令，取消刚才的选区，效果如下图所示。

步骤 29：执行“滤镜>转换为智能滤镜”命令，将“影子 2”图层转换成智能对象，执行“滤镜>模糊>高斯模糊”命令，设置模糊半径为“110”像素，单击“确定”按钮，对“影子 2”图层进行高斯模糊处理后的效果如下图所示。

步骤 30：在图层面板中，将“影子 2”图层移动到“魔方”图层下方，然后在图像窗口将“影子 2”的位置向左下方稍微移动一点，效果如下图所示。

步骤 31：执行“图层>图层蒙版>显示全部”命令，给“影子 2”图层添加一个白色的图层蒙版，然后选择画笔工具，设置画笔的颜色为黑色，不透明度为“35%”，形状为“柔边圆”，大小灵活调整，如右图所示。

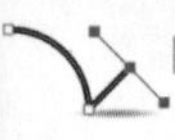

步骤 32：使用画笔在图像窗口涂抹“影子 2”图层，只留下左下方的一部分，得到如下图所示的效果。

步骤 33：同时选择“魔方”“影子 1”和“影子 2”图层，执行“图层>图层编组”命令进行编组，并将该组重命名为“魔方”，如下图所示。

步骤 34：选择“魔方”图层，然后选择魔棒工具，在图像窗口单击如下图所示的一块黄色，载入它的选区。

步骤 35：为了平滑边缘，执行“选择>修改>羽化”命令，打开“羽化”命令窗口，对选区进行 2 个像素的羽化，得到如下图所示的效果。

步骤 36：执行“图层>新建>通过拷贝的图层”命令，将选区内容复制一层，得到一个新图层，将该图层重命名为“橙子 1”，如下图所示。

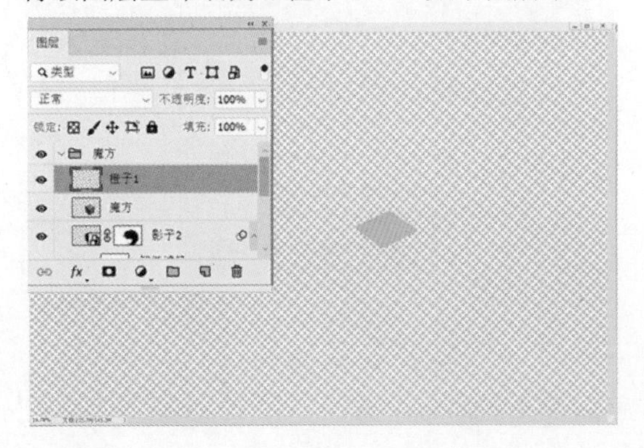

步骤 37：选择移动工具，在图层面板将“橙子 1”图层移动到“魔方”组之上，如下图所示。

步骤 38：执行“文件＞打开”命令，打开如下图所示的橙子素材图。

步骤 39：选择移动工具，将橙子素材图拖动到“橙子 1”图层之上，得到如下图所示的一个新图层，然后将该图层重命名为“水果橙子”。

步骤 40：根据近大远小的透视关系，执行“编辑＞自由变换”命令，单击鼠标右键，在弹出菜单中选择“透视”命令，调整“水果橙子”图层的大小及位置，如下图所示，最后按 Enter 键。

步骤 41：执行“图层＞创建剪贴蒙板”命令（快捷键为 Ctrl+Alt+G 组合键），为“水果橙子”图层添加剪贴蒙版，得到如下图所示的效果。

步骤 42：根据预览效果，再次对“水果橙子”图层的大小及位置进行调整，如下图所示。

步骤 43：使用相同的方法，选择“魔方”组里的“魔方”图层，使用魔棒工具载入下面一块绿色区域的选区，然后羽化像素，复制一层并将其重命名为“橙子 2”，将它移动到“水果橙子”图层之上，实际效果如下图所示。

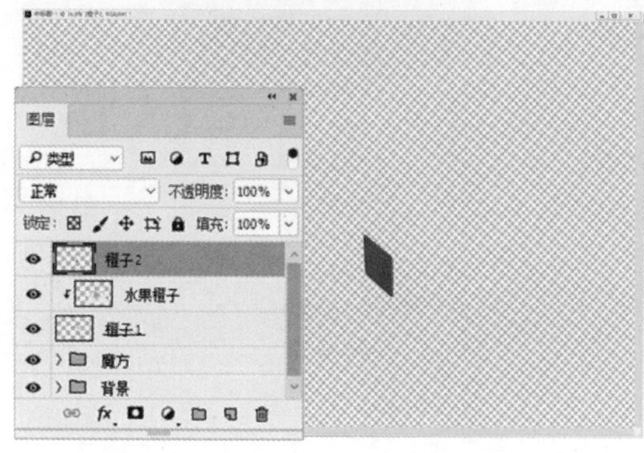

步骤 44：使用相同的方法，载入橙子素材图，进行透视变形，然后创建剪贴蒙版，根据实际效果调整橙子素材图的位置及大小，如下图所示。

步骤 46：选择所有的“橙子”和“水果橙子”图层，执行“图层>图层编组”命令进行编组，并将该组重命名为“橙子”，如下图所示。

步骤 48：处理完成后，选择所有的“猕猴桃”和“水果猕猴桃”图层，执行“图层>图层编组”命令进行编组，并将该组重命名为“猕猴桃”，如下图所示。

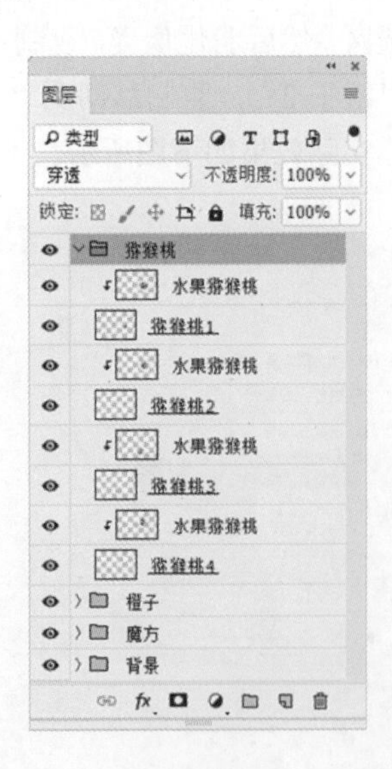

步骤 45：使用同样的方法，将如下图所示的一块魔方也用橙子素材图覆盖。

步骤 47：和处理橙子组一样，将下面的几块魔方用猕猴桃素材图覆盖，得到如下图所示的效果。

步骤 49：和处理橙子组一样，将下面的几块魔方用西瓜素材图覆盖，得到如下图所示的效果。

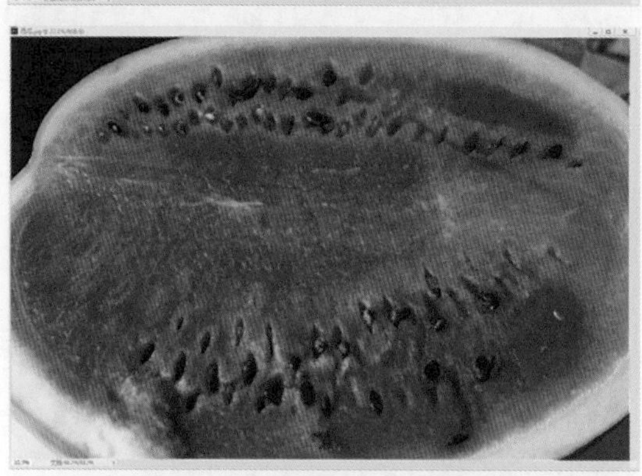

步骤 52：处理完成后，选择所有的“火龙果”和“水果火龙果”图层，执行“图层>图层编组”命令进行编组，并将该组重命名为“火龙果”，如下图所示。

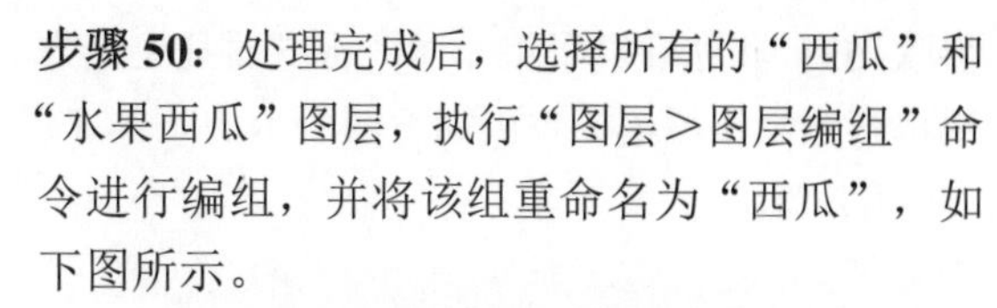

步骤 50：处理完成后，选择所有的“西瓜”和“水果西瓜”图层，执行“图层>图层编组”命令进行编组，并将该组重命名为“西瓜”，如下图所示。

步骤 51：和处理橙子组一样，将下面的几块魔方用火龙果素材图覆盖，得到如下图所示的效果。

步骤 53：和处理橙子组一样，将下面几块魔方用草莓素材图覆盖，得到如下图所示的效果。

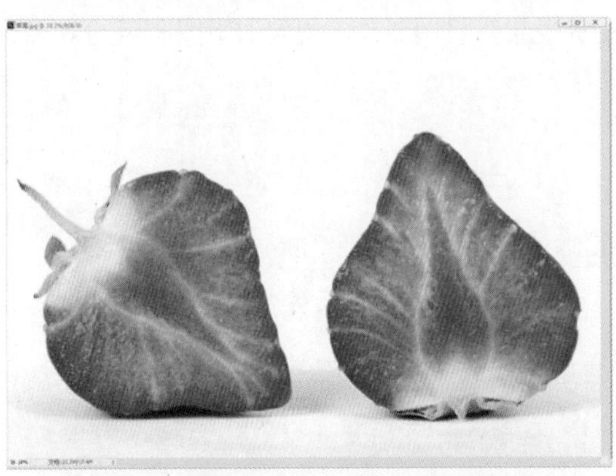

步骤 54：处理完成后，选择所有的“草莓”和“水果草莓”图层，执行“图层>图层编组”命令进行编组，并将该组重命名为“草莓”，如下图所示。

步骤 55：和处理橙子组一样，将下面几块魔方用芒果素材图覆盖，得到如下图所示的效果。

步骤 56：处理完成后，选择所有的“芒果”和“水果芒果”图层，执行“图层>图层编组”命令进行编组，并将该组重命名为“芒果”，如下图所示。

步骤 57：和处理橙子组一样，将下面几块魔方用无花果素材图覆盖，得到如下图所示的效果。

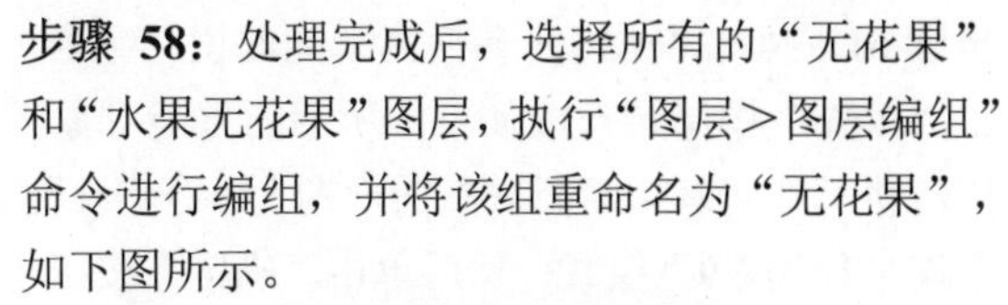

步骤 58：处理完成后，选择所有的“无花果”和“水果无花果”图层，执行“图层＞图层编组”命令进行编组，并将该组重命名为“无花果”，如下图所示。

步骤 59：隐藏“背景”组及魔方组中的“影子 1”和“影子 2”图层，并选择“无花果”组，图像窗口显示效果如下图所示。

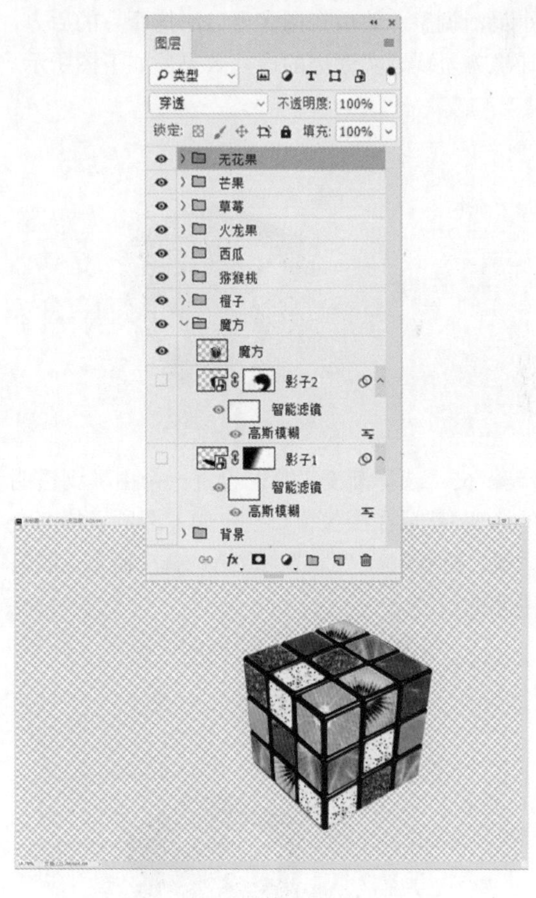

步骤 60：按盖印图层的 Ctrl+Shift+Alt+E 组合键，将图像窗口的效果盖印一层，得到一个新图层，将该图层重命名为“模糊”，如下图所示。

步骤 61：执行“滤镜＞转换为智能滤镜”命令，将“模糊”图层转换成如下图所示的智能对象，接着执行“滤镜＞模糊＞高斯模糊”命令，设置模糊半径为“9”像素，然后单击“确定”按钮，得到如下图所示的效果。

步骤 62：在图层面板显示隐藏的“背景”组及“魔方”组中的“影子 1”和“影子 2”图层，接着执行“图层＞图层蒙版＞隐藏全部”命令，给“模糊”图层添加一个黑色的图层蒙版，用来隐藏模糊效果，如下图所示。

步骤 63：选择画笔工具，设置画笔的颜色为白色，不透明度为“35%”，形状为“柔边圆”，大小灵活调整，然后在图像窗口涂抹魔方的后方，让魔方呈现近实远虚的透视效果，如下图所示。

步骤 64：执行“图层＞新建＞图层”命令，得到一个空白图层，将它命名为“修饰”，然后选择多边形套索工具，创建如下图所示的选区。

步骤 65：选择渐变工具，设置一个由黑到透明的渐变，然后在图像窗口拖出如下图所示的渐变效果，接着执行“选择＞取消选择”命令，取消刚才的选区。

步骤 66：执行“图层＞图层蒙版＞显示全部”命令，给“修饰”图层添加一个白色的图层蒙版，如下图所示。

步骤 67： 选择画笔工具，设置画笔的颜色为黑色，不透明度为“35%”，形状为“柔边圆”，大小灵活调整，然后在图像窗口涂抹“修饰”图层，使阴影过渡自然即可，如下图所示。

步骤 68： 选择“修饰”和“模糊”图层，执行“图层＞图层编组”命令进行编组，并将该组重命名为“修饰”，如下图所示。

步骤 69： 最后执行“文件＞存储为”命令，选择图像的保存位置和格式，保存即可。

4.4　手机上的风景

1. 效果

本案例实现后的效果如下图所示。

2. 思路

首先创建背景，在背景上添加白云和热气球素材图，接着“抠出”平板电脑和手机素材图并将其载入背景素材图中，然后对手机添加大海素材图，在平板电脑上添加枫树和人像素材图，最后对图像进行调色修饰即可。本案例涉及抠图、调色、调整光影和蒙版过渡等知识，需要一定的耐心和细心才能将图像融合在一起。

3. 操作

步骤 01：打开 Photoshop，执行“文件>新建”命令，然后设置相应的宽度和高度等，单击“创建”按钮后，新建的“背景”图层如下图所示（为了让案例较清晰，所以创建的背景较大，分辨率较高，读者在练习时，可根据需要创建大小合适的图像背景）。

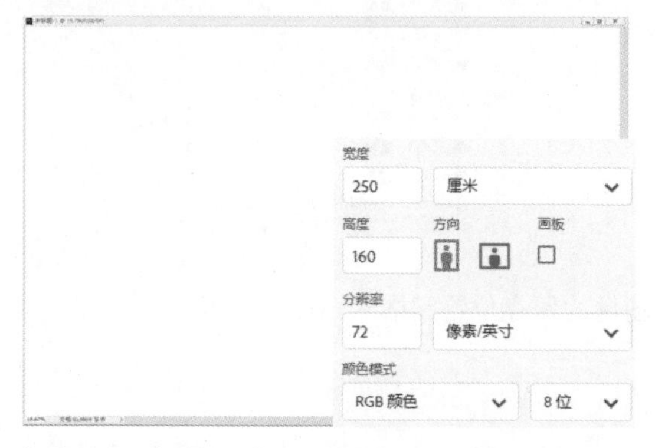

步骤 02：执行“图层>新建填充图层>纯色”命令，在打开的“新建图层”命令窗口中单击“确定”按钮，打开“拾色器”命令窗口，此时图层面板会自动添加一个 “颜色填充 1”图层，然后在“拾色器”命令窗口中选择#e7d0af 颜色，图像窗口显示效果如下图所示。

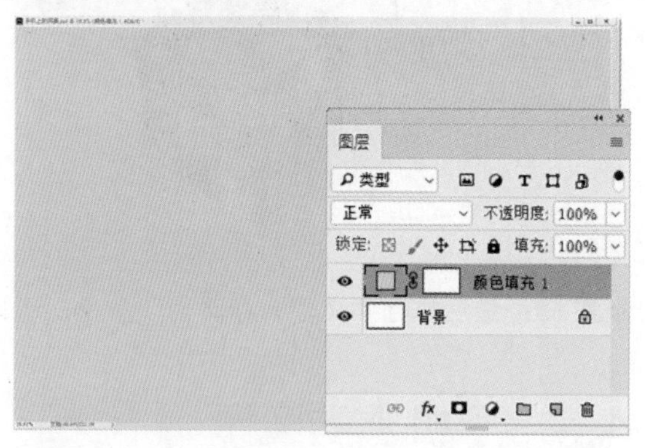

步骤 03：解锁“背景”图层后，选择“背景”和“颜色填充 1”图层，然后执行“图层>图层编组”命令进行编组，并将该组重命名为“背景”，如下图所示。

步骤 04：执行“文件>打开”命令，打开热气球素材图，如下图所示。

步骤 05：使用通道抠图法抠出热气球，图像窗口显示效果如右图所示。

步骤 06：选择移动工具，将抠出的热气球素材图拖动到“背景”组之上，得到一个新的图层，将该图层重命名为“热气球”，如下图所示。

步骤 07：热气球素材图与背景融合后的效果如下图所示。

步骤 08：执行“编辑>自由变换”命令，调整“热气球”图层的大小及位置，如右图所示，最后按 Enter 键。

步骤 09：假设在这个合成案例中，光从左侧照射过来，图像应该左侧亮，右侧暗。首先执行“图层>新建调整图层>曲线”命令，在打开的“新建图层”命令窗口中单击“确定”按钮，打开“曲线”命令窗口，此时图层面板会自动添加一个“曲线 1”图层。然后单击“曲线”命令窗口下方的“将此调整剪贴到此图层”按钮，让调整效果只针对下面的“热气球”图层，然后调整曲线以提亮图像，如下图所示。

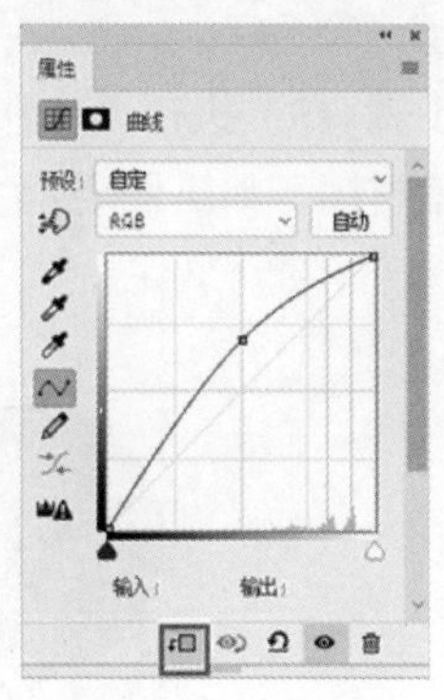

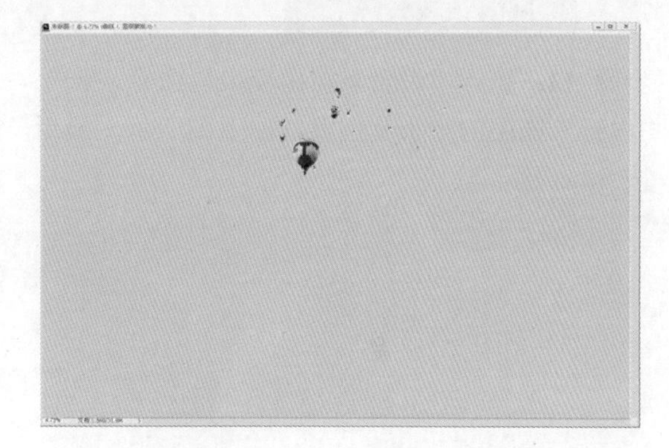

步骤 10：在图层面板选定“曲线 1”图层自带的蒙版，然后选择黑色的“柔边圆”画笔，将不透明度设置为“75%”，接着在图像窗口涂抹所有热气球的右半部分，将它们变暗，调整“热气球”图层的光影效果，如下图所示。

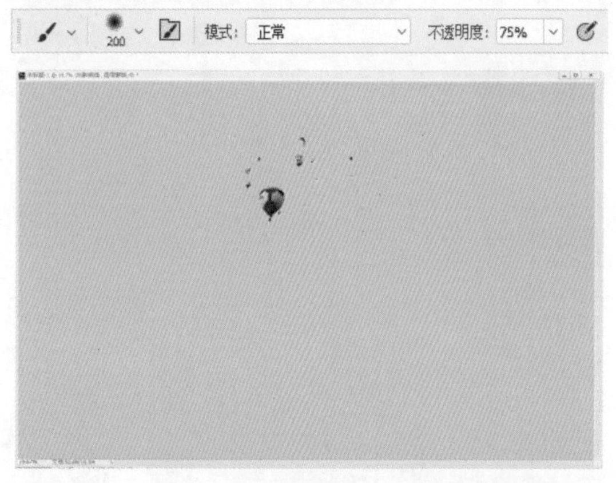

步骤 11：执行“文件>打开”命令，打开白云素材图，如下图所示。

步骤 12：选择移动工具，将白云素材图拖动到“曲线 1”图层之上，得到一个新的图层，将该图层重命名为“白云”，如下图所示。

步骤 13：在图层面板将“白云”图层的图层混合模式修改为“滤色”，滤去背景中的黑色，效果如下图所示。

步骤 14：执行“编辑>自由变换”命令，调整“白云”图层的大小及位置，如下图所示，最后按 Enter 键。

步骤 15：执行“文件>打开”命令，打开飞船素材图，如下图所示。

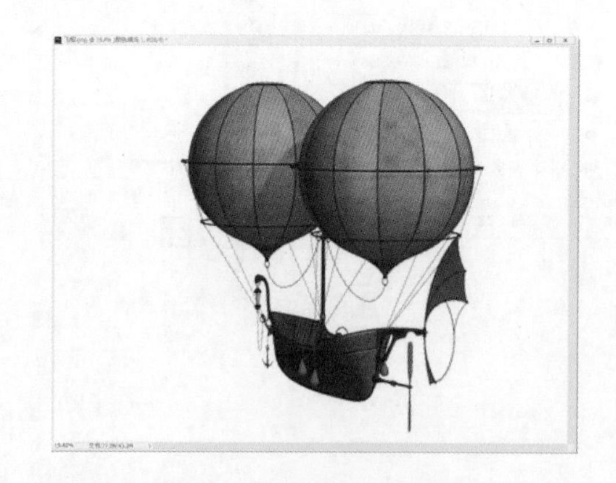

步骤 16：使用通道抠图法抠出飞船，如下图所示。

步骤 17：选择移动工具，将抠出的飞船素材图拖动到“白云”图层之上，得到一个新图层，并将该图层重命名为“飞船”，如下图所示。

步骤 18：执行“编辑>自由变换”命令，调整“飞船”图层的大小及位置，如下图所示，最后按 Enter 键。

步骤 19：执行“图层>图层蒙版>显示全部”命令，给“飞船”图层添加一个白色的图层蒙版，如下图所示。

步骤 20：选择画笔工具，设置画笔的颜色为黑色，不透明度为“35%”，形状为“柔边圆”，大小灵活调整，然后在图像窗口涂抹飞船，让飞船有种在白云里若隐若现的效果，如下图所示。

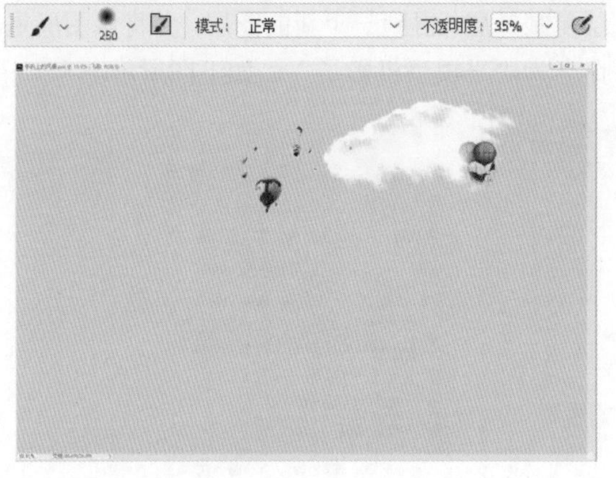

步骤 21：在图层面板，将“飞船”图层的不透明度修改为“75%”，得到如下图所示的效果。

步骤 22： 同时选择“热气球”“白云”和“飞船”图层，执行“图层>图层编组”命令进行编组，并将该组重命名为“白云和气球”，如下图所示。

步骤 23： 执行“文件>打开”命令，打开平板电脑和手机素材图，如下图所示。

步骤 24： 使用钢笔抠图法抠出平板电脑和手机，如下图所示。

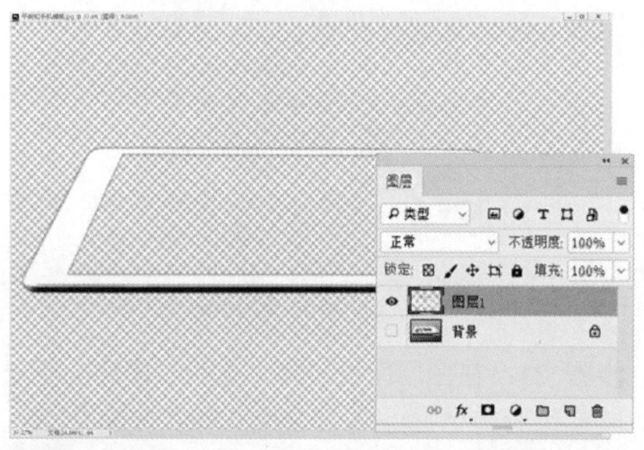

步骤 25： 选择移动工具，将抠出的平板电脑和手机素材图拖动到“白云和气球”组之上，然后将得到的新图层重命名为“平板手机”，如下图所示。

步骤 26： 执行“编辑>自由变换”命令，调整“平板手机”图层的大小及位置，如下图所示，最后按 Enter 键。

步骤 27： 对“平板手机”图层执行“图层>新建>通过拷贝的图层”命令，将“平板手机”图层复制一层，得到一个新的图层，并将该图层重命名为“平板手机影子”，如下图所示。

步骤 28：按住 Ctrl 键后，单击“平板手机影子”图层的缩览图，载入该图层的选区，然后执行“编辑>填充”命令，将“平板手机影子”图层填充为黑色，接着执行“选择>取消选择”命令，取消刚才的选区，效果如下图所示。

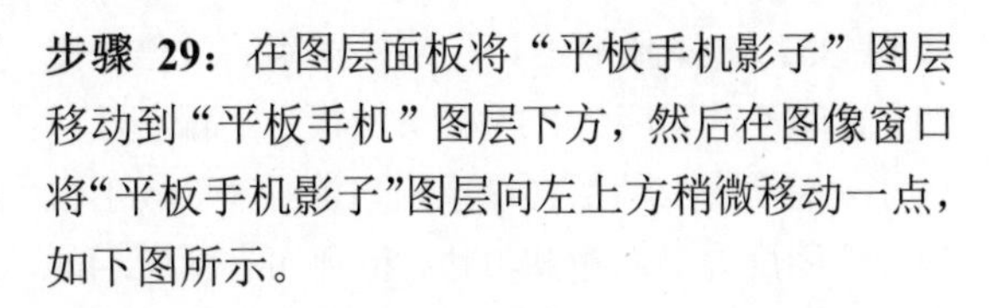

步骤 29：在图层面板将“平板手机影子”图层移动到“平板手机”图层下方，然后在图像窗口将“平板手机影子”图层向左上方稍微移动一点，如下图所示。

步骤 30：执行“滤镜>转换为智能滤镜”命令，将“平板手机影子”图层转换成智能对象，然后执行“滤镜>模糊>高斯模糊”命令，设置模糊半径为“30”像素，单击“确定”按钮，得到如下图所示的效果。

步骤 31：在图层面板将“平板手机影子”图层的不透明度修改为“95%”，得到如下图所示的效果。

步骤 32：执行“图层>图层蒙版>显示全部”命令，给“平板手机影子”图层添加一个白色的图层蒙版，如右图所示。

步骤 33：选择画笔工具，设置画笔的颜色为黑色，画笔不透明度为“35%”，形状为“柔边圆”，大小灵活调整，然后在图像窗口涂抹“平板手机影子”图层的最右边和下边，得到如右图所示的效果（因为光线是从左边照射来的，所以左边没有阴影）。

步骤 34：选择“平板手机”图层，执行“图层>新建调整图层>曲线”命令，在打开的“新建图层”命令窗口中单击“确定”按钮，打开“曲线”命令窗口，此时图层面板会自动添加一个“曲线2”图层。然后单击“曲线 2”命令窗口下方的“将此调整剪贴到此图层”按钮，让调整效果只针对下面的“平板手机”图层，然后调整曲线以提亮图像，如下图所示。

步骤 35：选择“曲线 2”图层自带的蒙版，然后执行“图像>调整>反相”命令（快捷键为 Ctrl+I 组合键），将白色的蒙版转换成黑色以隐藏提亮效果，接着选择白色的“柔边圆”画笔，设置画笔不透明度为“75%”，大小灵活调整，最后在图像窗口涂抹平板电脑和手机左侧的倒角，让它们变亮（因为光线是从图片左边照射过来的，所以左侧的倒角会有高光），作用后的图层面板和调整后的图像效果如下图所示。

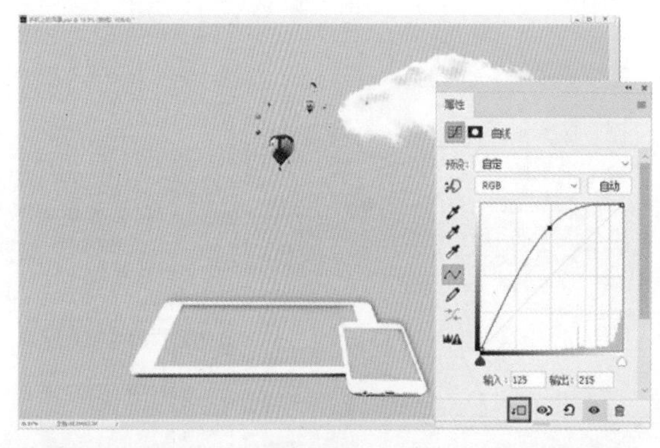

步骤 36：选择“平板手机”图层，按住 Ctrl 键，单击“平板手机”图层的缩览图，载入该图层的选区，接着执行“选择>反选”命令，得到“手机平板”图层之外的选区，如下图所示。

步骤 37：选择魔棒工具，在属性栏选择“从选区减去属性”选项，然后减去除平板电脑外的多余选区，如下图所示。

步骤 38：选择“曲线 2”图层，然后执行“图层>新建>图层”命令，在“曲线 2”图层之上新建一个空白图层，并将其重命名为“平板电脑”，如下图所示。

步骤 39：执行“编辑>填充”命令，为上面创建的选区填充黑色，然后执行“选择>取消选择”命令，取消刚才的选区，效果如下图所示。

步骤 40：选择“平板手机”图层，然后进行和上文相同的操作，给手机屏幕位置新建一个如下图所示的新的黑色图层，并将其重命名为“手机”。

步骤 41：同时选择“曲线 2”“平板手机”和“平板手机影子”图层，然后执行“图层>图层编组”命令进行编组，并将该组重命名为“底层”，如下图所示。

步骤 42：选择“手机”图层，然后执行“图层>图层编组”命令进行编组，并将该组重命名为“手机”，然后隐藏“手机”图层，如下图所示。

步骤 43：选择“平板电脑”图层，然后执行“图层>图层编组”命令进行编组，并将该组重命名为“平板电脑”，如下图所示。

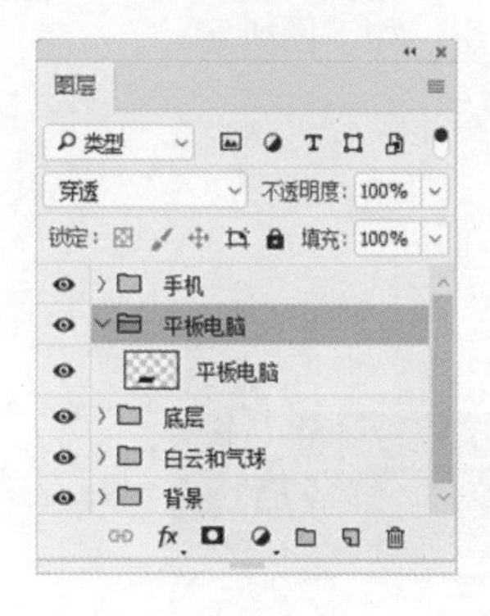

步骤 44： 执行“文件>打开”命令，打开人像素材图，如下图所示。

步骤 45： 选择移动工具，将人像素材图拖动到“平板电脑”组中的“平板电脑”图层之上，得到如下图所示的一个新图层，将“图层”重命名为“人像”。

步骤 46： 执行“编辑>自由变换”命令，调整“人像”图层的大小及位置，如下图所示，最后按 Enter 键。

步骤 47： 执行“图层>新建>通过拷贝的图层”命令，将“人像”图层复制一层，并将复制的图层重命名为“草地”，接着将“草地”图层移动到“人像”图层下面，然后隐藏“草地”图层，如下图所示。

步骤 48： 选择“人像”图层，然后使用选择并遮住抠图法抠出人像素材图中的人像和马匹，将得到的新图层重命名为“人像马匹”，然后隐藏“人像”图层，如下图所示。

步骤 49： 显示并选择“草地”图层，然后执行“图层>创建剪贴蒙版”命令，为“草地”图层添加如下图所示的剪贴蒙版。

步骤 50：选择仿制图章工具，设置画笔形状为“柔边圆”，不透明度为“100%”，大小灵活调整，然后按住 Alt 键，在图像窗口中的草地部分单击，确定仿制源，接着在平板电脑图像中没有草地的地方点击或者涂抹，补全草地（多次取样，多次涂抹），最终效果如右图所示。

步骤 51：选择“人像马匹”图层，执行“图层>新建>通过拷贝的图层”命令，将“人像马匹”图层复制一层，并将复制的图层重命名为“人像马匹影子”，如下图所示。

步骤 52：按住 Ctrl 键，单击“人像马匹影子”图层的缩览图以载入该图层的选区，然后执行“编辑>填充”命令，将“人像马匹影子”图层填充为黑色，接着执行“选择>取消选择”命令，取消刚才的选区，效果如下图所示。

步骤 53：执行“编辑>自由变换”命令，调整“人像马匹影子”图层的大小及位置，如下图所示，最后按 Enter 键。

步骤 54：执行“滤镜>转换为智能滤镜”命令，将“人像马匹影子”图层转换成智能对象，然后执行“滤镜>模糊>高斯模糊”命令，设置模糊半径为“17”像素，最后单击“确定”按钮。对“人像马匹影子”进行高斯模糊处理后的效果如下图所示。

步骤 55： 在图层面板，将“人像马匹影子”图层移动到“人像马匹”图层下面，然后将“人像马匹影子”图层的不透明度修改为“65%”，降低“人像马匹影子”图层不透明度后的效果如下图所示。

步骤 56： 执行“文件>打开”命令，打开枫树素材图，如下图所示。

步骤 57： 使用通道抠图法抠出枫树，如下图所示。

步骤 58： 选择移动工具，将抠出的枫树素材图拖动到“人像”图层下方，得到一个新图层，并将该图层重命名为“枫树”，如下图所示。

步骤 59： 执行“编辑>自由变换”命令，调整“枫树”图层的大小及位置，如下图所示，最后按 Enter 键。

步骤 60： 执行“图层>图层蒙版>显示全部”命令，给“枫树”图层添加一个白色的图层蒙版，选择黑色的“柔边圆”画笔工具，设置画笔不透明度为“50%”，大小灵活调整，然后在图像窗口涂抹枫树根部，让枫树的根部融入草地中，如下图所示。

步骤 61：对“枫树”图层执行“图层>新建>通过拷贝的图层”命令，将该图层复制一层后重命名为“枫树影子”，并删除“枫树影子”图层后的图层蒙版。接着按住 Ctrl 键，单击“枫树影子”图层的缩览图以载入该图层的选区，然后执行“编辑>填充”命令，将“枫树影子”图层填充为黑色，最后执行“选择>取消选择”命令，取消刚才的选区，如下图所示。

步骤 63：选择“枫树”图层并放大，然后选择多边形套索工具，对其中的一片树叶创建如下图所示的选区。

步骤 65：选择移动工具，将“枫叶 1”图层移动到“枫树影子”图层下面，然后在图像窗口将“枫叶 1”图层移动到如右图所示的位置。

步骤 62：执行“编辑>自由变换”命令，调整“枫树影子”图层的大小及位置（与人像和马匹的影子投射方向一致），然后按 Enter 键。接着执行“滤镜>转换为智能滤镜”命令，将“枫树影子”图层转换成智能对象，执行“滤镜>模糊>高斯模糊”命令，设置模糊半径为“17”像素，单击“确定”按钮，在图层面板将“枫树影子”图层移动到“枫树”图层下面，并将“枫树影子”图层的不透明度修改为“65%”，如下图所示。

步骤 64：执行“图层>新建>通过拷贝的图层”命令，复制一层，并将复制的图层重命名为“枫叶 1”。此时，“枫叶 1”图层在图像窗口的显示效果如下图所示（暂时隐藏“枫树”图层）。

步骤 66：使用相同的方法，复制如下图所示的 7 片枫叶，并将其放置在如下图所示的位置。

步骤 68：执行“图层>图层样式>投影”命令，在 “图层样式”对话框中为“地上落叶”图层添加一个投影效果，如下图所示。

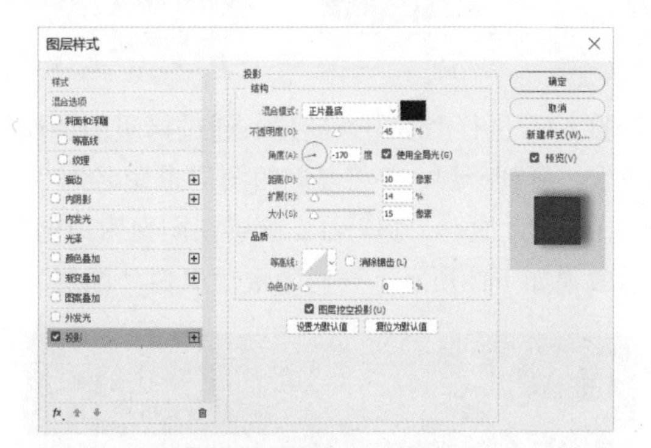

步骤 70：选择“曲线 3”图层自带的蒙版，然后选择黑色的“柔边圆”画笔，设置画笔不透明度为“75%”，接着在图像窗口涂抹枫树的右半部分树叶和树干，矫正枫树的光影，使枫树左边亮、右边暗，效果如右图所示。

步骤 67：同时选择草地上的 4 片枫叶（本例中为枫叶 4 到枫叶 7），然后执行“图层>合并图层”命令（快捷键为 Ctrl+E 组合键），将这几个图层合并起来，得到新的图层，并将该图层重命名为“地上落叶”，如下图所示。

步骤 69：选择“枫树”图层，执行“图层>新建调整图层>曲线”命令，在打开的“新建图层”命令窗口中单击“确定”按钮，打开“曲线”命令窗口，此时图层面板会自动添加一个“曲线 3”图层。然后单击“曲线 3”命令窗口下方的“此调整剪贴到此图层”图标按钮，让调整效果只针对下面的“枫树”图层，最后调整“曲线 3”图层以提亮图像，效果如下图所示。

步骤 71：打开“手机”组，选择并显示“手机”图层，如下图所示。

步骤 72：执行“文件＞打开”命令，打开大海素材图，如下图所示。

步骤 73：选择移动工具，将大海素材图拖动到“手机”图层之上，并将该图层重命名为“大海”，如下图所示。

步骤 74：执行“编辑＞自由变换”命令，调整“大海”图层的大小及位置，如下图所示，最后按 Enter 键。

步骤 75：执行“图层＞创建剪贴蒙版”命令，为“大海”图层添加剪贴蒙版，效果如右图所示。

步骤 76：因为枫树的颜色看起来还是有点暗，所以打开“平板电脑”组后，首先选择“枫树”图层，然后执行“图层＞新建调整图层＞可选颜色”命令，在打开的“新建图层”命令窗口中单击“确定”按钮，打开“可选颜色”命令窗口，此时图层面板会自动添加一个“选取颜色 1”图层。接着单击“可选颜色”命令窗口下方的“将此调整剪贴到此图层”按钮，让调整效果只针对下面的“枫树”图层，最后在“可选颜色”命令窗口的“颜色”属性中选择“红色”，并进行如下左图所示的调整，为枫树添加一些红色。调整后的枫树的整体效果如下右图所示。

步骤 77：因为草地的颜色还有点暗，所以首先选择“草地”图层，然后执行“图层＞新建调整图层＞可选颜色”命令，在打开的“新建图层”命令窗口中单击“确定”按钮，打开“可选颜色”命令窗口，此时图层面板会自动添加一个“选取颜色 2”图层。接着单击“可选颜色”命令窗口下方的“将此调整剪贴到此图层”按钮，让调整效果只针对下面的“草地”图层，在“颜色”属性中分别选择“黄色”和“绿色”，并进行如下图所示的调整，为草地增添一些绿色。

步骤 78：在“手机”组之上，执行“图层＞新建调整图层＞自然饱和度”命令，在打开的“新建图层”命令窗口中单击“确定”按钮，打开“自然饱和度”命令窗口，此时图层面板会自动添加一个 “自然饱和度 1”图层。然后进行如下图所示的调整，用来恢复图像中欠饱和色彩的自然饱和度。

步骤 79：执行“图层＞图层编组”命令，对“自然饱和度 1”图层进行编组，并将该组重命名为“调色”，如右图所示。

步骤 80：最后执行“文件＞存储为”命令，选择图像的保存位置和格式，保存即可。

第 5 章　特效制作

5.1　水彩人像效果

1. 思路

本案例要将如右图所示的人像素材图制作成水彩画的特殊效果，思路是先将人像素材图处理成高对比度的黑白图像，然后载入水彩画素材图，接着使用图层混合模式对它们进行融合叠加，最后修饰细节即可。

2. 操作

步骤 01：打开 Photoshop，执行“文件>打开”命令，打开人像素材图，如下图所示。

步骤 02：执行“图层>新建>通过拷贝的图层”命令，将背景图层复制一层，并将该图层重命名为“修瑕”，然后对人像进行修瑕疵、磨皮及液化处理，美化后的效果如下图所示（这部分知识在第 6 章会详细介绍）。

步骤 03：选择快速选择工具，在图像窗口创建如右图所示的人像选区。

步骤 04：单击快速选择工具属性栏里的“选择并遮住”命令，打开如下左图所示的“选择并遮住”命令窗口，选择调整边缘画笔工具优化选区，完成调整后，单击“确定”按钮，得到如下右图所示的效果。

步骤 05：执行“图层>新建>通过拷贝的图层”命令，将选区内容复制一层，并将该图层重命名为“底层”，如下图所示。

步骤 06：隐藏“背景”和“修瑕”图层，即可看到抠出的人像，如下图所示。

步骤 07：在图层面板，显示“背景”和“修瑕”图层后，选择“修瑕”图层，然后执行“图层>新建填充图层>纯色”命令，添加一个白色的“颜色填充 1”图层，图像窗口显示效果如下图所示。

步骤 08：选择“底层”图层，执行“编辑>自由变换”命令，调整“底层”图层的大小及位置，如下图所示，最后按 Enter 键。

步骤 09：执行“图像>调整>阈值”命令，打开“阈值”命令窗口，此时图像窗口显示效果如下图所示。

步骤 10：调整“阈值”命令窗口中的小滑块，当阈值色阶为“139”时，得到一个比较清晰的五官效果，最后单击“确定”按钮，即可得到如下图所示的效果。

步骤 11：执行“文件>打开”命令，打开彩绘素材图，如下图所示。

步骤 12：选择移动工具，将彩绘素材图拖动到“底层”图层之上，得到一个新图层，然后将该图层重命名为“彩绘”，如下图所示。

步骤 13：执行“编辑>自由变换”命令，调整“彩绘”图层的大小及位置，如下图所示，最后按 Enter 键（旋转 180 度后放大图像）。

步骤 14：在图层面板将“彩绘”图层的图层混合模式修改为“变亮”，让“彩绘”图层更好地融入“底层”图层中，效果如下图所示。

步骤 15： 为了让“彩绘”图层不影响后期操作（在背景中添加的其他素材图），执行“图层>创建剪贴蒙板”命令，为“彩绘”图层添加剪贴蒙版，让“彩绘”图层只影响“底层”图层，如下图所示。

步骤 16： 执行“文件>打开”命令，打开另一张彩绘素材，如下图所示。

步骤 17： 选择移动工具，将第二张“彩绘”素材图拖动到“颜色填充 1”图层之上，得到一个新图层，将该图层重命名为“细节 1”，如下图所示。

步骤 18： 执行“编辑>自由变换”命令，调整“细节 1”图层的大小及位置，如下图所示，最后按 Enter 键。

步骤 19： 使用同样的方法，再添加“细节 2”“细节 3”“细节 4”3 个细节图层，分别调整它们的大小及位置，如下图所示。

步骤 20： 执行“文件>打开”命令，打开枯树素材图，如下图所示。

步骤 21：选择移动工具，将枯树素材图拖动到“彩绘”图层之上，得到一个新的图层，将该图层重命名为“树”，如下图所示。

步骤 22：在图层面板将“树”图层的图层混合模式修改为“滤色”，滤去“树”图层的黑色，图像窗口效果如下图所示。

步骤 23：执行“编辑>自由变换”命令，调整“树”图层的大小及位置，如下图所示，最后按 Enter 键。

步骤 24：执行“文件>存储为”命令，选择图像的保存位置和格式保存即可。保存的 jpeg 格式图像效果如下图所示。

步骤 25：打开如下图所示的水彩画样机。

步骤 26：将处理好的水彩效果图载入样机中，即可得到一个水彩人像的效果，如下图所示。

5.2 素描人像效果

1. 思路

本案例要将如右图所示的人像素材图制作成素描画效果，主要思路是先将图像处理成线稿，然后添加杂色并使用动感模糊滤镜模仿素描笔触，最后修饰细节即可。

2. 操作

步骤 01：打开 Photoshop，执行“文件>打开”命令，打开如下图所示的背景素材图。

步骤 02：执行“图层>新建>通过拷贝的图层”命令，将背景复制一层，并将该图层重命名为“修瑕”，然后对人像进行修瑕疵、磨皮及液化处理，美化后的效果如下图所示。

步骤 03：执行“图层>新建>通过拷贝的图层”命令，将“修瑕”图层复制一层，并将该图层重命名为“清晰度”，然后执行“滤镜>滤镜库>海报边缘”命令，打开如下图所示的“海报边缘”命令窗口并设置参数。

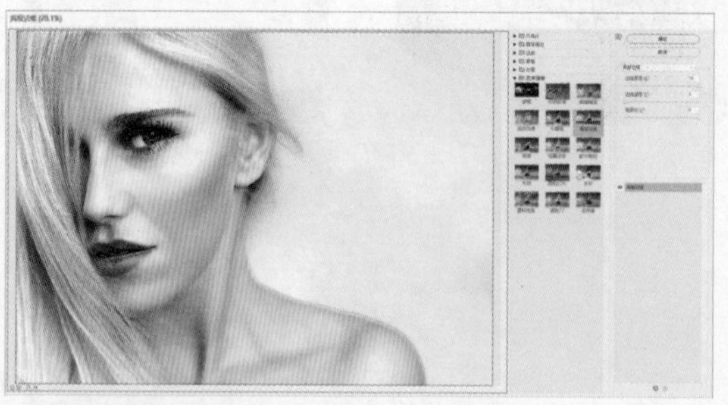

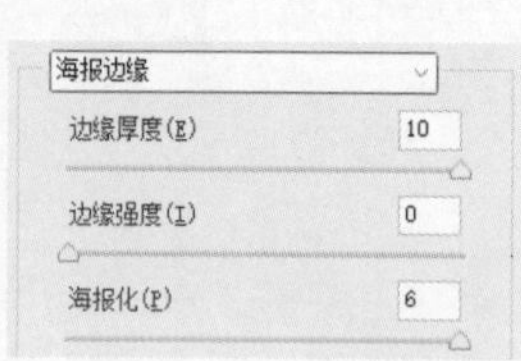

步骤 04：在“海报边缘”命令窗口中，单击“确定”按钮，在图层面板将“清晰度”图层的不透明度修改为“75%”，图像窗口效果如下图所示。

步骤 05：按下盖印图层的 Ctrl+Shift+Alt+E 组合键，将图像窗口的效果盖印一层，得到一个新的图层，然后将该图层重命名为“底层”，接着执行“图像>调整>去色”命令，将“底层”图层去色，变成如下图所示的灰度图像。

步骤 06：执行“图层>新建>通过拷贝的图层”命令，将“底层”图层复制一层，并将该图层重命名为“上层”，如下图所示。

步骤 07：执行“图像>调整>反相”命令，将“上层”图层反相，效果如下图所示。

步骤 08：在图层面板将“上层”图层的图层混合模式修改为“颜色减淡”，图像窗口效果如右图所示。

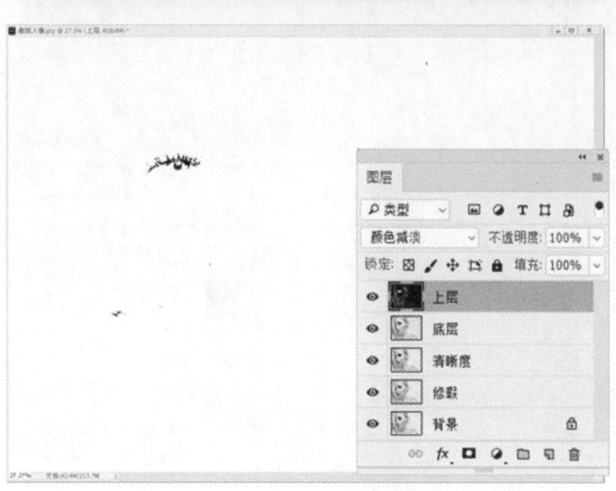

步骤 09： 执行“滤镜>其他>最小值”命令，打开“最小值”命令窗口，在“最小值”命令窗口中将半径设置为“3”像素，单击“确定”按钮，得到如右图所示的效果。

步骤 10： 执行“图层>图层样式>混合选项”命令，打开“图层样式”命令窗口，在混合颜色带中，首先按住 Alt 键，单击“下一图层”黑色滑块，等滑块分开后，松开 Alt 键，然后拖动黑色滑块到如下左图所示的位置，图像窗口可得到如下右图所示的效果（没有固定参数，根据图像的实际情况调整，一般当画面出现素描感觉时停止调整）。

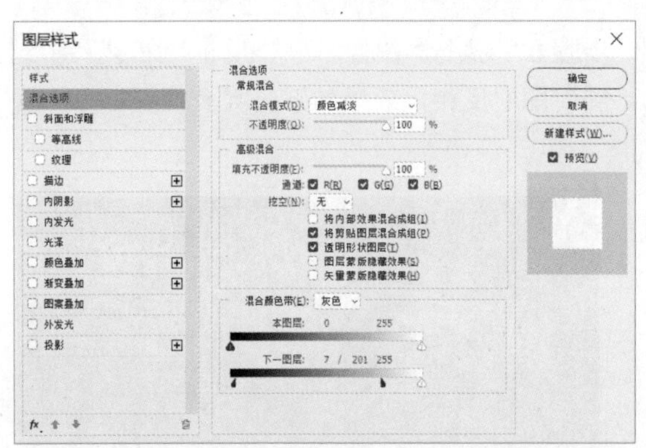

步骤 11： 执行“图层>新建>图层”命令，新建一个空白图层，并将该图层重命名“笔触”，然后执行“编辑>填充”命令，将“笔触”图层填充为白色，如下图所示。

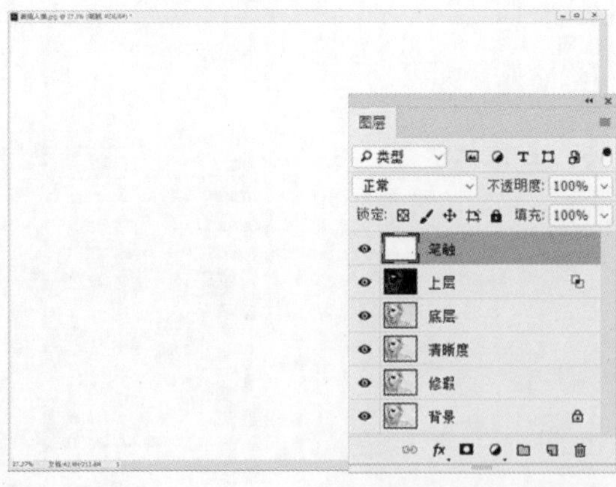

步骤 12： 执行“滤镜>杂色>添加杂色”命令，打开“添加杂色”命令窗口，在“添加杂色”命令窗口中将数量设为“60%”，单击“确定”按钮，得到如下图所示的效果。

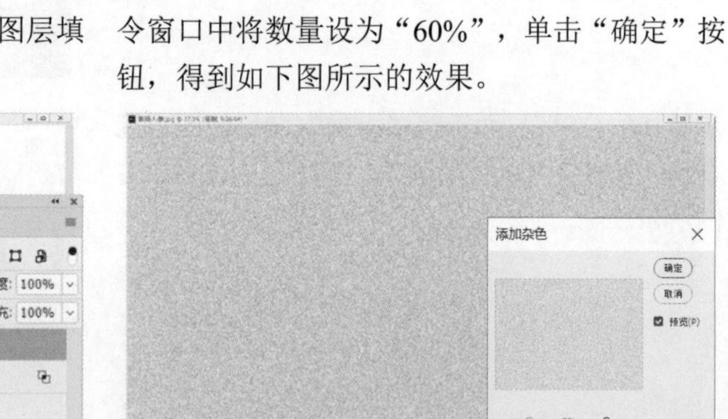

步骤 13：执行“滤镜>模糊>动感模糊”命令，打开“动感模糊”命令窗口，在“动感模糊”命令窗口中将角度设置为“55”度，距离设置为“2000”像素，单击“确定”按钮，得到如下图所示的效果。

步骤 14：执行“编辑>自由变换”命令，调整“笔触”图层的大小及位置，如下图所示，最后按 Enter 键。

步骤 15：在图层面板将“笔触”图层的图层混合模式修改为“正片叠底”，滤去“笔触”图层中的白色像素，如下图所示。

步骤 16：在图层面板将“笔触”图层的不透明度修改为“75%”，使“笔触”图层的效果稍微淡一些，如下图所示。

步骤 17：按下盖印图层的 Ctrl+Shift+Alt+E 组合键，将图像窗口的效果盖印一层，得到一个新的图层，并将该图层重命名为“素描”，如下图所示。

步骤 18：执行“图像>调整>色阶”命令，打开“色阶”命令窗口，并做出如下图所示的调整，单击“确定”按钮，恢复图像的准确亮度值。

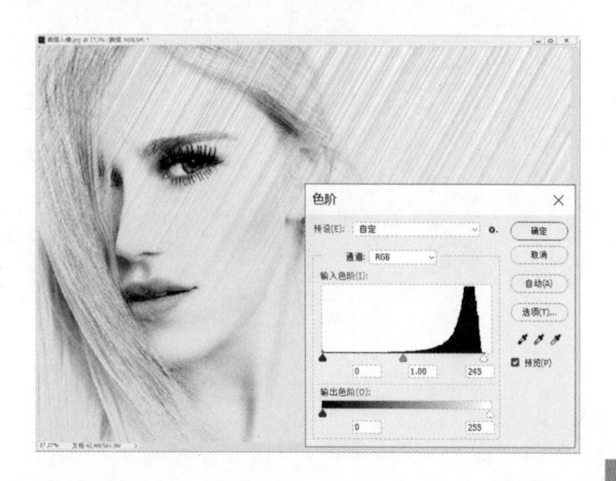

步骤 19：执行“文件>存储为”命令，选择图像的保存位置和格式，保存即可。保存的 jpeg 格式图像效果如下图所示。

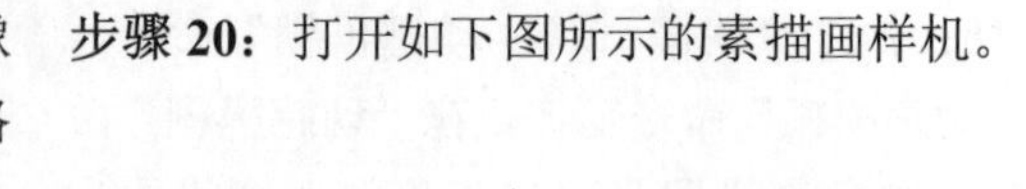

步骤 20：打开如下图所示的素描画样机。

步骤 21：将处理好的素描效果图载入样机中，得到一个如右图所示的素描人像效果。

5.3 手绘人像效果

1. 思路

本案例要将如右图所示的人像素材图制作成手绘效果，操作过程主要使用了油画、动感模糊及海报边缘等滤镜来完成。

2. 操作

步骤 01：打开 Photoshop，执行“文件>打开”命令，打开如下图所示的背景素材图。

步骤 02：执行“图层>新建>通过拷贝的图层”命令，将“背景”图层复制一层，并将该图层重命名为“油画”，如下图所示。

步骤 03：执行“滤镜>风格化>油画”命令，打开“油画”命令窗口，将描边样式和描边清洁度调整到最大值，将缩放、硬毛刷细节及闪亮参数调整到最小值，单击“确定”按钮，得到如下图所示的效果。

步骤 04：执行“视图>放大”命令，放大图像后，如下图所示的人像皮肤出现了油画的效果，这对后期处理有一定的影响，所以还需要处理。

步骤 05： 执行“图层>新建>通过拷贝的图层”命令，将“油画”图层复制一层，并将图层重命名为“修瑕”，然后执行“滤镜>模糊>表面模糊”命令，在“动感模糊”命令窗口中将半径设置为“53”像素，阈值设置为“25”色阶，单击“确定”按钮，得到如下图所示的效果。

步骤 06： 执行“图层>图层蒙版>隐藏全部”命令，给“修瑕”图层添加黑色的图层蒙版，隐藏表面模糊的效果，如下图所示。

步骤 07： 选择画笔工具，设置画笔形状为“柔边圆”，大小为“200 像素”，硬度为“0%”，不透明度为“50%”，如下图所示。

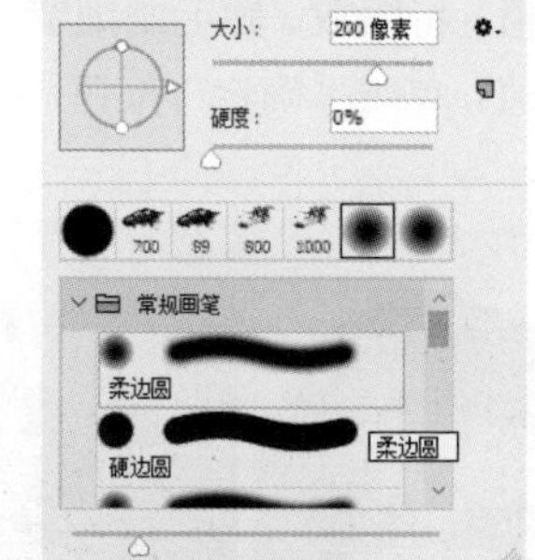

步骤 08： 确保前景色为白色的情况下，在图像窗口涂抹出人像的面部皮肤（五官不涂抹），效果如右图所示。

步骤 09：按下盖印图层的 Ctrl+Shift+Alt+E 组合键，将图像窗口的效果盖印一层，得到“图层 1”，并将“图层 1”重命名为“细节”，然后执行“滤镜>滤镜库>海报边缘”命令，打开“海报边缘”命令窗口，设置边缘厚度为“10”，边缘强度为“0”，海报化为“6”，如下图所示。

步骤 10：在“海报边缘”命令窗口，单击“确定”按钮，得到如下图所示的效果。

步骤 11：对“细节”图层继续执行一次“滤镜>滤镜库>海报边缘”命令，参数和上文相同，单击“确定”按钮，得到如下图所示的效果。

步骤 12：执行“图层>新建>通过拷贝的图层”命令，将“细节”图层复制一层，并将该图层重命名为“手绘”，如下图所示。

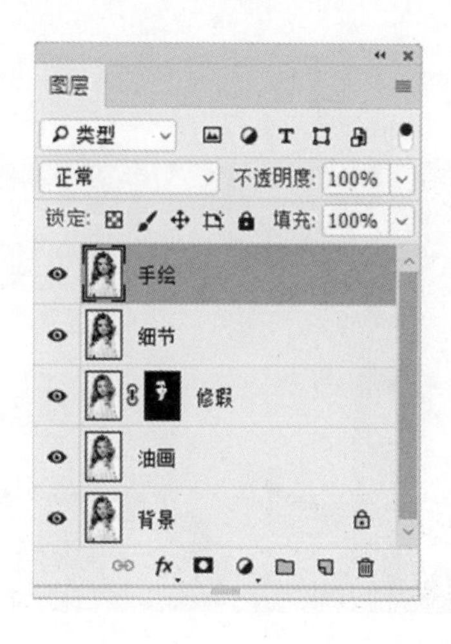

步骤 13：执行“滤镜>滤镜库>海报边缘”命令，在“海报边缘”命令窗口中设置边缘厚度为“10”，边缘强度为“0”，海报化为“1”，最后单击“确定”按钮，得到如下图所示的效果。

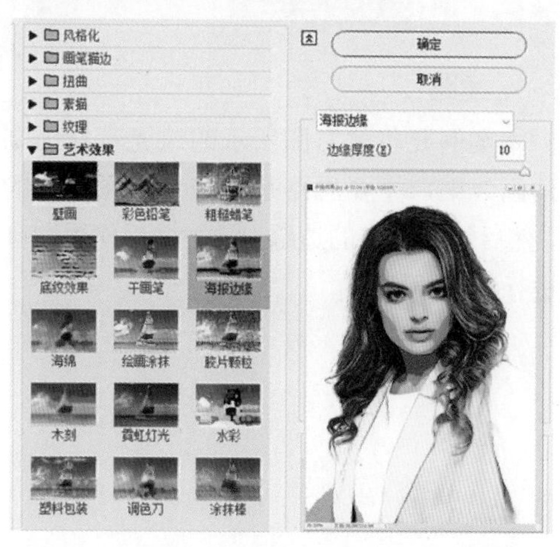

步骤 14：在图层面板，将“手绘”图层的不透明度设置为“55%”，使“手绘”图层下方的“细节”图层透出一部分，效果如下图所示。

步骤 15：执行“文件>存储为”命令，选择图像的保存位置和格式，保存即可。保存的 jpeg 格式图像效果如下图所示。

步骤 16：打开如下图所示的画册样机。

步骤 17：将处理好的手绘效果图载入样机中，即可得到一个手绘人像效果，如下图所示。

5.4 油画效果

1. 思路

本案例要将如右图所示的风光素材图制作成油画效果，主要思路是先恢复图像准确的光影，然后加强图像的边缘对比，最后使用油画滤镜进行渲染即可。

2. 操作

步骤 01：打开 Photoshop，执行“文件>打开”命令，打开如下图所示的背景素材图。

步骤 02：执行“图层>新建>通过拷贝的图层”命令，将背景复制一层，并将其重命名为“影调”，如下图所示。

步骤 03：执行“图像>调整>色阶”命令，打开“色阶”命令窗口，并做出如下图所示的调整，单击“确定”按钮，恢复图像准确的亮度值。

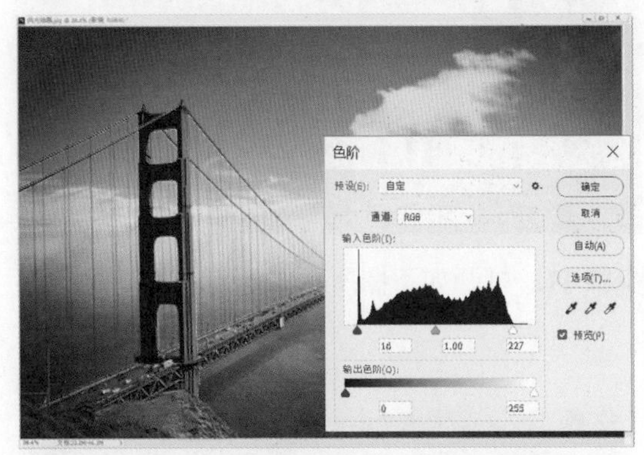

步骤 04：执行“图层>新建>通过拷贝的图层”命令，将“影调”图层复制一层，并将该图层重命名为“线条”，如下图所示。

步骤 05：执行“滤镜>滤镜库>海报边缘”命令，打开如下图所示的“海报边缘”命令窗口，在“海报边缘”命令窗口中设置边缘厚度为“10”，边缘强度为“0”，海报化为“6”。

步骤 06：在“海报边缘”命令窗口单击“确定”按钮，得到如下图所示的效果。

步骤 07：在图层面板将“线条”图层的不透明度调整为“85%”，让“线条”图层下方的“影调”图层透出一部分，效果如下图所示。

步骤 08：按下盖印图层的 Ctrl+Shift+Alt+E 组合键，将图像窗口的效果盖印一层，得到一个新图层，将该图层重命名为“油画”，如下图所示。

步骤 09：执行“滤镜>风格化>油画”命令，打开“油画”命令窗口。将画笔的样式设置为“8.5”，描边清洁度设置为“8.3”，缩放设置为“1.6”，硬毛刷细节设置为“5.8”。将光照的角度设置为“–60”度，设置光线的照射角度；将闪亮设置为“2.7”，提高纹理的清晰度。单击“确定”按钮，得到如右图所示的效果。

步骤 10：执行“文件>存储为”命令，选择图像的保存位置和格式，保存即可。保存的 jpeg 格式图像效果如下图所示。

步骤 11：打开如下图所示的画册样机。

步骤 12：将处理好的油画效果图载入样机中，得到如右图所示的一个油画效果。

5.5　玻璃字体效果

1. 思路

本案例要制作一个如右图所示的玻璃字体的特殊效果，主要思路是使用图层样式的斜面和浮雕、等高线、内阴影、外发光、投影等命令来模仿玻璃所具有的特殊效果。

2. 操作

步骤 01：打开 Photoshop，执行“文件>打开”命令，打开如右图所示的背景素材图。

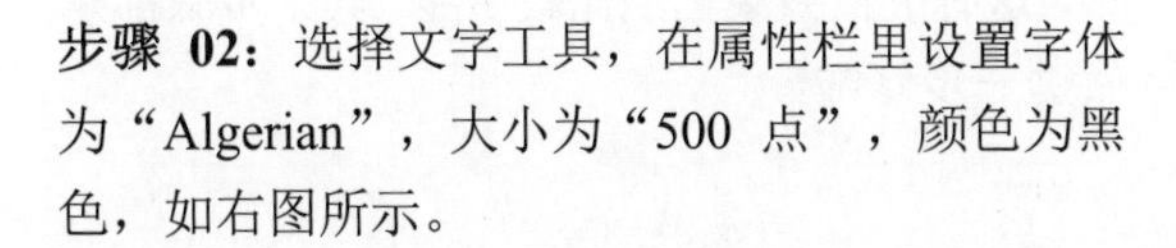

步骤 02：选择文字工具，在属性栏里设置字体为“Algerian”，大小为“500 点”，颜色为黑色，如右图所示。

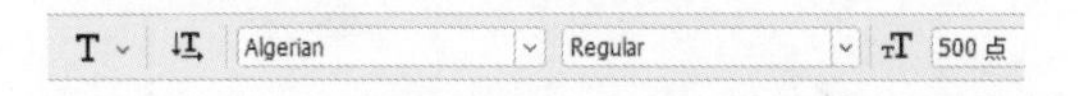

步骤 03：在图像窗口适当位置单击，出现光标后输入“LOVE FISH”文字，在图层面板会自动添加一个文字图层，如下图所示。

步骤 04：选择移动工具，在图像窗口拖动文字，将文字图层调整到如下图所示的位置。

步骤 05：执行“图层>图层样式>混合选项”命令，打开“图层样式”命令窗口，如右图所示。

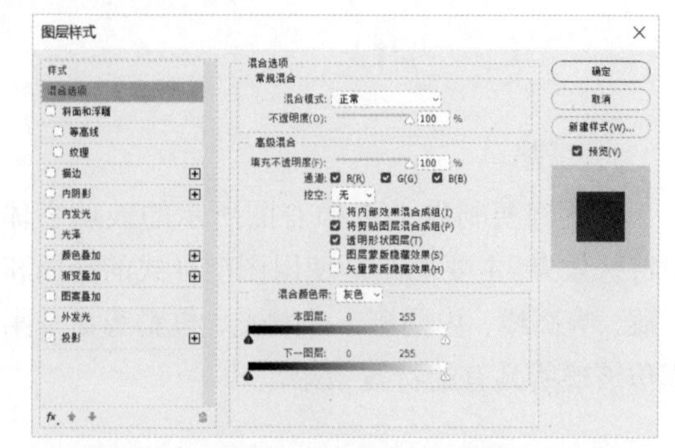

步骤 06：在“图层样式”命令窗口中，将高级混合选项下的“填充不透明度”设置为“0%”，此时文字被隐藏，如下图所示。

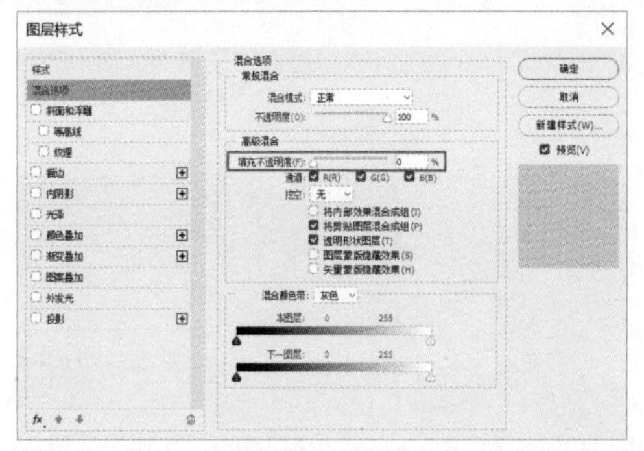

步骤 07：单击“图层样式”命令窗口左侧的“斜面和浮雕”命令，在打开的“斜面和浮雕”命令窗口中对各项参数进行设置，即可得到如下图所示的效果。

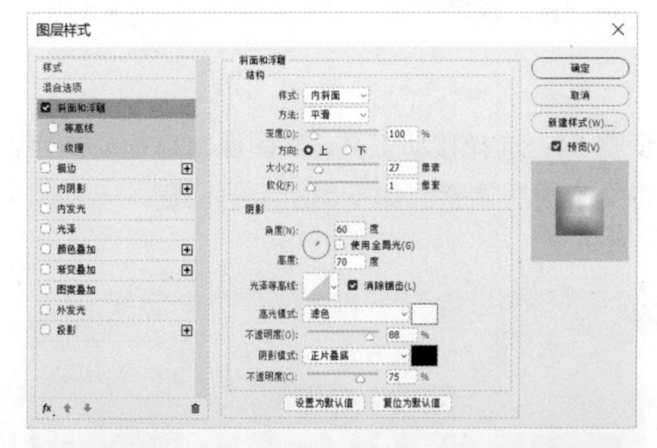

步骤 08：单击“图层样式”命令窗口左侧的“等高线”命令，在打开的“等高线”命令窗口中对各项参数进行设置，即可得到如下图所示的效果，这时大概效果已经比较明显，其余步骤都是做进一步修饰。

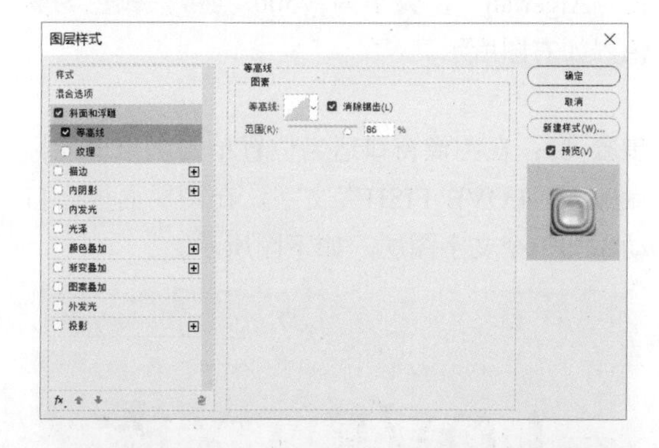

步骤 09：单击“图层样式”命令窗口左侧的“描边”命令，在打开的“描边”命令窗口中对各项参数进行设置，注意填充类型选择如下图所示的渐变，即可得到如右图所示的效果。

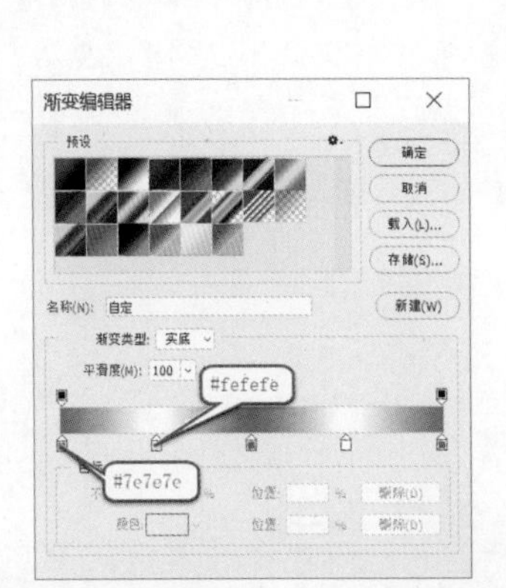

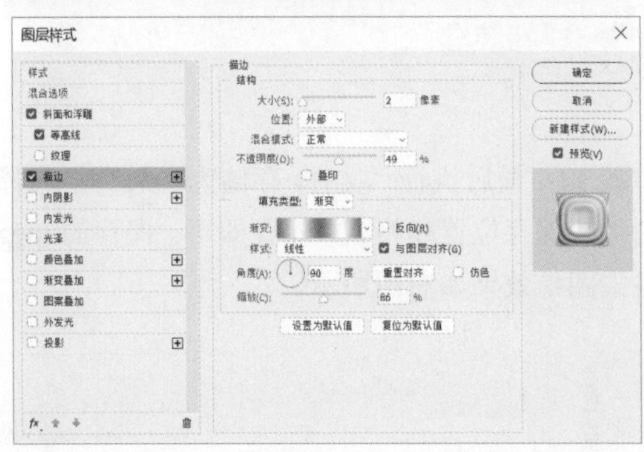

步骤 10：单击“图层样式”命令窗口左侧的“内阴影”命令，在打开的“内阴影”命令窗口中对各项参数进行设置，得到如下图所示的效果。

步骤 11：单击“图层样式”命令窗口左侧的“外发光”命令，在打开的“外发光”命令窗口中对各项参数进行设置，得到如下图所示的效果。

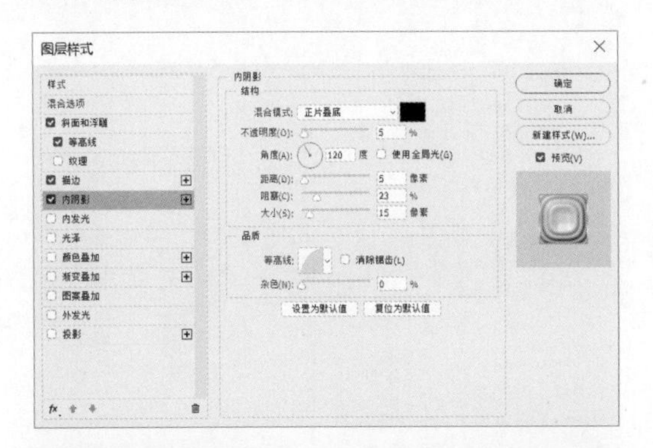

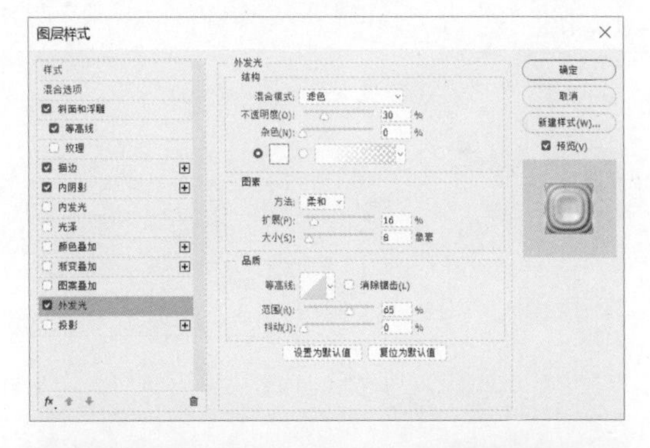

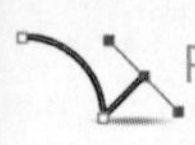

步骤 12：单击“图层样式”命令窗口左侧的“投影”命令，在打开的“投影”命令窗口中对各项参数进行如下图所示的设置。

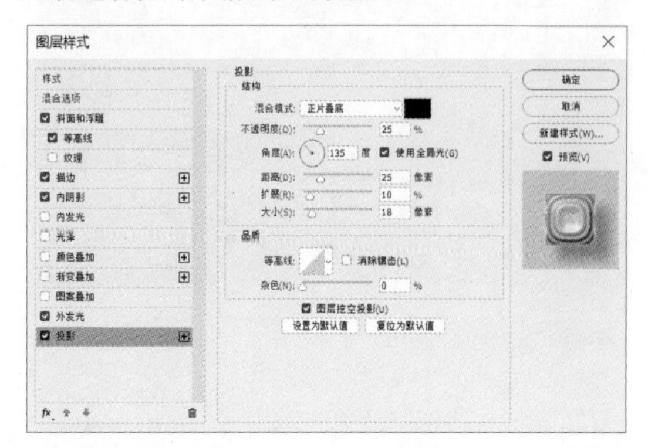

步骤 13：完成各项参数的设置后，单击“图层样式”命令窗口右上角的“确定”按钮，即可得到如下图所示的效果。

步骤 14：最后执行“文件>存储为”命令，选择图像的保存位置和格式，保存即可。保存的 jpeg 格式图像效果如右图所示。

第 6 章　摄影后期

6.1　调整图像

6.1.1　二次构图

当图像画面中有干扰物，或者主题不突出，或者构图有问题时，可以通过二次构图来对图像进行调整。

1. 清除干扰元素，突出主体

当图像中有多余元素干扰主体时，可以对图像进行裁剪，去除多余元素，从而将图像所要表达的主题呈现出来。

有如下左图所示的一张素材图，可以通过裁剪工具清除边缘杂乱的门框等元素来突出主体人像，最终效果如下右图所示。

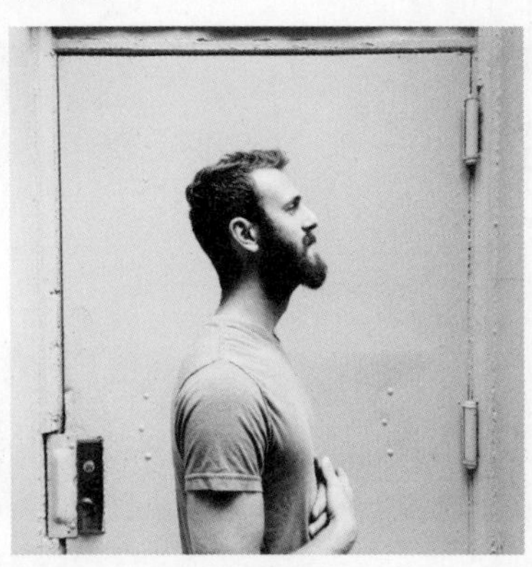

2. 改变画面主体

同一图像的不同画面范围将显现不同的主体，在想要重新确立画面主体时，可以对图像进行裁剪，用来改变画面主体。

有如下左图所示的以人像为主体的一张素材图，可以通过裁剪工具，将人像的嘴巴作为图像的主体，效果如下右图所示。

3. 重新构图

有些图像画面中没有杂物，主题也比较好，但是不够亮眼，这时可以对图像进行二次构图，让图像更出彩。

（1）三分构图法

将图像画面的长宽分别分割成三等份，每条分割线都视为黄金分割线，而主体一般放在分割线的交点处。

有如下图所示的一张人像素材图，可以通过三分构图法对它重新构图。

（2）仿电影构图

在一些大场景的图像中，可以模仿电影的长宽比例（16∶9）来进行构图，这会让图像具有特殊的氛围。

有如下左图所示的一张素材图，将它的长宽按 16∶9 的比例裁剪，然后添加一些文字，即可得到如下右图所示的仿电影构图。

（3）特殊构图

打破原来的构图，可以大面积裁掉图像中的画面，比如将如下左图的人像裁掉一半面部，可以更好地表现人物，使人物带有一定的神秘色彩。

4. 拉直画面

在裁剪工具的属性栏中有“拉直”命令，它可以将倾斜图像拉直。

有如下图所示的一张倾斜人像素材图，通过裁剪工具属性栏的“拉直”命令进行纠正。

5. 操作过程

选择裁剪工具，然后在属性栏选择水平仪形状的“拉直”命令，接着在图像上按正确的水平线方向单击并拖动鼠标光标，会得到一条线，松开鼠标左键后，Photoshop 会根据这条线来拉直图像，适当调整裁剪框后按下 Enter 键，即可得到修正好的图像，如下图所示。

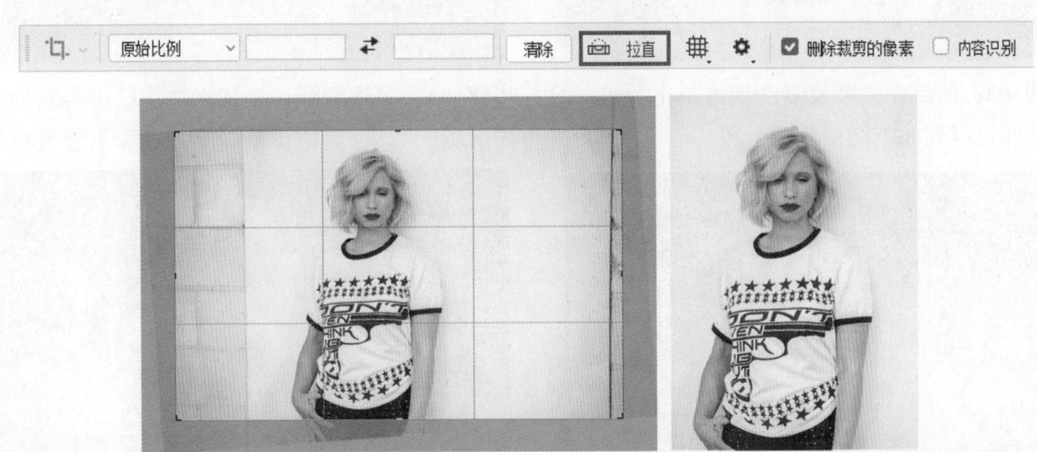

6.1.2　去除图像中的杂物

在去除图像中的杂物时，主要会使用仿制图章工具、污点修复画笔工具、修复画笔工具、修补工具等工具，另外还有内容识别命令、复制干净像素来掩盖瑕疵等方法，本节主要讲解使用仿制图章工具、修复画笔工具、修补工具除杂（去除图像中的杂物）的方法。

1. 仿制图章工具除杂

有如右图所示的一张素材图，将图像中海面上的游艇视为杂物，要求使用仿制图章工具进行除杂。

步骤 01：打开 Photoshop，执行“文件>打开”命令，打开背景素材图，如下图所示。

步骤 02：选择仿制图章工具，在属性栏设置画笔形状为“柔边圆”，大小为“400 像素”（灵活调整），不透明度为“77%”，然后按住 Alt 键后，在图像窗口游艇旁边单击，确定仿制源，如下图所示。

步骤 03：然后在需要修复的地方单击并进行涂抹，即可得到如下图所示的效果。

步骤 04：多次取样，多次涂抹，即可得到如下图所示的效果（灵活调整画笔大小和不透明度）。

2. 污点修复画笔工具除杂

有如下图所示的一张素材图，将图像中的文字视为杂物，要求使用污点修复画笔工具除杂。

步骤 01：打开 Photoshop，执行“文件>打开”命令，打开背景素材图，如下图所示。

步骤 02：选择污点修复画笔工具，在属性栏设置画笔大小为“400”像素，然后在图像窗口文字位置单击并拖动鼠标光标，直到覆盖文字为止，如下图所示。

步骤 03：覆盖文字后，松开鼠标左键即可为图像除杂，效果如下图所示。

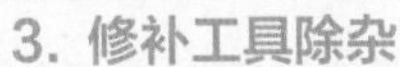

3. 修补工具除杂

有如下图所示的一张素材图，将图像中拿冲浪板的人视为“杂物”，要求使用修补工具除杂。

步骤 01：打开 Photoshop，执行“文件>打开”命令，打开背景素材图，如下图所示。

步骤 02：选择修补工具，属性栏设置如下，在图像窗口使用鼠标把拿冲浪板的人圈选，即可得到如下图所示的选区。

步骤 03：在选区内单击，将其平行拖动到图像右边区域（注意海与沙滩的交界），实时预览图像替换效果，找一个最佳替换位置后松开鼠标左键，Photoshop 就会自动修复图像中的杂物，最终效果如下图所示。

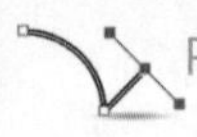

6.1.3 调整图像的曝光、阴影及中间调

图像中的曝光、阴影及中间调，主要通过“色阶”和“曲线”命令实现。

有如下图所示的一张素材图，要求使用“色阶”和“曲线”命令处理这张图像的曝光、阴影及中间调，恢复图像正确的亮度。

步骤 01：打开 Photoshop，执行“文件>打开”命令，打开背景素材图，如下图所示。

步骤 02：执行“图层>新建>通过拷贝的图层”命令，将“背景”图层复制一层，并将其重命名为“操作层”，如下图所示。

步骤 03：执行“图层>新建调整图层>色阶”命令，添加一个“色阶”调整图层，打开如下图所示的“色阶”命令窗口，同时在图层面板会自动添加一个“色阶 1”图层。

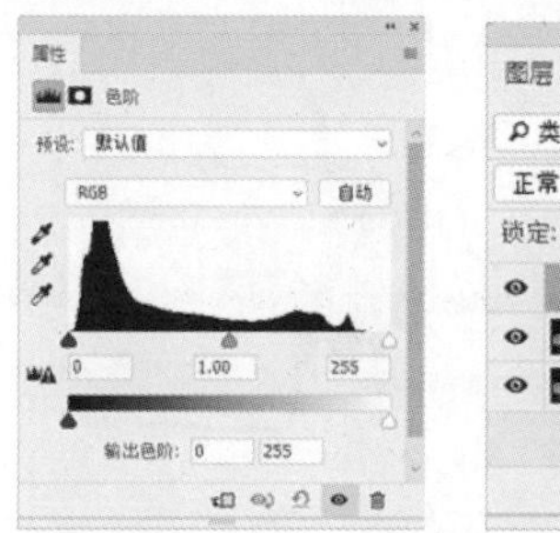

步骤 04：在“色阶”命令窗口中，将暗部滑块拖动到“4”，中间调滑块拖动到“1.10”，亮部滑块拖动到“229”，矫正图像的亮度，此时画面中本来灰暗的山峰显示出了树木的细节，效果如下图所示。

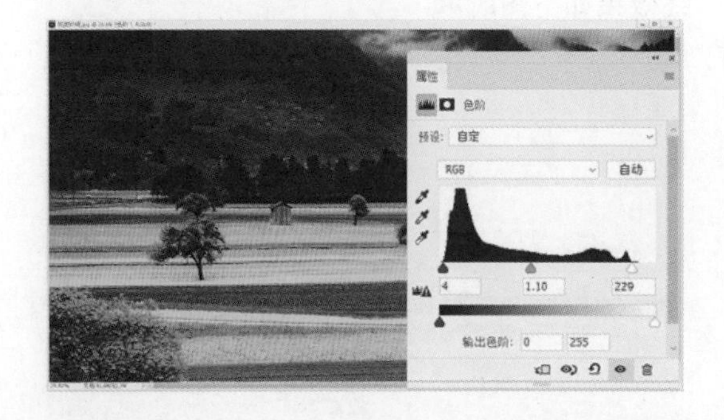

步骤 05：执行“图层>新建调整图层>曲线”命令，添加一个“曲线”调整图层，打开“曲线”命令窗口，同时在图层面板会自动添加一个“曲线 1”图层，如下图所示。

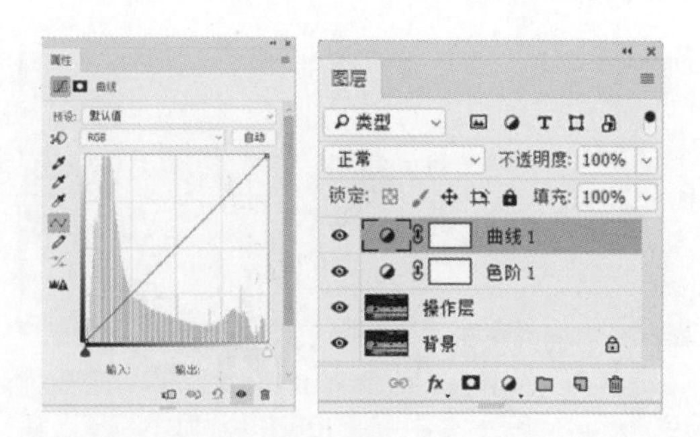

步骤 06：在“曲线”命令窗口，调整“亮曲线”，提亮图像的亮度，此时图像效果如下图所示。

步骤 07：因为图像中黄色的油菜花亮度不需要提亮，所以先选择“曲线 1”图层自带的蒙版，然后选择画笔工具，设置画笔的颜色为黑色，不透明度为“75%”，形状为“柔边圆”，大小灵活调整，如下图所示。

步骤 08：接着在图像窗口涂抹油菜花部分，最终得到如下图所示的效果。

步骤 09：最后执行“文件>存储为”命令，选择图像的保存位置和格式，保存即可。保存的 jpeg 格式图像效果如下图所示。

6.1.4　图像的调色

图像的调色会用到很多关于调色的命令，比如曲线、可选颜色，色相/饱和度，色彩范围等。

有如右图所示的一张素材图，要求处理这张欠饱和且有杂边的图像，然后给花朵调一个淡淡的紫色。

分析：首先使用“自然饱和度”命令恢复图像的饱和度，然后使用“可选颜色”命令消除花朵周围的青色杂边，之后用“曲线”命令稍微加强图像对比度，最后再用一个“可选颜色”命令完成调色。

步骤 01：打开 Photoshop，执行“文件>打开”命令，打开背景素材图，如下图所示。

步骤 02：执行“图层>新建>通过拷贝的图层”命令，将“背景”图层复制一层，并重命名为“操作层”，如下图所示。

步骤 03：执行“图层>新建调整图层>自然饱和度”命令，添加一个“自然饱和度”调整图层，打开“自然饱和度”命令窗口，同时在图层面板会自动添加一个“自然饱和度 1”图层，如下图所示。

步骤 04：在“自然饱和度”命令窗口中将自然饱和度下的滑块拖动到“+80”，加深图像的饱和度，图像窗口效果如下图所示。

步骤 05：执行“图层>新建调整图层>可选颜色”命令，添加一个“可选颜色”调整图层，打开“可选颜色”命令窗口，同时在图层面板会自动添加一个“选取颜色 1”图层，如下图所示。

步骤 06：在“可选颜色”命令窗口中，首先在调整方式中选择“相对”，然后在颜色中选择“青色”，接着减少青色，同时增加品红色和黄色，让原素材图中的青色减弱，以此来消除花朵周围的青色杂边，处理后的效果如下图所示。

步骤 07：执行“图层>新建调整图层>曲线”命令，添加一个“曲线”调整图层，打开“曲线”命令窗口，同时在图层面板会自动添加一个如下图所示的“曲线 1”图层。

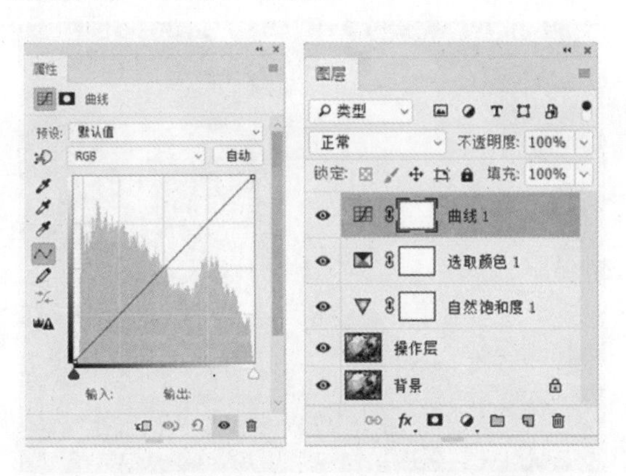

步骤 08：在“曲线”命令窗口，从预设里选择“线性对比度（RGB）”，适当加强图像的对比度，效果如下图所示。

步骤 09：执行“图层>新建调整图层>可选颜色”命令，再添加一个“可选颜色”调整图层，打开“可选颜色”命令窗口，同时在图层面板会自动添加一个如下图所示的“选取颜色 2”图层。

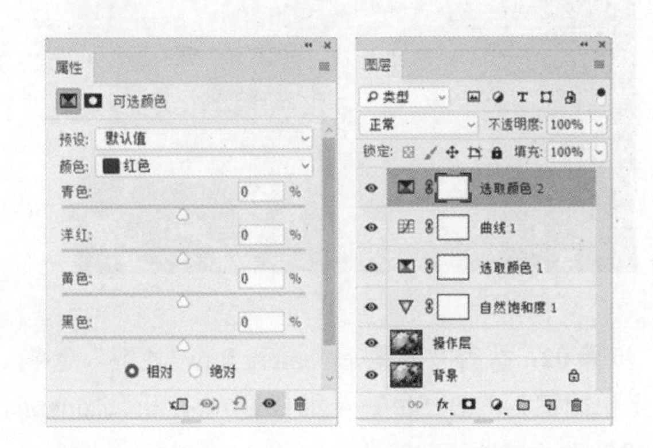

步骤 10：在“可选颜色”命令窗口中，首先在调整方式中选择“相对”，然后在颜色中选择“白色”，接着减少青色和黄色，同时大幅增加品红色，让原素材图中的花朵带上一定量的紫色，处理后的效果如下图所示。

步骤 11：执行“图层>新建调整图层>色阶”命令，添加一个“色阶”调整图层，打开如右图所示的“色阶”命令窗口，同时在图层面板会自动添加一个“色阶 1”图层。

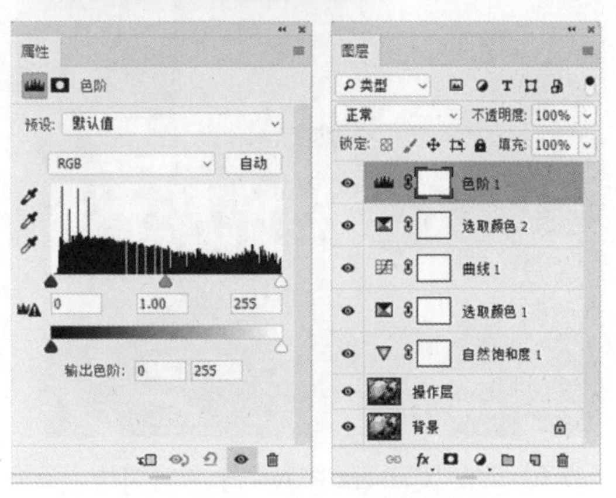

步骤 12：在“色阶”命令窗口中，将暗部滑块拖动到“7”，中间调滑块拖动到“1.10”，亮部滑块拖动到“253”，矫正图像的亮度，效果如下图所示。

步骤 13：最后执行“文件>存储为”命令，选择图像的保存位置和格式，保存即可。保存的 jpeg 格式图像效果如下图所示。

6.1.5 图像的清晰度

通过改变图像的细节和边界的亮度来影响图像，比如增加图像的清晰度，实质是让图像的细节和边界较暗的一侧变得更暗，较亮的一侧变得更亮，从而让图像变得清晰。图像清晰度的调节一般在 Photoshop 自带的 Camera Raw 滤镜中进行。

有如右图所示的一张素材图，通过调整图像的清晰度，观察图像的变化。

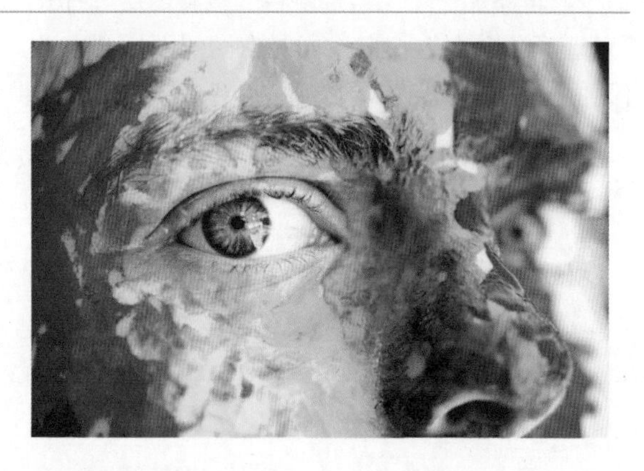

步骤 01：打开 Photoshop，执行“文件>打开”命令，打开背景素材图，如下图所示。

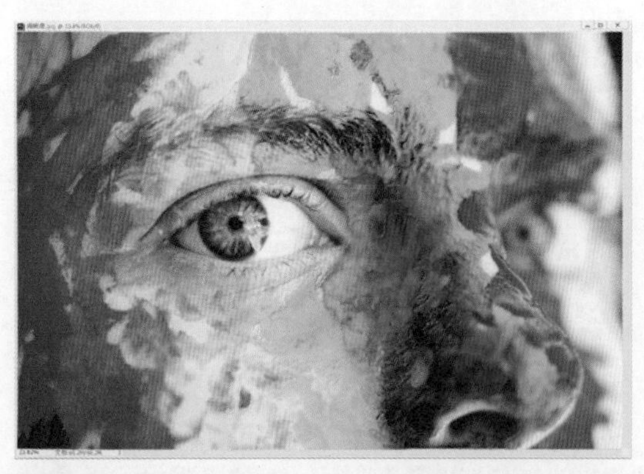

步骤 02：执行“滤镜>Camera Raw 滤镜”命令（快捷键为 Ctrl+Shift+A 组合键），打开“Camera Raw”命令窗口。

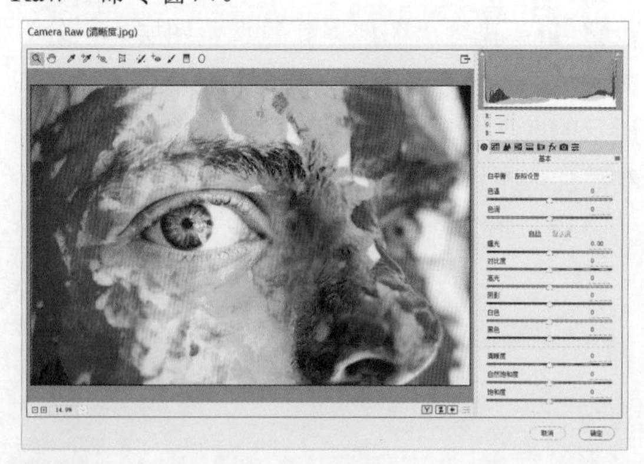

步骤 03：在“Camera Raw”命令窗口中，在如下图所示的位置调整清晰度，比如增加图像的清晰度。

步骤 04：单击“Camera Raw”命令窗口右下角的“确定”按钮后，即可看到如下图所示的增加清晰度后的效果。

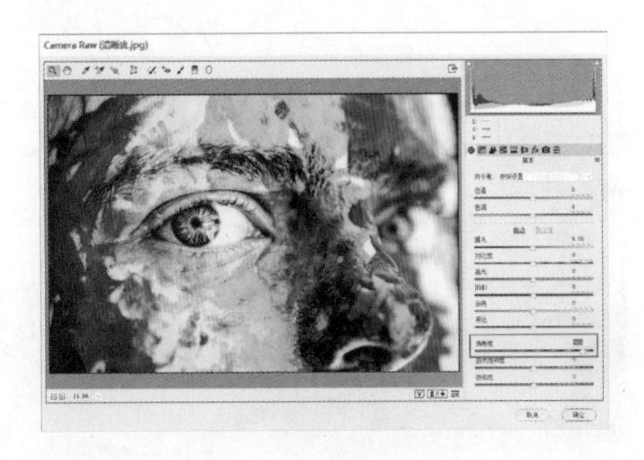

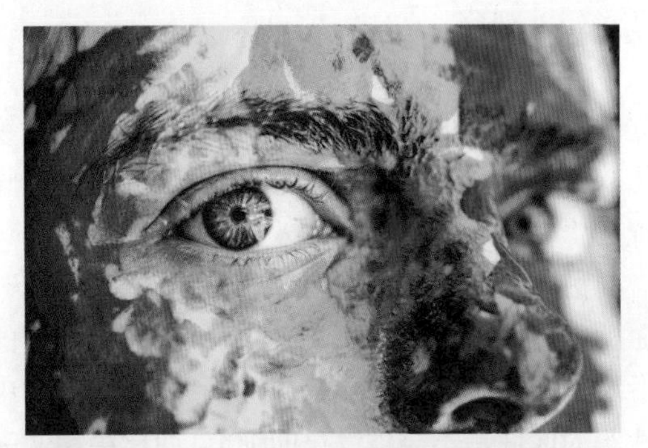

步骤 05：当然也可以减小图像的清晰度，效果如右图所示。

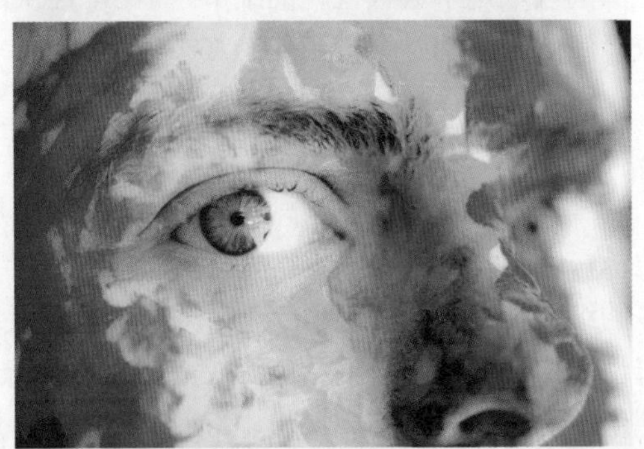

6.1.6　图像的锐化

通过在图像的细节和边界两侧增加灰度相间的线条，让图像的细节和边界更加锐利，使图像变得清晰。

图像的锐化调节一般在 Photoshop 自带的 Camera Raw 滤镜中进行，如右图所示。影响锐化效果的四个因素是“数量”“半径”“细节”和“蒙版”。

（1）数量

“数量”决定锐化强度。人像图像锐化强度不宜过大，而风景和建筑可以稍微大点。将“数量”设置为“59”后的锐化效果如下图所示。

（2）半径

“半径”决定锐化区域。半径的默认值是“1.0”，这个数值不宜过大，一般设置在 1~1.5 之间。将“半径”设置为“1.5”后锐化程度的效果如下图所示。

（3）细节

“细节”决定多大反差的边缘才会被锐化，它的默认值是“25”，值越大，越多的细节被锐化，值越小，越少的细节被锐化。将“细节”设置为“45”后锐化程度的效果如右图所示。

另外，在“Camera Raw”命令窗口的细节面板中，按住 Alt 键后，拖动“细节”属性下的滑块，可以把彩色图像变成灰度图像，图像的中性灰的区域是不会被锐化的细节，而比中性灰深或者浅的区域都是会被锐化的细节。

（4）蒙版

“蒙版”决定图像中哪些是边缘，哪些不是边缘，值越大，越少的细节被锐化，值越小，越多的细节被锐化。按住 Alt 键后，拖动“蒙版”属性下的滑块，可以把彩色图像变成黑白图像，图像中的黑色部分不会被锐化，而白色部分则会被锐化。

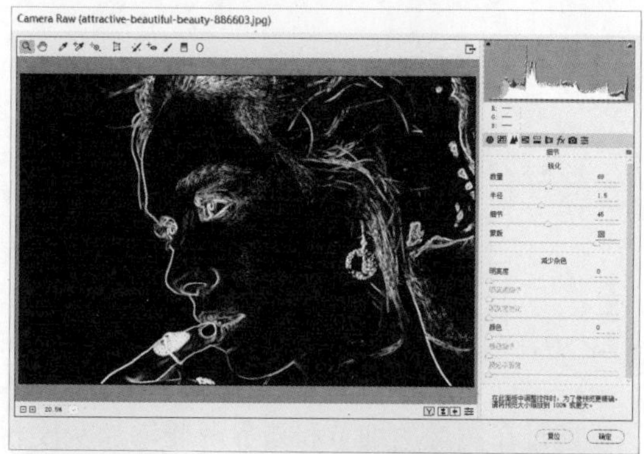

如右上图所示，是按住 Alt 键后将“蒙版”设置为“80”时“Camera Raw”命令窗口的显示效果，图中黑色部分不会被锐化，而白色部分会被锐化，最终图像锐化后的效果如右下图所示。

6.2 人像摄影后期

大多数人的形体或多或少有某些缺憾，而眉毛、眼睛、嘴巴、鼻子、嘴唇等也没有完全完美的，所以人像后期经常会对人像进行修瑕疵、液化、磨皮等操作。

6.2.1 人像液化

“液化”滤镜主要对图像局部进行收缩、推拉、扭曲、旋转等变形操作，在人像后期中应用非常广泛。

在菜单栏中执行“滤镜>液化”命令（快捷键为 Ctrl+Shift+X 组合键），即可打开“液化”命令窗口，其命令窗口包括左方的工具栏、中间的操作窗口及右方的属性栏三部分，使用时先选择需要的工具，然后配合属性栏的各种属性，即可在操作窗口进行操作，如下图所示。

有如下图所示的一张人像素材图，要求对素材图中模特的形体进行液化。

步骤 01：打开 Photoshop，执行“文件>打开”命令，打开背景素材图，如下图所示。

步骤 02：执行“图层>新建>通过拷贝的图层”命令，将“背景”图层复制一层，并将复制的图层重命名为“操作层”。

步骤 03：为了便于后期修改，执行“滤镜>转换为智能滤镜”命令，将“操作层”图层转换成智能对象，如下图所示。

步骤 04：执行“滤镜>液化”命令，打开“滤镜”命令窗口，如下图所示。

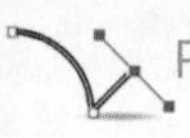

步骤 05：针对这张素材图，从上到下依次进行调整，先执行“视图>放大”命令，放大图像，接着选择“向前变形工具”，调整画笔的大小为“250”，压力为“50”，如下图所示。

步骤 06：首先对左边的胳膊进行调整，单击左胳膊边缘，由胳膊边缘向内部拖拉（进行多次），调整效果如下图所示（可随时灵活调整画笔大小）。

Tip：调整过程需要注意胳膊的曲线，切勿一次性调整太大，导致图像出现突兀和不和谐。

步骤 07：接着调整右边的胳膊，首先调整小臂，如下图所示。

步骤 08：然后对肩膀及大臂进行调整，效果如下图所示。

步骤 09：如下图所示，模特的腰部存在赘肉，这需要进行处理。

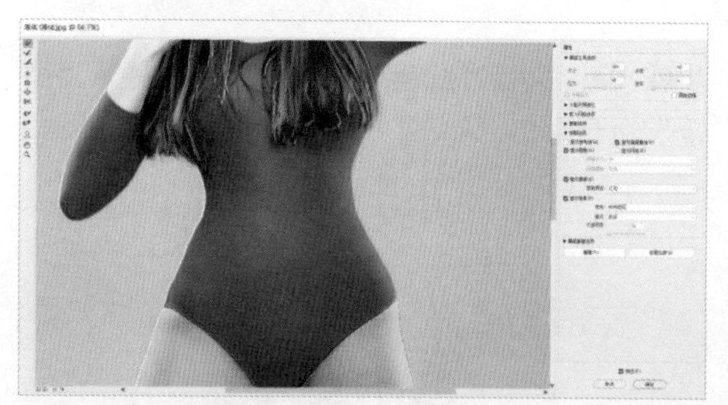

步骤 10：选择“向前变形工具”，单击腰部边缘，由腰部边缘向内部拖拉（多次进行），对腰部做出如下图所示的调整。

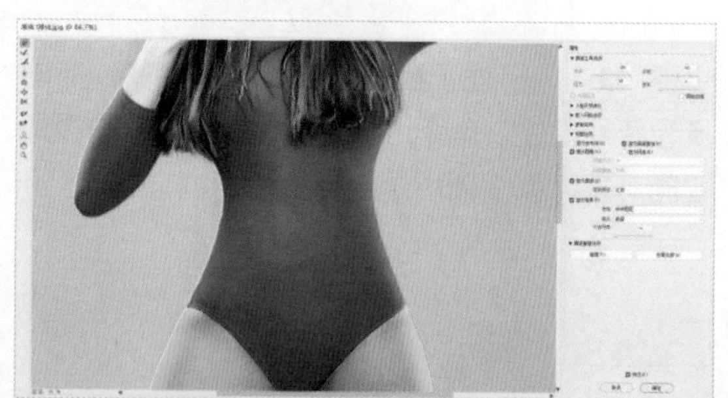

步骤 11：使用同样的方法，处理模特的大腿部分，效果如右图所示。

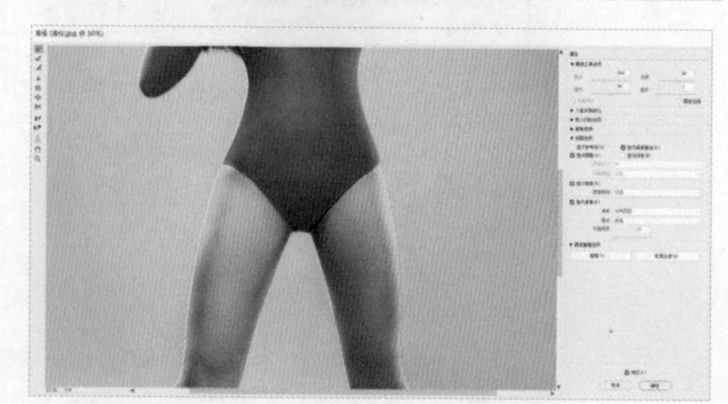

步骤 12：最后处理小腿部分，效果如下图所示。

步骤 13：处理完局部后，执行“视图>缩小”命令，缩小图像并观察图像整体效果，对人像有问题的部分再次进行调整，如下图所示。

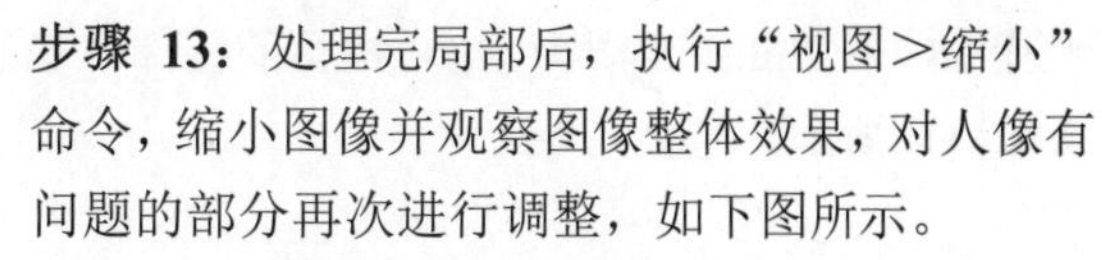

步骤 14：操作完成后单击“液化”命令窗口右下角的“确定”按钮，即可得到如下图所示的效果。

步骤 15：下面对模特的腿部进行一定的拉长，选择矩形选框工具，创建如下图所示的选框。

步骤 16：执行“图层>新建>通过拷贝的图层”命令，将选区内容复制一层，即可得到如下图所示的“图层 1”。

步骤 17：执行“编辑>自由变换”命令，调整“图层 1”的大小及位置至如下图所示的效果。

步骤 18： 按 Enter 键，即可拉长模特的腿部，效果如下图所示。

步骤 19： 最后执行“文件＞存储为”命令，选择图像的保存位置和格式，保存即可。保存的 jpeg 格式图像效果如下图所示。

液化注意事项

（1）先整体液化，后局部液化，局部液化时，注意各个局部之间的协调。

（2）整体液化时，选择较大的画笔，压力适中；局部液化时，选择较小的画笔，压力适中。

（3）对于有背景的图像，液化时需要注意液化幅度，可以提前将不需要变形的地方用冻结蒙版固定。

（4）当液化要求比较精细时，一般会先抠出图像，排除背景对图像的影响，然后进行液化。

6.2.2 打造完美皮肤

本节将学习皮肤的美化过程，也就是通常讲的“磨皮”，“磨皮”是指通过降低或者减少人像皮肤的瑕疵来使人像皮肤变好的过程。

有如右图所示的一张素材图，要求给人像进行“磨皮”。

步骤 01： 打开 Photoshop，执行“文件＞打开”命令，打开背景素材图，如右图所示。

步骤 02：执行“图层>新建>通过拷贝的图层”命令，将“背景”图层复制一层，并将复制的图层重命名为“瑕疵”，如右图所示。

步骤 03：执行“视图>放大”命令，放大图像，如下左图所示的人像皮肤上存在一些痘痘和瑕疵，所以选择修补工具，将瑕疵圈选后，与附近干净皮肤进行替换，直到人像皮肤上的瑕疵修复干净为止，效果如下右图所示。

步骤 04：执行“图层>新建>通过拷贝的图层”命令，将“瑕疵”图层复制一层，并将复制的图层重命名为“磨皮”，然后继续执行“图层>新建>通过拷贝的图层”命令，将“磨皮”图层复制一层，并将复制的图层重命名为“细节”，隐藏“细节”图层后，图层面板如下图所示。

步骤 05：选择“磨皮”图层，然后执行“滤镜>转换为智能滤镜”命令，将“磨皮”图层转换成智能对象，如下图所示。

步骤 06：执行“滤镜>模糊>表面模糊”命令，设置半径为“40”像素，阈值为“39”色阶，然后单击“确定”按钮，即可得到如右图所示的效果。此时人像的皮肤变得比较平滑，但同时头发、眼睛、眉毛等五官也失去了细节（不同的图像，会有不同的数值，效果是使皮肤变光滑为止）。

步骤 07：执行“图层>图层蒙版>隐藏全部”命令，给“磨皮”图层添加一个黑色的图层蒙版，以隐藏磨皮效果，如右图所示。

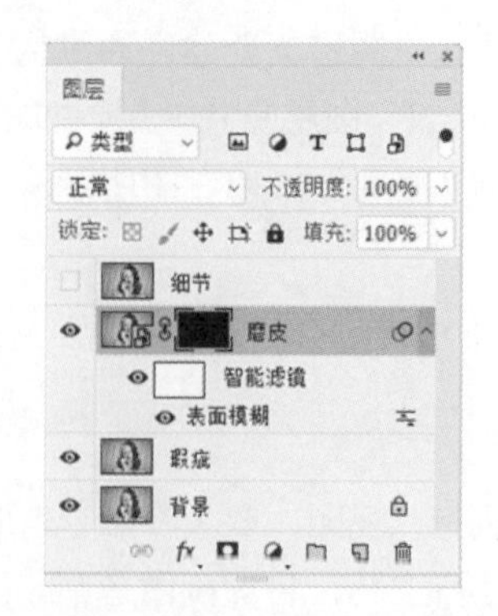

步骤 08：选择画笔工具，设置画笔形状为“柔边圆”，不透明度为“75%”，颜色为白色，然后在图像窗口直接使用鼠标涂抹需要磨皮的皮肤，小心不要涂抹五官、头发及背景区域，在涂抹过程中可随时调整画笔的大小及不透明度，处理后的蒙版如下图所示。

步骤 09：显示“细节”图层，并将“细节”图层的混合模式改为“变亮”，将图层的不透明度修改为“55%”，此时人像恢复了一部分质感细节，效果如下图所示。

步骤 10：接着对图像进行液化，即可得到如下图所示的效果。

步骤 11：最后执行“文件>存储为”命令，选择图像的保存位置和格式，保存即可。保存的 jpeg 格式图像效果如下图所示。

6.2.3 五官精修

本节需要了解人体五官的分布、位置、比例等知识。

1. 人像面部标准

调整人像五官遵循的原则是“三庭五眼”和“三低四高”。

（1）三庭五眼

“三庭”指的是，将人脸的长度平分为三等分，“发际线—眉心”为第一等分，“眉心—鼻翼下缘”为第二等分，“鼻翼下缘—下巴尖”为第三等分。

“五眼”指的是，将人脸的宽度平分为五个眼睛的宽度。

如下图所示为一张符合“三庭五眼”的人像素材图。

（2）三低四高

“三低”指的是，两眼之间的鼻额交界处、唇珠上方的人中处、下唇和下巴之间的凹陷处。

“四高”指的是，额头、鼻尖、唇珠和下巴尖。

侧面或半侧面人像素材图如果符合三低四高标准，五官会显得更加立体，如下图所示为一张符合“三低四高”的人像素材图。

2. 五官精修

一般步骤是，先修掉人像皮肤上的痘痘、斑点、伤口等瑕疵，然后进行磨皮处理，之后对五官进行液化，液化后根据实际情况再对眼睛、眉毛、皱纹等进行处理。

有如右图所示的一张素材图，要求对人像面部进行精修。

步骤 01：打开 Photoshop，执行“文件>打开”命令，打开背景素材图，如右图所示。

步骤 02：执行“图层＞新建＞通过拷贝的图层”命令，将背景复制一层，并重命名为“瑕疵”，如下图所示。

步骤 03：执行“视图＞放大”命令，放大图像，可以看到人像皮肤上存在一些痘痘和瑕疵，如下图所示。

步骤 04：选择修补工具，将瑕疵圈选后，与附近干净的皮肤进行替换，直到人像皮肤上的瑕疵全部修复干净为止，效果如下图所示。

步骤 05：执行“图层＞新建＞通过拷贝的图层”命令，将“瑕疵”图层复制一层，并重命名为“磨皮”，然后对图像进行磨皮，磨皮后的效果如下图所示。

步骤 06：执行“图层＞新建＞通过拷贝的图层”命令，将“磨皮”图层复制一层，并将复制的图层重命名为“液化”，然后执行“滤镜＞转换为智能滤镜”命令，将“液化”图层转换成智能对象，如下图所示。

步骤 07：执行“滤镜＞液化”命令，打开“滤镜”命令窗口，如下图所示。

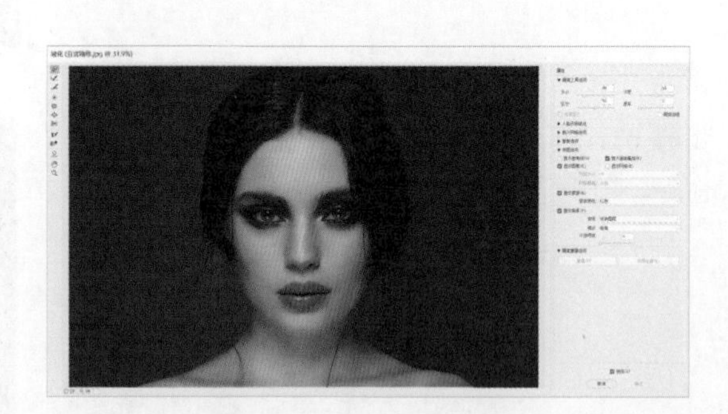

步骤 08： 在“滤镜”命令窗口右侧的属性栏打开“人脸识别液化”属性，Photoshop 会自动识别图像中的人脸，然后针对人像的眼睛、鼻子、嘴唇、脸部形状做出如下调整，此时操作窗口显示效果如下图所示。

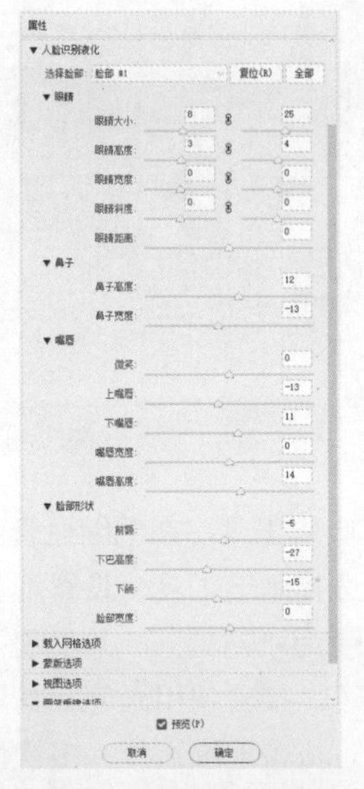

步骤 09： 仔细观察素材图，人像的嘴唇和肩膀部分还需要调整，选择“向前变形工具”，设置画笔的大小为“150”，压力为“50”，然后根据实际情况，做出如下图所示的调整（在液化过程中可随时灵活调整画笔大小）。

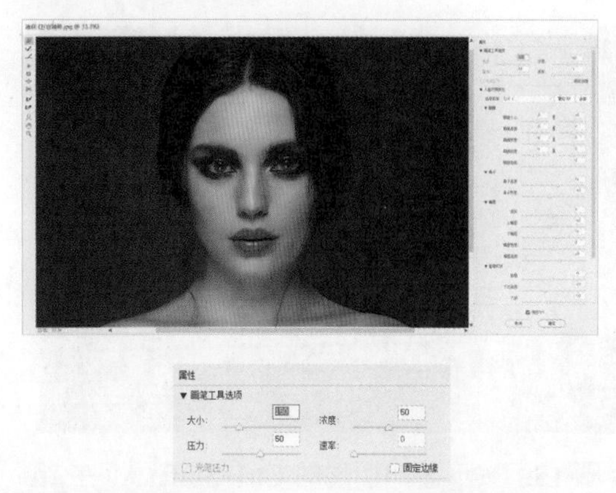

步骤 10： 液化完成后，单击“液化”命令窗口右下角的“确定”按钮，返回图像窗口，即可得到如下图所示的效果。

步骤 11： 人像五官中最重要的是眼睛，而要让眼睛有神，一般会对眼睛的眼神光和眼白进行提亮处理，执行“图层＞新建调整图层＞曲线”命令，添加一个“曲线 1”图层，然后在“曲线”命令窗口中做出如下调整，即可提亮图像，此时效果如下图所示。

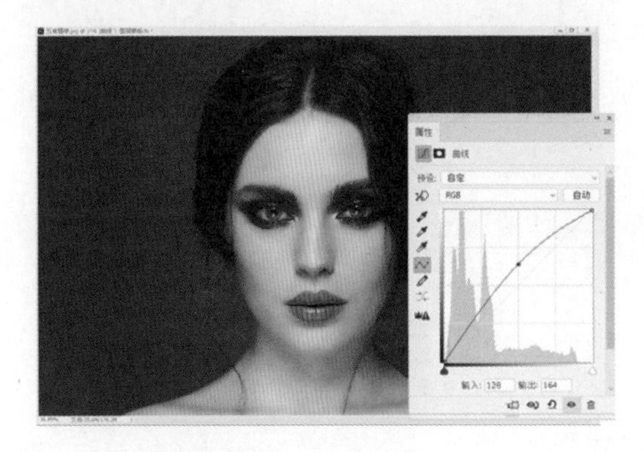

步骤 12： 选择“曲线 1”调整图层自带的白色图层蒙版，然后执行“图像＞调整＞反相”命令，反相白色的图层蒙版为黑色，隐藏提亮效果，如下图所示。

步骤 13：选择画笔工具，设置画笔形状为“柔边圆”，颜色为白色，大小为“50”像素，不透明度为“75%”，在图像窗口涂抹人像的眼神光和眼白部分，提亮其亮度，图像效果如下图所示。

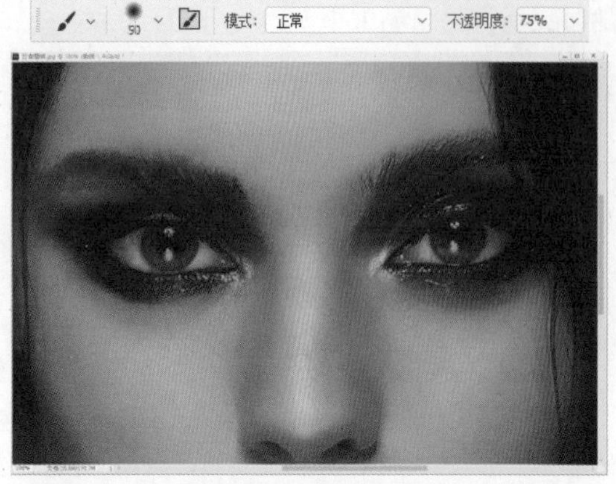

步骤 14：执行“视图＞放大”命令，将图像放大，观察到眼白上还有很多红色的毛细血管，这个也需要修掉，如下图所示。

步骤 15：按下盖印图层的 Ctrl+Shift+Alt+E 组合键，将图像窗口的效果盖印一层，得到“图层 1”，并将“图层 1”重命名为“眼白”，如下图所示。

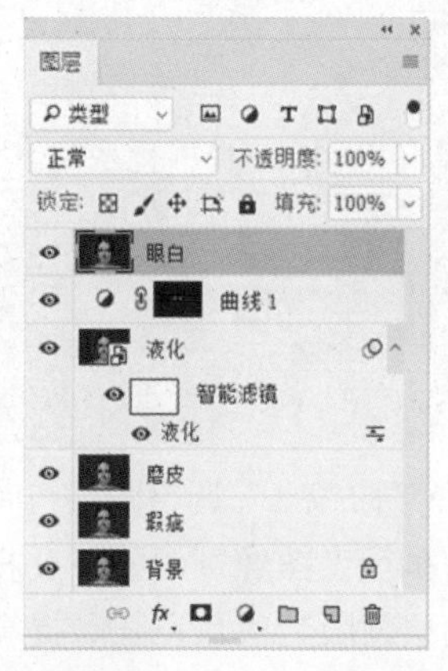

步骤 16：选择吸管工具，在毛细血管附近的眼白上取样，然后选择画笔工具，设置形状为“柔边圆”，不透明度为“75%”，大小刚好覆盖毛细血管的粗细即可，接着使用画笔涂抹取样附近的毛细血管，即可掩盖毛细血管。多次取样，多次涂抹，最终效果如下图所示。

步骤 17：使用同样的方法，处理另外一只眼睛，效果如下图所示。

步骤 18：执行“图层＞新建＞通过拷贝的图层”命令，将“眼白”图层复制一层，并将复制的图层重命名为“锐化”，如下图所示。

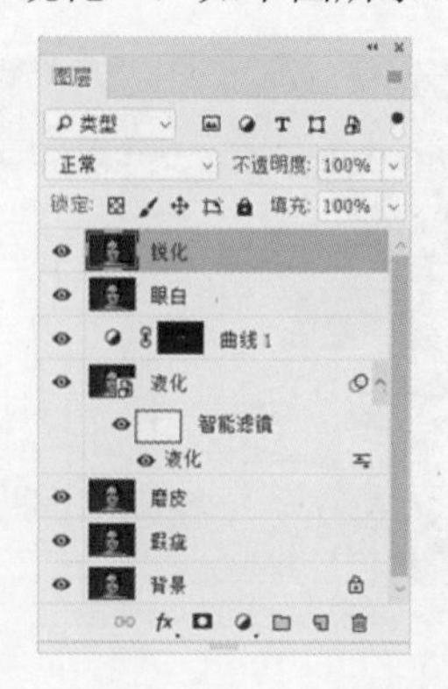

步骤 19：执行“滤镜＞Camera Raw 滤镜”命令，打开“Camera Raw”命令窗口，然后选择如下图所示的细节面板。

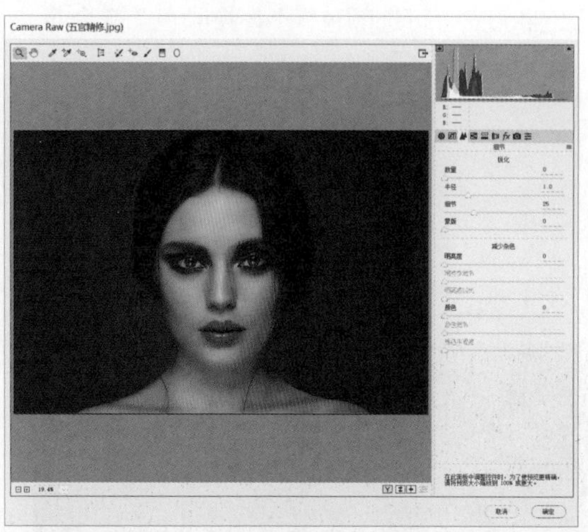

步骤 20：按下 Alt 键，拖动蒙版下的滑块，直到人像的头发、眉毛、嘴唇及眼睛的轮廓变为如下图所示的白色线条位置，这是将要被锐化的部分，而其他黑色的地方不会被锐化。

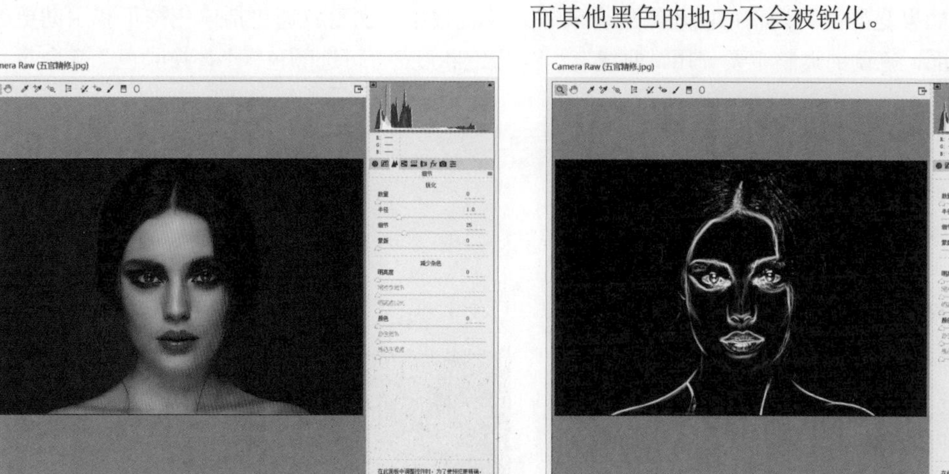

步骤 21：然后根据图像实际情况，设置数量、半径及细节的参数，操作窗口显示效果如下图所示。

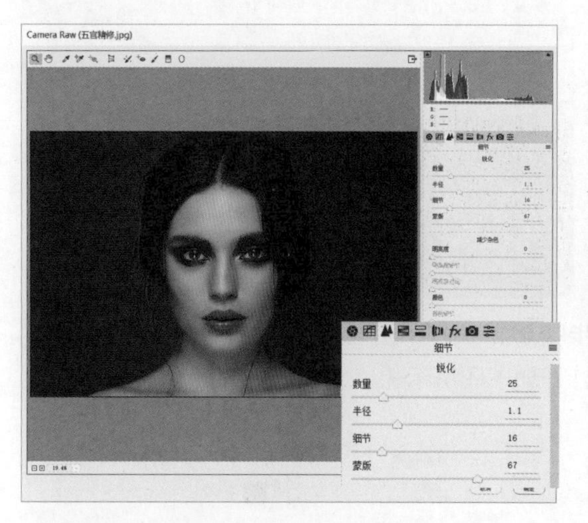

步骤 22：单击“Camera Raw”命令窗口右下角的“确定”按钮，即可得到如下图所示的效果。

步骤 23：最后执行“文件＞存储为”命令，选择图像的保存位置和格式，保存即可。保存的 jpeg 格式图像效果如右图所示。

6.3 风光摄影后期

风光摄影后期的调整，主要包括影调和色调两个方面，调整影调主要使用“色阶”和“曲线”两个命令，如果是局部的调整可能还需配合蒙版来实现效果。调整色调包括偏色校正和主动更改颜色两个方面，色调的调整主要使用“曲线”“色相/饱和度”“可选颜色”“替换颜色”等命令。

6.3.1 如何大面积替换花草颜色

有如右图所示的一张素材图，要求给图像中的麦地替换一种偏绿的颜色，并且让天空更蓝一些。

分析：图像中的麦地属于大片的金黄色，要替换一种偏绿的颜色，最好使用“替换颜色”命令来完成，而要让天空更蓝，使用“可选颜色”命令即可完成，最后使用“色阶”命令调整好图像的影调即可。

步骤 01：打开 Photoshop，执行“文件>打开”命令，打开背景素材图，如右图所示。

步骤 02：执行“图层>新建>通过拷贝的图层”命令，将“背景”图层复制一层，并将复制的图层重命名为“替换颜色”，如下图所示。

步骤 03：执行“图像>调整>替换颜色”命令，打开如下图所示的“替换颜色”命令窗口。

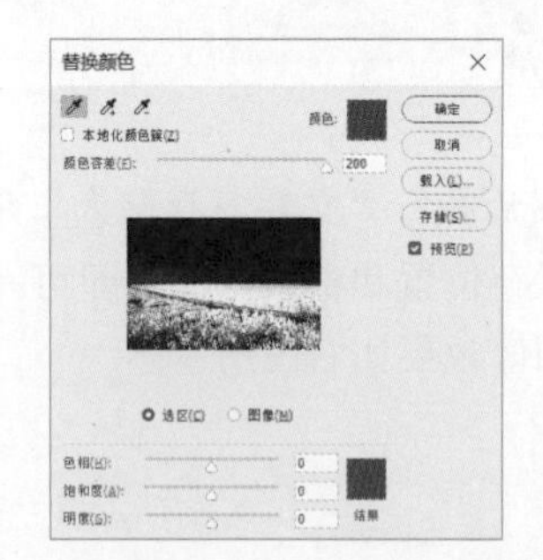

步骤 04： 在“替换颜色”命令窗口中选择“添加到取样吸管”，然后单击图像中金黄色的麦地部分，直到麦地基本全部变为白色为止，如下图所示。

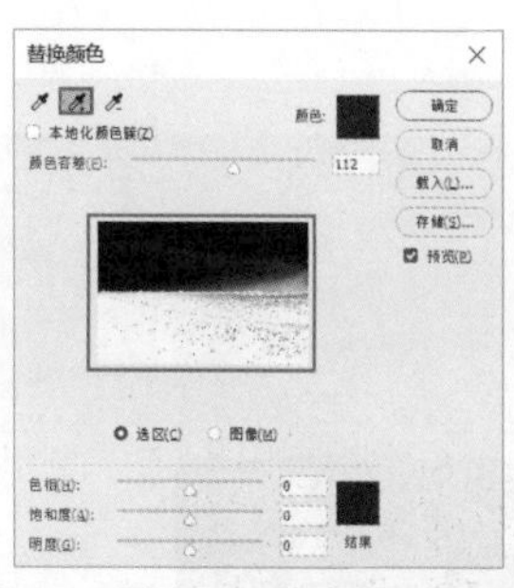

步骤 05： 拖动“颜色容差”命令下的小滑块到“70”，更加精确地确保麦地变为白色，如下图所示。

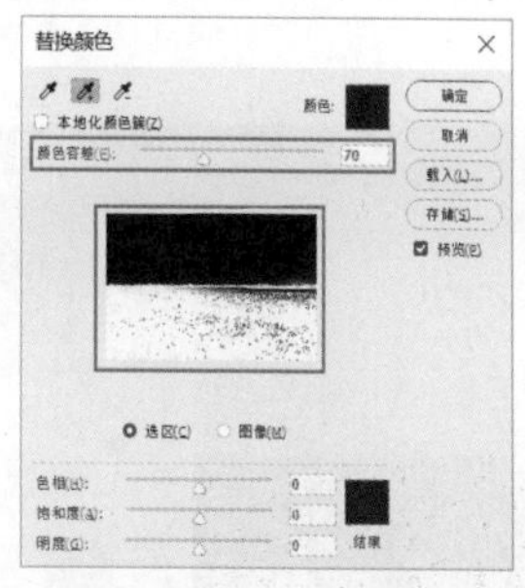

步骤 06： 单击“替换颜色”命令窗口右下角的“结果”命令，即可打开如下图所示的“拾色器”命令窗口。

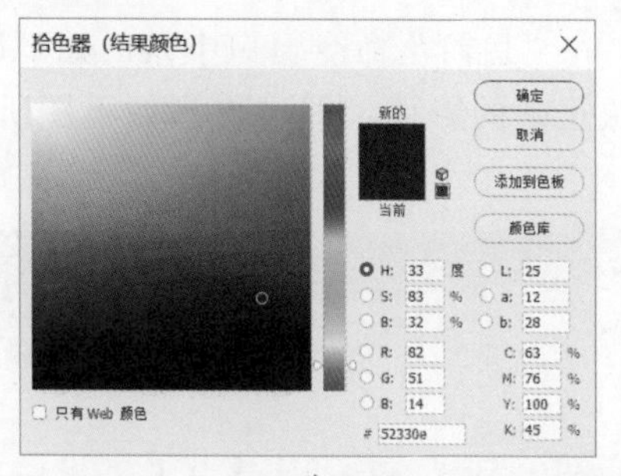

步骤 07： 在“拾色器”命令窗口中，选择如下图所示的一种偏绿的颜色（R=7，G=47，B=11）。

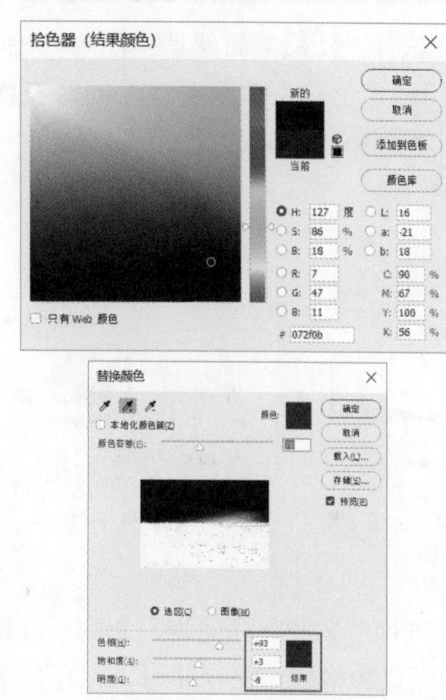

步骤 08： 在“拾色器”命令窗口中选好颜色后，单击“确定”按钮，即可回到如右图所示的“替换颜色”命令窗口，如果图像中还有漏选的区域，这时可以直接使用“添加到取样吸管”，在图像窗口单击未选定的区域，这些区域立马会变成被替换的颜色。

步骤 09： 完成调节后，在“替换颜色”命令窗口中单击“确定”按钮，即可得到如下图所示的效果，麦地的金黄色变成了偏绿的颜色。

步骤 10： 执行“图层>新建调整图层>可选颜色”命令，打开“可选颜色”命令窗口，同时在图层面板会自动添加一个如下图所示的“选取颜色 1”图层。

步骤 11：在“可选颜色”命令窗口中，先选择颜色中的“蓝色”，然后做出如下调整，减少黄色，增加互补色蓝色，增加青色和品红色，间接性地也增加了蓝色，图像窗口效果如下图所示。

步骤 12：接着选择颜色中的“青色”，然后做出如下调整，总体效果也是增加了蓝色，最后关闭可选颜色属性面板，即可得到如下图所示的效果。

步骤 13：执行“图层>新建调整图层>色阶”命令，打开 “色阶”命令窗口，同时在图层面板得到“色阶 1”图层，如下图所示。

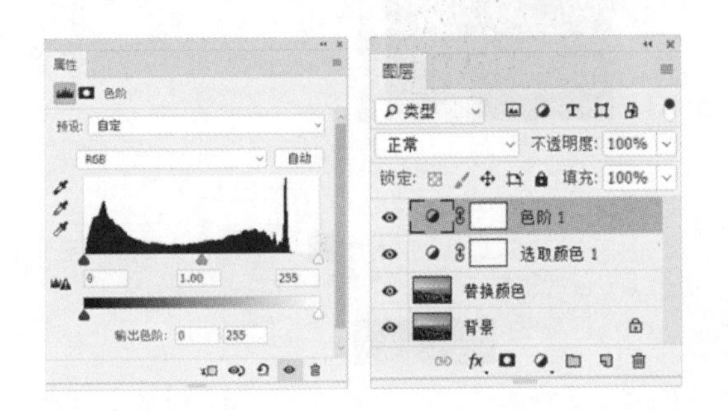

步骤 14：在“色阶”命令窗口中做出如下调整，恢复图像正确的影调，即可得到如下图所示的效果。

步骤 15：执行“文件>存储为”命令，选择图像的保存位置和格式，保存即可。保存的 jpeg 格式图像效果如右图所示。

6.3.2　如何修饰有建筑的风光图像

有如下图所示的一张素材图，要求矫正图像中建筑的倾斜度，并对天空和树木进行适当的调整。

分析：要校正建筑的倾斜度，使用透视裁剪工具即可，天空有点灰，可以使用“可选颜色”命令来调整，树木和草坪也使用“可选颜色”来调整。

步骤 01：打开 Photoshop，执行“文件＞打开”命令，打开背景素材图，如下图所示。

步骤 02：执行“图层＞新建＞通过拷贝的图层”命令，将“背景”图层复制一层，并将复制的图层重命名为“操作层”，如下图所示。

步骤 03：选择透视裁剪工具，拉出如下图所示的裁剪框。

步骤 04：单击 Enter 键，即可完成对图像倾斜度的校正，效果如下图所示。

步骤 05：执行“图层＞新建调整图层＞色阶”命令，打开“色阶”命令窗口，同时在图层面板会得到如下图所示的“色阶 1”图层。

步骤 06：在“色阶”命令窗口中做出如下图所示的调整，恢复图像正确的影调。

步骤 07：执行“图层＞新建调整图层＞可选颜色”命令，打开“可选颜色”命令窗口，同时在图层面板会得到如右图所示的“选取颜色 1”图层。

步骤 08：调整天空，在“可选颜色”命令窗口选择颜色中的“蓝色”，然后做出如下调整，减少黄色，增加互补色蓝色，增加青色和品红色，间接性地也增加了蓝色，图像窗口效果如下图所示，可以看到天空变蓝了，但同时建筑部分也被染上了蓝色。

步骤 09：选择画笔工具，设置画笔形状为“柔边圆”，大小为“100”像素、硬度为“0%”，不透明度为“50%”，如下图所示。

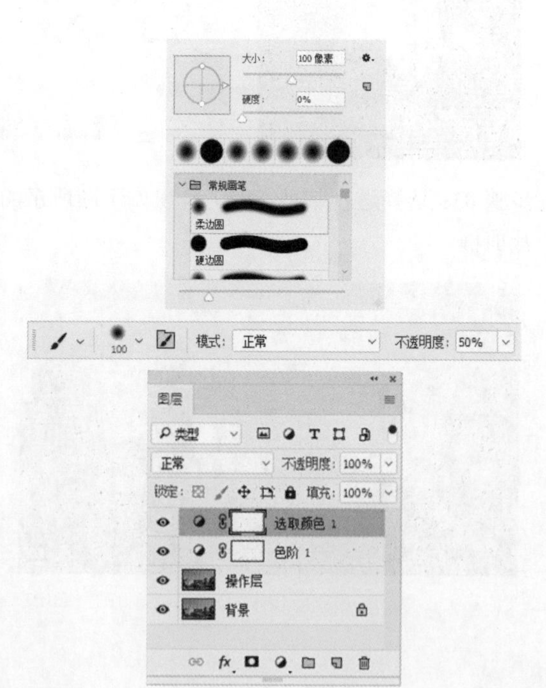

步骤 10：在图层面板选择“选取颜色 1”图层自带的白色蒙版，如右图所示。

步骤 11： 在确保前景色为黑色的情况下，直接在图像窗口使用画笔涂抹素材图中变色的建筑部分，直到擦出建筑本身的颜色为止，作用后的蒙版如右图所示。

步骤 12： 执行“图层>新建调整图层>可选颜色”命令，打开“可选颜色”命令窗口，同时在图层面板会得到如下图所示的“选取颜色 2”图层。

步骤 13： 在“可选颜色”命令窗口中选择颜色命令中的“黄色”，然后做出如下调整，减少洋红色，增加互补色绿色，增加青色和黄色，间接性地也增加了绿色，图像窗口效果如下图所示，通过此步骤树木变绿了，显得更有生机。

步骤 14： 因为天空有点单调，所以后期添加一个“白云”图层，增加画面的丰富程度，效果如下图所示。

步骤 15： 最后执行“文件>存储为”命令，选择图像的保存位置和格式，保存即可。保存的 jpeg 格式图像效果如下图所示。

第 7 章 平面设计

7.1 标志设计

本案例将介绍“鱼形”标志的设计过程，实现后的效果如右图所示。

步骤 01：打开 Photoshop，执行“文件>新建”命令（快捷键为 Ctrl+N 组合键），然后设置相应的宽度和高度等，单击“创建”按钮，新建的“背景”图层如下图所示。

步骤 02：执行“编辑>填充”命令，将背景填充为如下图所示的颜色（#e5e5e5）。

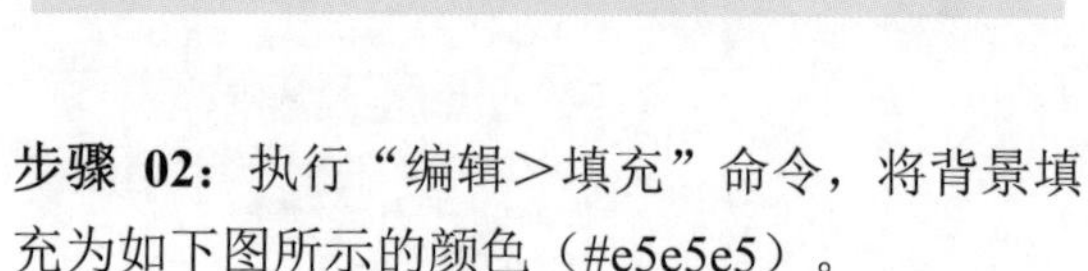

步骤 03：执行“视图>新建参考线面板”命令，给图像添加两条参考线，如下图所示。

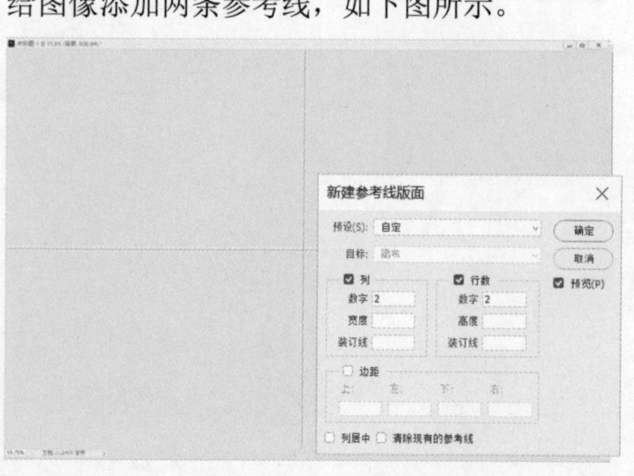

步骤 04：选择椭圆工具，在其属性栏选择类型为“形状”，无填充颜色，描边颜色为#000000，描边宽度为“2 像素”，描边选项选择虚线。

步骤 05：接着在图像窗口单击并拖动鼠标光标，创建宽高为 425 像素×425 像素的正圆，同时在图层面板得到一个形状图层，将该图层重命名为“鱼鳃虚线”，如下图所示。

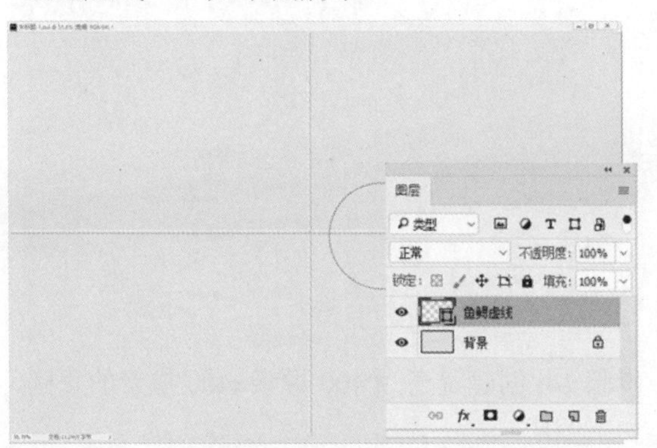

步骤 06：使用相似的操作，在图像窗口单击并拖动鼠标光标，创建宽高为 750 像素×750 像素的正圆，如下图所示。

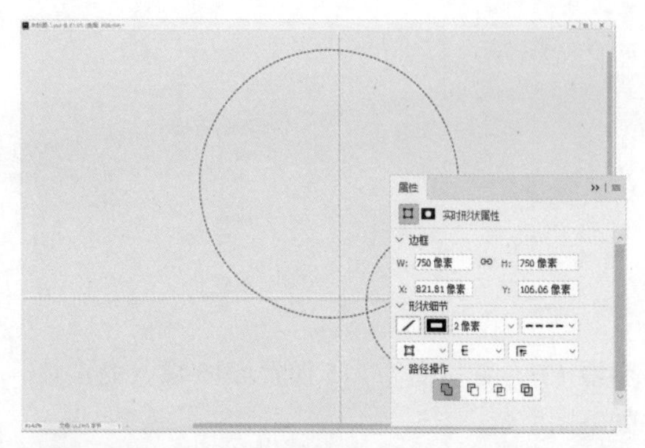

步骤 07：使用相似的操作，创建宽高为 750 像素×750 像素的正圆，如下图所示。

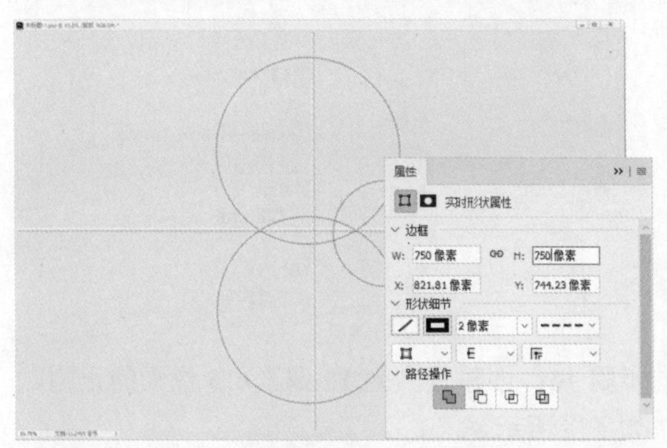

步骤 08：使用相似的操作，创建宽高为 700 像素×700 像素的正圆，如下图所示。

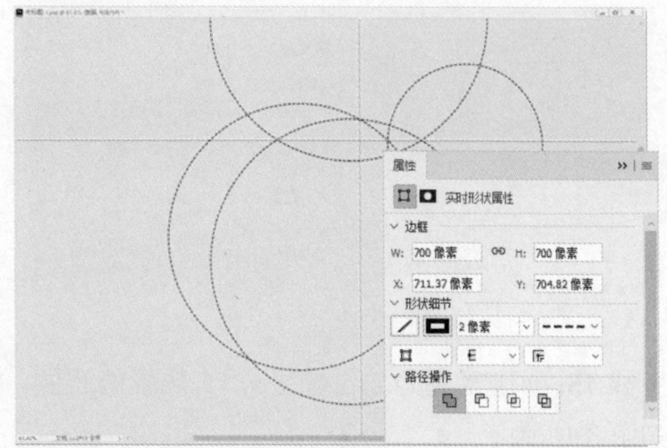

步骤 09：同理，创建宽高为 700 像素×700 像素的正圆，如下图所示。

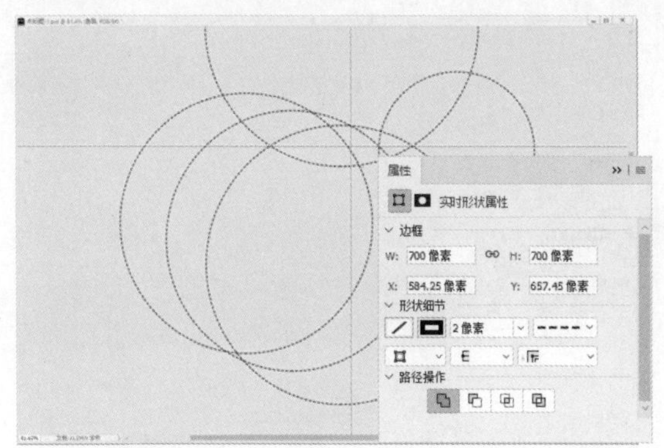

步骤 10：接着，创建宽高为 400 像素×400 像素的正圆，如下图所示。

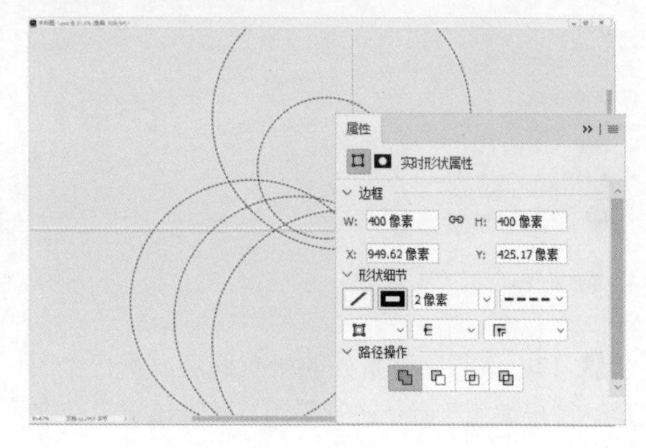

步骤 11: 创建宽高为 400 像素×400 像素的正圆，如下图所示。

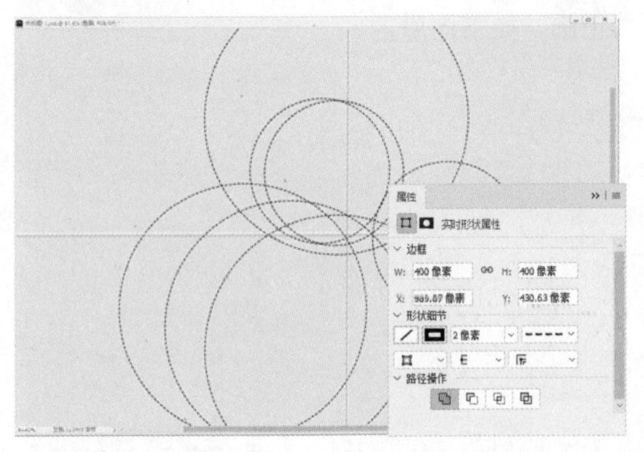

步骤 12: 继续创建宽高为 400 像素×400 像素的正圆，如下图所示。

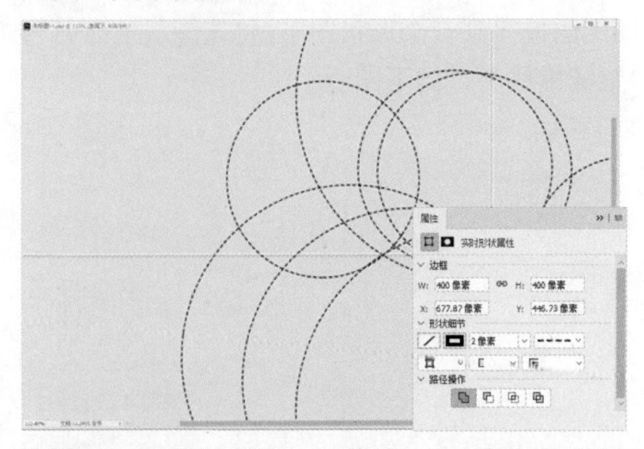

步骤 13: 创建宽高为 215 像素×215 像素的正圆，如下图所示。

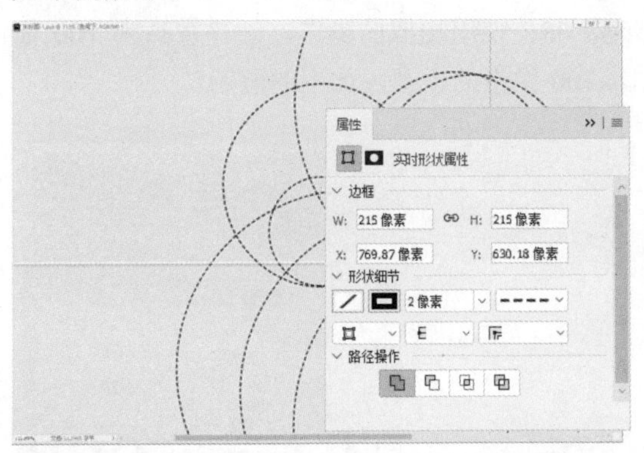

步骤 14: 创建宽高为 400 像素×400 像素的正圆，如下图所示。

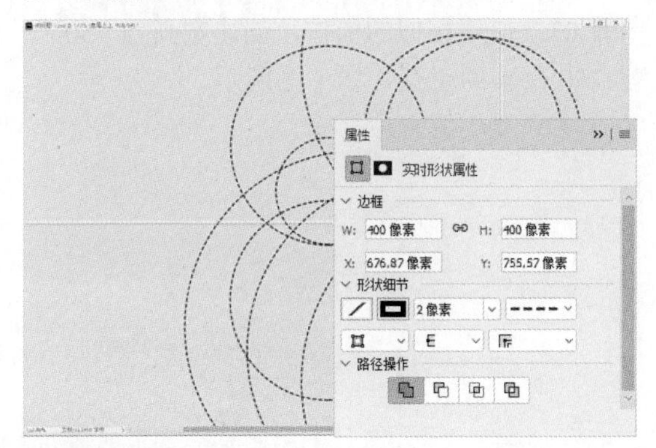

步骤 15: 创建宽高为 215 像素×215 像素的正圆，如下图所示。

步骤 16: 创建宽高为 15 像素×15 像素的正圆，如下图所示。

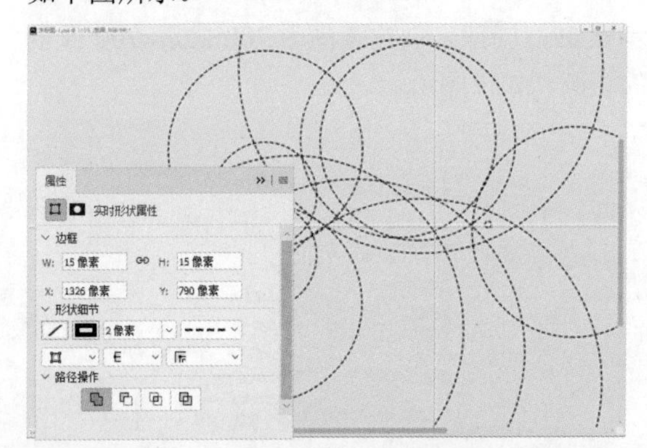

步骤 17: 选择除背景外的所有图层，执行“图层>图层编组”命令进行编组，并将该组重命名为“辅助线”，如右图所示。

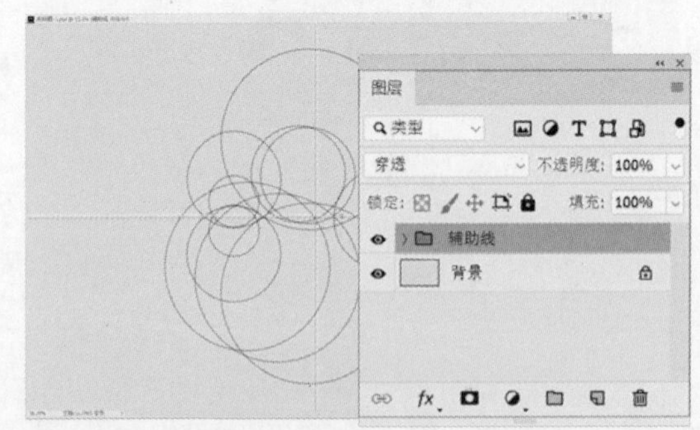

步骤 18：选择钢笔工具，在属性栏设置类型为“形状”，无填充颜色，描边颜色为#ee9655，描边宽度为“5 像素”，描边选项选择实线，如右图所示。

步骤 19：在图像窗口根据辅助线弧度创建如下图所示的路径，按下 Ctrl 键，并在空白位置单击，结束该路径的绘制，同时在图层面板得到一个形状图层，将该图层重命名为“鱼鳃”。

步骤 20：根据辅助线弧度创建如下图所示的腹部路径，按下 Ctrl 键，并在空白位置单击，结束该路径的绘制，同时在图层面板得到一个形状图层，将该图层重命名为“腹部”。

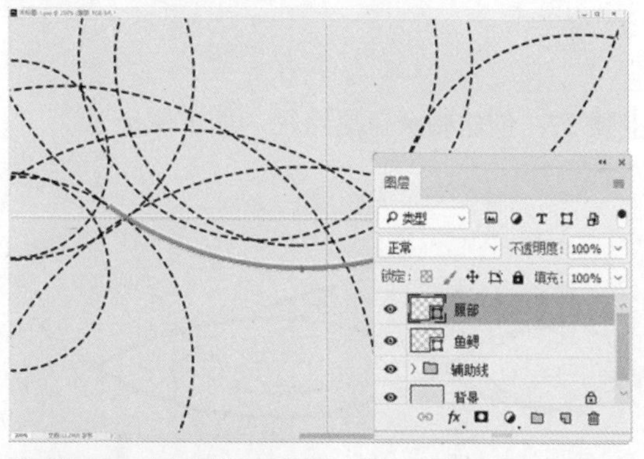

步骤 21：创建背部路径，如下图所示。

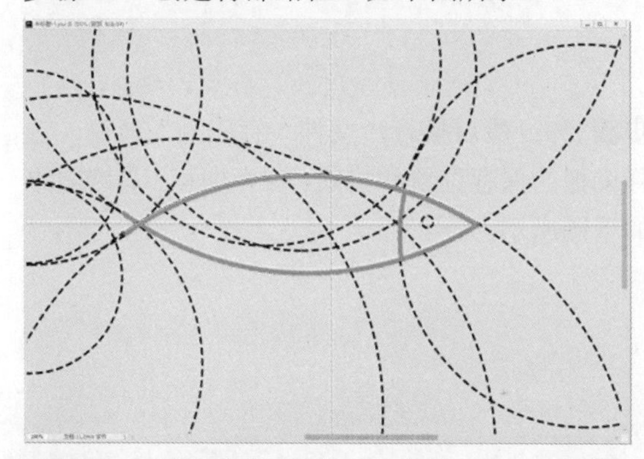

步骤 22：创建背鳍路径，如下图所示。

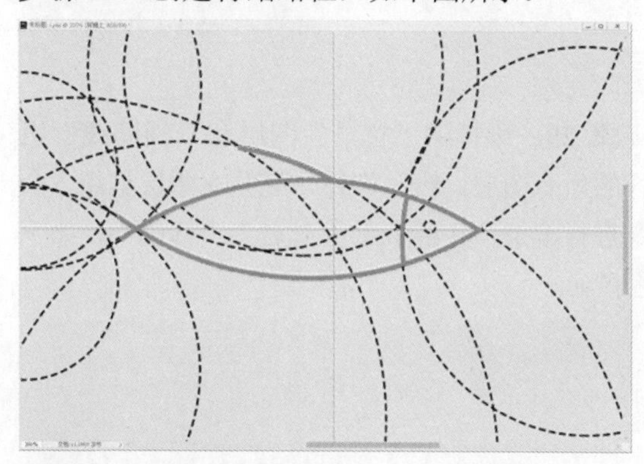

步骤 23：创建背鳍的另一半路径，如下图所示。

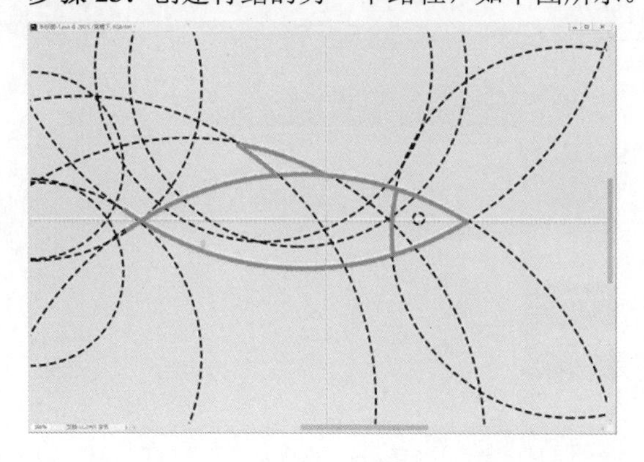

步骤 24：创建侧面鳍路径，如下图所示。

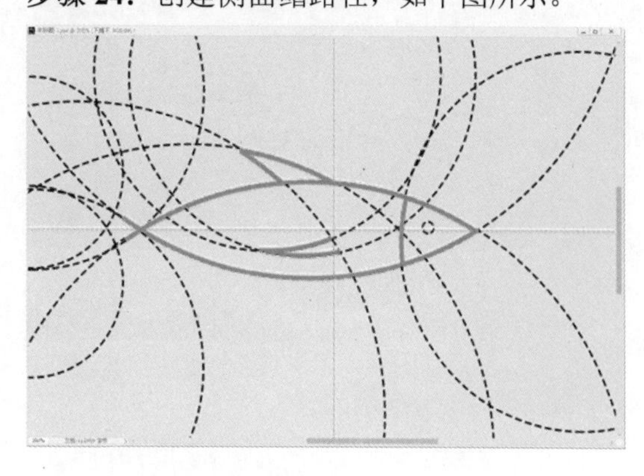

步骤 25：创建鱼尾的一部分路径，如下图所示。

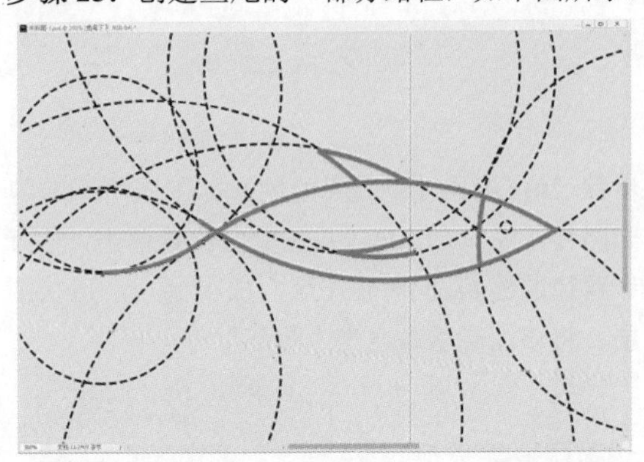

步骤 26：创建鱼尾另一部分路径，如下图所示。

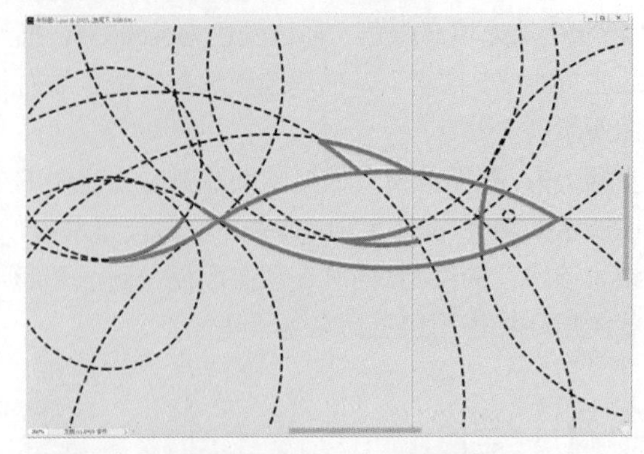

步骤 27：创建剩余鱼尾路径，如下图所示。

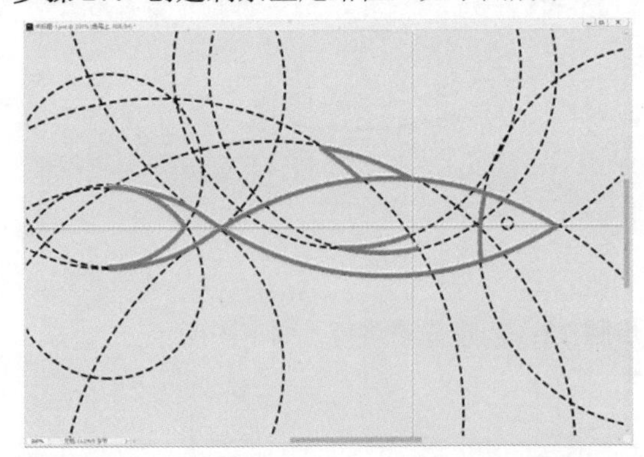

步骤 28：创建鱼眼路径，如下图所示。

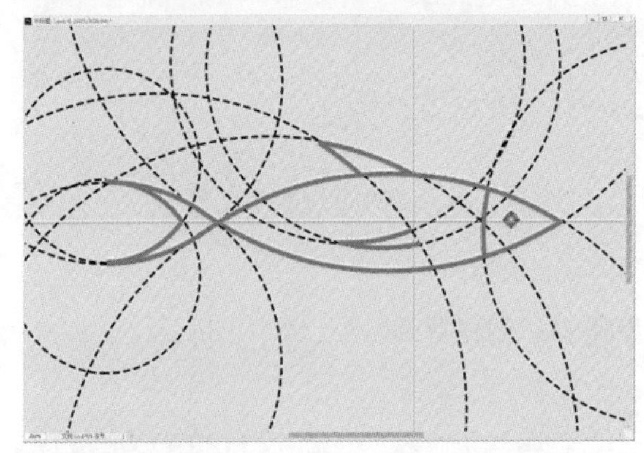

步骤 29：选择除“背景”图层和“辅助线”组外的所有图层，然后执行“图层>图层编组”命令进行编组，并将该组重命名为“标志”，如下图所示。

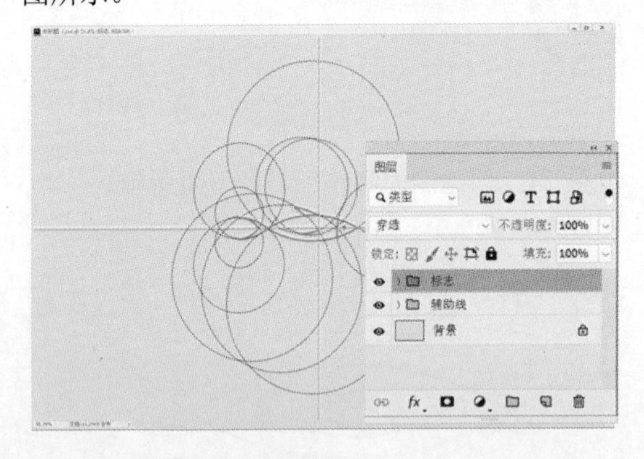

步骤 30：最后执行“文件>存储为”命令，选择图像的保存位置和格式，保存即可，最终效果如下图所示。

步骤 31：打开如下图所示的样机。

步骤 32：将处理好的标志载入样机中，即可得到如下图所示的效果。

7.2　海报设计

7.2.1　文字人像海报设计

本案例将介绍文字人像海报的设计过程，实现后的效果如右图所示。

步骤 01：打开 Photoshop，执行“文件>打开”命令，打开如右图所示的人像素材图。

步骤 02：执行“图层>新建>通过拷贝的图层”命令，将“背景”图层复制一层并重命名为“图层 1”，然后执行“图像>调整>去色”命令，将复制的图层去色，如下图所示。

步骤 03：对复制的图层执行“滤镜>模糊>高斯模糊”命令，设置模糊半径为“5”，单击“确定”按钮，对该图层进行高斯模糊处理，让图像变得柔和些。

步骤 04：执行“文件>存储为”命令，将图像保存成 PSD 格式的文件，并记住保存路径（比如桌面）。

步骤 05：选择文字工具，颜色设为白色，输入一些文字段落，注意字体要小、细、紧凑，并铺满整个画面，如下图所示。

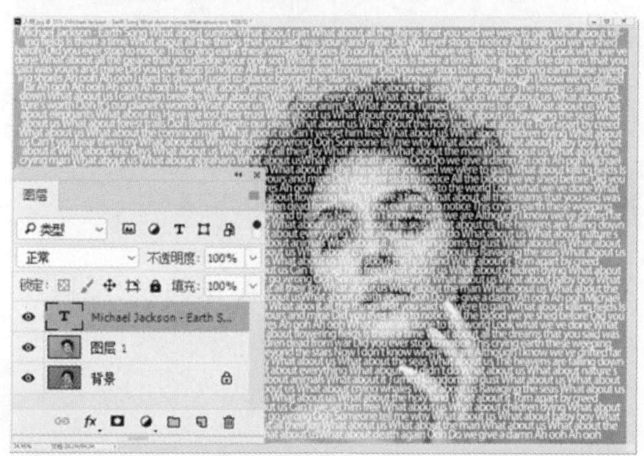

步骤 06：执行“图层>栅格化>图层”命令，将文字图层栅格化，让该图层变为普通图层，如下图所示。

步骤 07：按住 Ctrl 键后，单击文字图层的缩览图，载入它的选区，接着执行“选择>反选”命令，将选区反选，如下图所示。

步骤 08：执行“编辑>填充”命令，将选区填充为黑色，然后执行“选择>取消选择”命令，取消刚才的选区，得到如右图所示的效果。

步骤 09：执行“滤镜>扭曲>置换”命令，设置水平比例和垂直比例都为“10”，接着单击“确定”按钮，弹出“选取一个置换图”命令窗口，然后选择步骤 04 保存的 PSD 格式的文件，单击“打开”按钮，进行置换处理，放大图像即可看到置换效果，如下图所示。

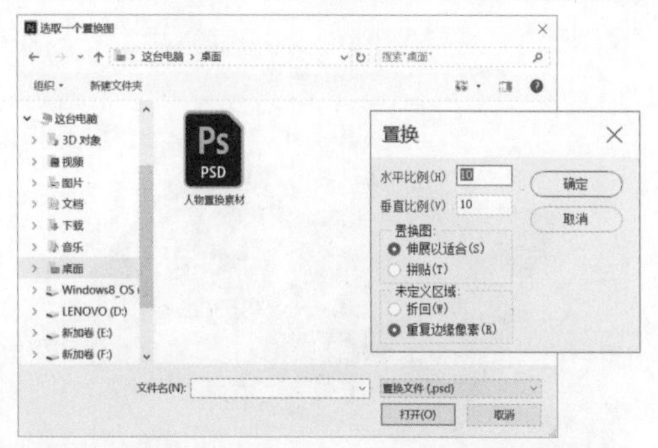

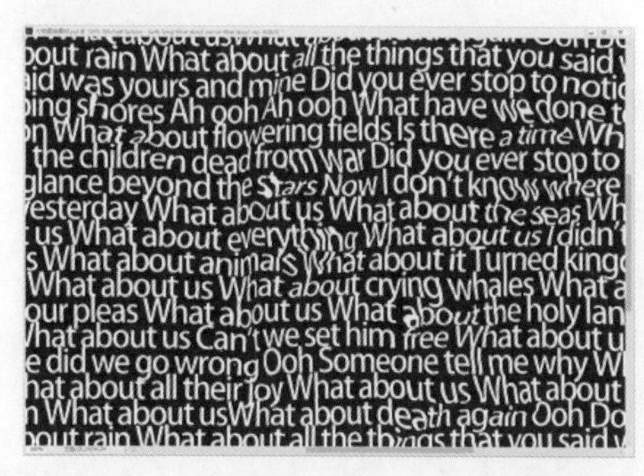

步骤 10：选择“背景”图层，执行“图层>新建>通过拷贝的图层”命令，将“背景”图层复制一层，然后该图层拖动到文字图层的上方。

步骤 11：执行“图像>调整>去色”命令，将该复制图层去色，然后在图层面板更改图层混合模式为“正片叠底”，得到如下图所示的效果。

步骤 12：此时人物五官立体感还不够，执行“图层>新建>通过拷贝的图层”命令，将“背景 拷贝”图层复制一层，然后将该图层的不透明度修改为“45%”。至此，即可得到一个文字人像海报，如右图所示。

步骤 13：执行“文件>存储为”命令，选择图像的保存位置和格式，保存即可。保存的 jpeg 格式图像效果如右图所示。

7.2.2 杂志封面海报设计

本案例将介绍杂志封面海报的设计过程，实现后的效果如右图所示。

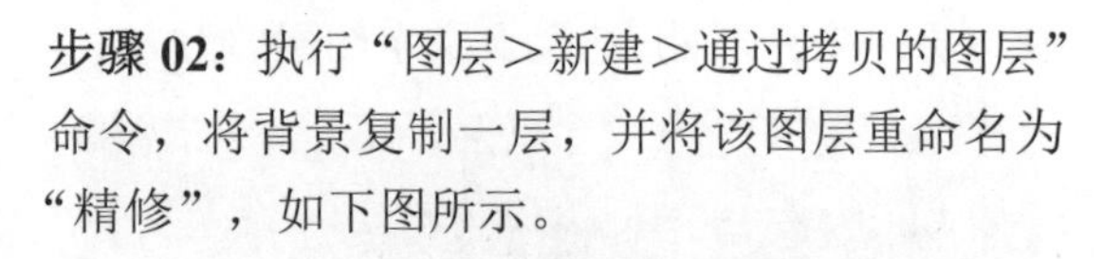

步骤 01：打开 Photoshop，执行“文件>打开”命令，打开如下图所示的人像素材图。

步骤 02：执行“图层>新建>通过拷贝的图层”命令，将背景复制一层，并将该图层重命名为“精修”，如下图所示。

步骤 03：按照 6.2 节所学内容，先修掉人像皮肤上的痘痘、斑点、伤口等瑕疵，然后进行磨皮处理，之后对五官进行液化，液化后根据实际情况再对眼睛、眉毛、皱纹等进行处理，最后得到精修后的图像，如右图所示。

步骤 04：执行“视图>新建参考线面板”命令，给图像添加如下图所示的参考线。

步骤 05：选择文字工具，设置字体和颜色，然后输入如下图所示的文字。

步骤 06：继续使用文字工具输入其他需要的文字，如下图所示。

步骤 07：选择裁剪工具，对图像进行裁剪（大小为 4×5 英寸），如下图所示。

步骤 08：执行“文件>存储为”命令，选择图像的保存位置和格式，保存即可。保存的 jpeg 格式图像效果如下图所示。

步骤 09：打开如下图所示的样机。

步骤 10：将处理好的封面载入样机中，即可得到如右图所示的效果。

7.3 企业 VI 设计

本节将学习 VI 设计，主要包括书籍、杂志、画册、名片等 VI 制作，主要的知识点包括各种常用工具、蒙版及滤镜等。

7.3.1 书籍设计

本案例将介绍书籍的设计过程，实现后的效果如下图所示。

步骤 01：打开 Photoshop，执行“文件>打开”命令，打开如下图所示的背景素材图。

步骤 02：执行“图层>新建>图层”命令，新建一个空白图层，并将该图层重命名为“封面”，如下图所示。

步骤 03：选择钢笔工具，在属性栏设置类型为“路径”，然后在“封面”图层中创建如下图所示的路径（注意近大远小的透视关系）。

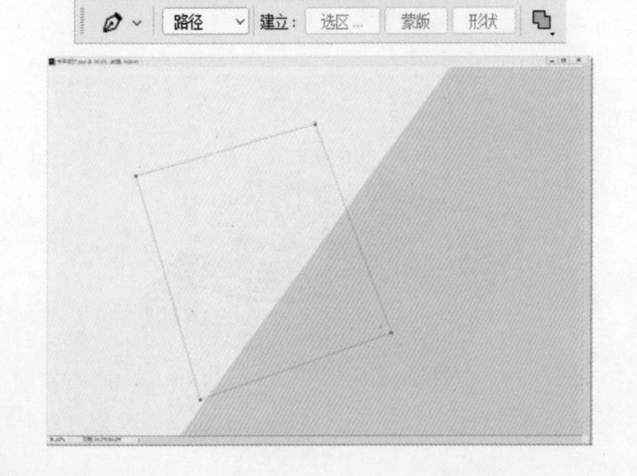

步骤 04：按下 Ctrl+Enter 组合键，将路径转换成选区，如下图所示。

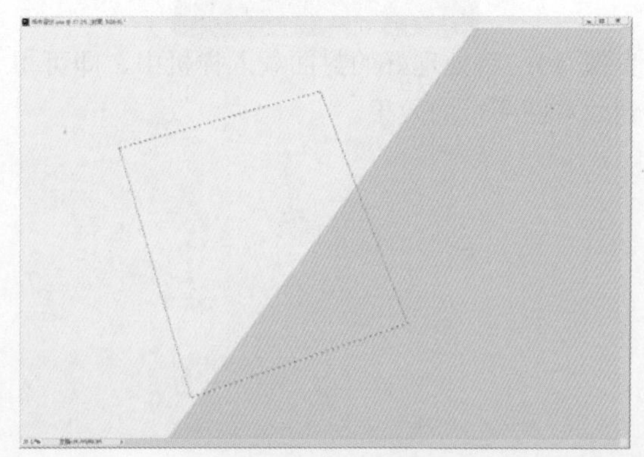

步骤 05：执行“编辑＞填充”命令，打开“填充”命令窗口，选择内容属性中的“白色”，单击“确定”按钮后，执行“选择＞取消选择”命令，取消刚才的选区，得到如下图所示的效果。

步骤 06：执行“图层＞新建＞图层”命令，新建一个空白图层，并将该图层重命名为“光影”。然后执行“图层＞创建剪贴蒙板”命令，为“光影”图层添加如下图所示的剪贴蒙版。

步骤 07：假设光线从右方照射过来，书本的影调从右到左是从亮到暗的一个过渡，所以选择渐变工具，设置如下图所示的渐变形式。

步骤 08：在图像窗口从左向右单击并拖动鼠标光标，可给“光影”图层添加一个如下图所示的渐变光影。

步骤 09：在图层面板修改“光影”图层的混合模式为正片叠底，如下图所示。

步骤 10：执行“图层＞新建＞图层”命令，新建一个空白图层，并将该图层重命名为“黑线”，如下图所示。

步骤 11：选择直线工具，在属性栏设置类型为“像素”，然后在图像窗口创建如下图所示的宽 1 像素的一条黑线。

步骤 12：执行“图层>新建>图层”命令，新建一个空白图层，并将该图层重命名为“白线”，然后在上一步创建的黑线左边创建一条宽“1”像素的白线，效果如下图所示。

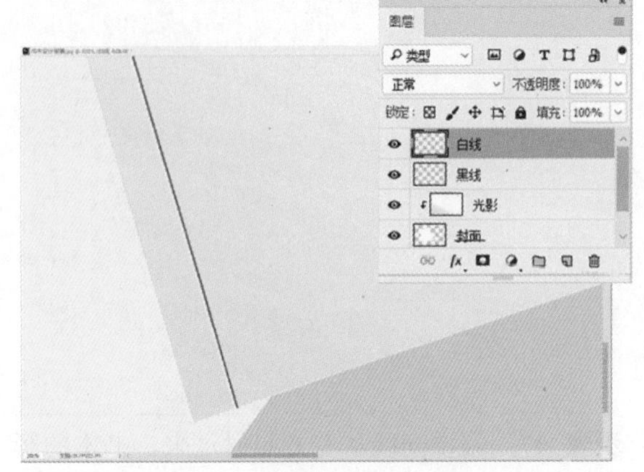

步骤 13：执行“图层>新建>通过拷贝的图层”命令，将“白线”图层复制一层，并将该图层重命名为“白线 1”，然后在图像窗口将“白线 1”图层移动到黑线的右侧，得到如下图所示的效果。

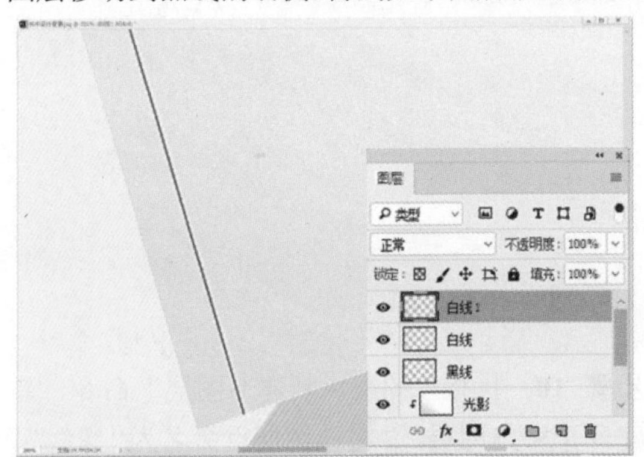

步骤 14：选择除背景外的所有图层，执行“图层>图层编组”命令进行编组，并将该组重命名为“封面”，如下图所示。

步骤 15：执行“文件>打开”命令，打开书籍封面素材图，如右图所示。

步骤 16： 选择移动工具，将“书籍封面”图层拖动到“封面”组中，得到如下图所示的一个新图层，并将该图层重命名为“书籍封面”。

步骤 17： 执行“编辑>自由变换”命令，在自由变换的二级菜单中选择“扭曲”命令，调整“封面书籍”图层的大小及位置，如下图所示，最后按 Enter 键。

步骤 18： 在图层面板使用移动工具将“书籍封面”图层的位置移动到“光影”图层之下，因为“光影”图层是“封面”图层的剪贴蒙版，所以 Photoshop 会自动将“书籍封面”图层添加为剪贴蒙版，如下图所示。

步骤 19： 在图层面板收起“封面”组，执行“图层>新建>图层”命令，新建一个空白图层，并将该图层重命名为“书侧面”，然后选择钢笔工具，在“书侧面”图层中创建如下图所示的路径。

步骤 20： 按下 Ctrl+Enter 组合键，将路径转换成选区，如下图所示。

步骤 21： 执行“编辑>填充”命令，将选区填充为白色，执行“选择>取消选择”命令，取消刚才的选区，如下图所示。

步骤 22： 执行“图层>新建>图层”命令，新建一个空白图层，并将该图层重命名为“光影2”，然后执行“图层>创建剪贴蒙板”命令，为“光影 2”图层添加如下图所示的剪贴蒙版。

步骤 23： 在图层面板修改“光影 2”图层的混合模式为“正片叠底”，然后选择渐变工具，设置和第 8 步相同的渐变样式，接着在图像窗口从左向右单击并拖动鼠标光标，即可给“光影 2”图层添加一个如下图所示的渐变光影。

步骤 24： 同时选择“书侧面”和“光影 2”图层，执行“图层>图层编组”命令进行编组，并将该组重命名为“侧面”，如下图所示。

步骤 25： 执行“图层>新建>图层”命令，新建一个空白图层，并将该图层重命名为“书脊”。选择钢笔工具，在“书脊”图层中创建如下图所示的路径。

步骤 26： 按下 Ctrl+Enter 组合键，将路径转换成选区，如下图所示。

步骤 27： 执行“编辑>填充”命令，将选区填充为如下图所示的颜色（#3b3829），然后执行“选择>取消选择”命令，取消刚才的选区。

步骤 28：选择文字工具，在文字工具的属性栏设置字体为“Adobe 黑体 Std”，大小为“31 点”，颜色为#f5fc2d，如右图所示。

步骤 29：在图像窗口单击鼠标后载入光标，输入“微笑的鱼”文字，接着执行“编辑>自由变换”命令，在自由变换的二级菜单中选择“扭曲”命令，将“微笑的鱼”图层的大小及位置调整到书脊，如右图所示，最后按 Enter 键。

步骤 30：同理，创建新的文字图层，输入文字“委婉的鱼出版社”，然后调整图层的大小及位置，如下图所示，最后按 Enter 键。

步骤 31：同时选择两个文字图层和“书脊”图层，然后执行“图层>图层编组”命令进行编组，并将该组重命名为“书脊”，如下图所示。

步骤 32：执行“图层>新建>图层”命令，新建一个空白图层，并将该图层重命名为“阴影”，如下图所示。

步骤 33：在图层面板隐藏“背景”图层，然后按下盖印图层的 Ctrl+Shift+Alt+E 组合键，将图像窗口的效果盖印到“阴影”图层里，图像窗口显示效果如下图所示。

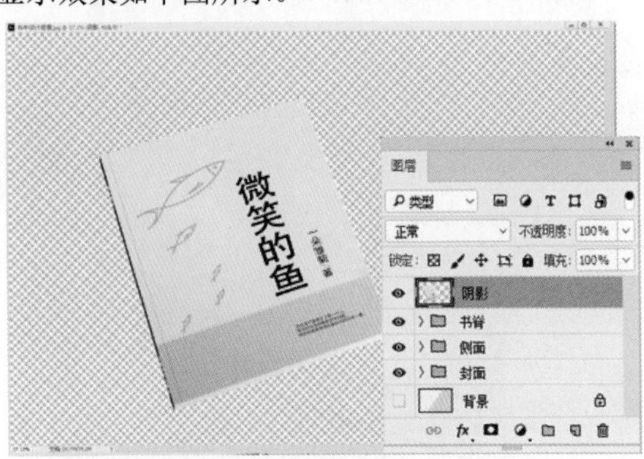

步骤 34：在图层面板显示“背景”图层，然后选择“阴影”图层，接着按住 Ctrl 键后，单击“阴影”图层的缩览图，载入如下图所示的选区。

步骤 35：执行“编辑>填充”命令，将选区填充为黑色，然后执行“选择>取消选择”命令，取消刚才的选区，如下图所示。

步骤 36：执行“滤镜>转换为智能滤镜”命令，将“阴影”图层转换成智能对象，然后执行“滤镜>模糊>高斯模糊”命令，设置模糊半径为“13”像素，最后单击“确定”按钮，对“阴影”图层进行高斯模糊处理后的效果如下图所示。

步骤 37：在图层面板将“阴影”图层移动到“背景”图层之上，然后将“阴影”图层的不透明度修改为 80%，让“阴影”图层显得淡一点，效果如下图所示。

步骤 38：选择移动工具，将“阴影”图层稍微向图像窗口的左下角移动一些，如下图所示。

步骤 39：执行“图层>图层蒙版>显示全部”命令，给“阴影”图层添加一个白色图层蒙版，如下图所示。

步骤 40：选择画笔工具，设置画笔大小为“300”像素，形状为“柔边圆”，颜色为黑色，不透明度为“70%”，然后在图像窗口涂抹“阴影”图层的右上部分，得到如下图所示的效果。

步骤 41：最后执行“文件＞存储为”命令，选择图像的保存位置和格式，保存即可。最终效果如下图所示。

步骤 42：展开书籍的设计过程和闭合书籍的设计过程类似，首先打开背景，如下图所示。

步骤 43：选择钢笔工具，创建路径，将路径转换成选区并填充颜色，如下图所示。

步骤 44：接着创建光影图层，如下图所示。

步骤 45：使用相同的操作，创建如下图所示的“左下侧面”图层。

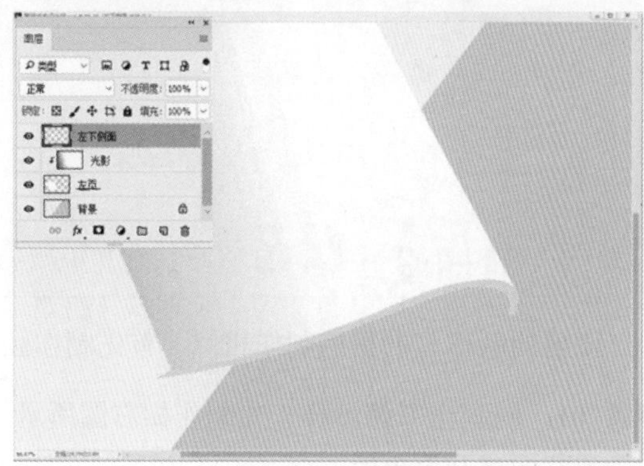

步骤 46：创建如下图所示的“左侧面”图层。

步骤 47：载入树枝素材图，并创建“左半页”组，如下图所示。

步骤 48：使用相同的操作，创建右半页。

步骤 49：最后创建书籍阴影，如下图所示。

步骤 50：最后执行“文件＞存储为”命令，选择图像的保存位置和格式，保存即可。最终效果如右图所示。

7.3.2 画册设计

画册的制作与书籍的制作相似，首先制作画册模板，接着载入封面或者内容即可。

步骤 01：同制作书籍一样，先制作如右图所示的画册背面展开页模板。

步骤 02：载入封面素材图后，效果如下图所示。

步骤 03：制作如下图所示的画册正面展开页模板。

步骤 04：载入内容页素材图，效果如右图所示。

7.3.3 名片设计

名片标准尺寸为 90mm×54mm，但因为需要加上上下左右各 2mm 的“出血”，所以制作尺寸一般设定为 94mm×58mm。本案例将介绍名片的设计过程，名片的制作分为两部分，第一部分为制作平面的名片，第二部分为制作立体的名片，具体操作步骤如下。

1. 制作平面的名片

步骤 01：打开 Photoshop，执行“文件>新建”命令，然后设置相应的宽度和高度等，单击“创建”按钮，新建的“背景”图层如下图所示。

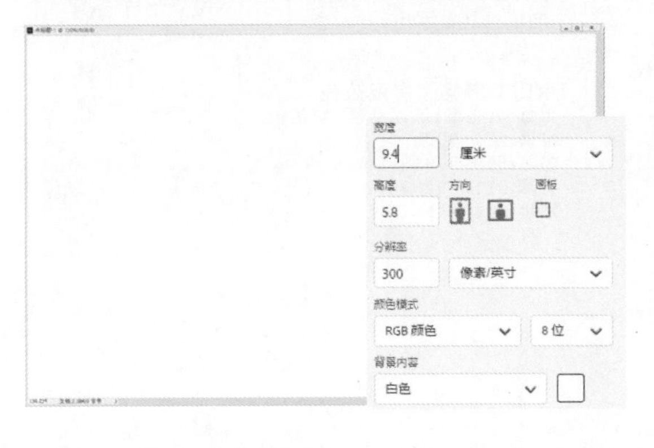

步骤 02：执行“编辑>填充”命令，将背景填充为如下图所示的颜色（#fffff1）。

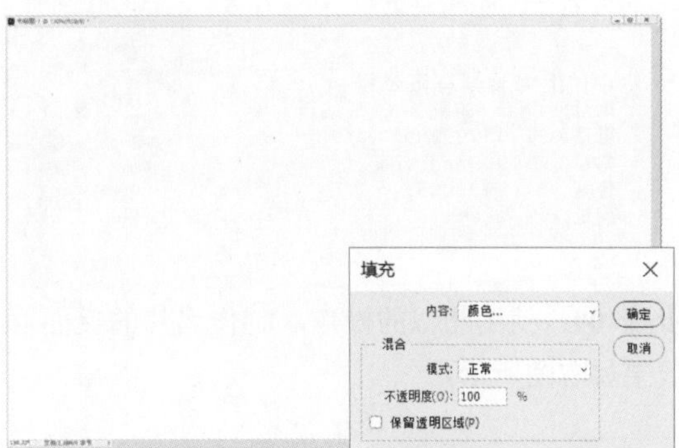

步骤 03：执行“文件>打开”命令，打开如下图所示的水彩素材图。

步骤 04：选择移动工具，将“水彩”图层拖动到“背景”图层之上，得到如下图所示的一个新图层，然后将该图层重命名为“水彩”。

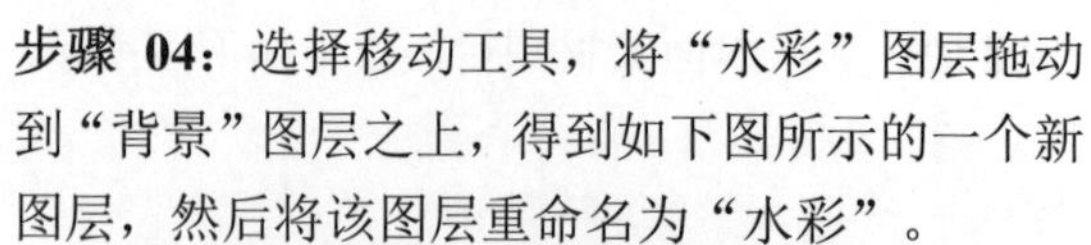

步骤 05：执行“编辑>自由变换”命令，调整“水彩”图层的大小及位置，如下图所示，最后按 Enter 键。

步骤 06：在图层面板将“水彩”图层的不透明度修改为“60%”，图像窗口显示效果如下图所示。

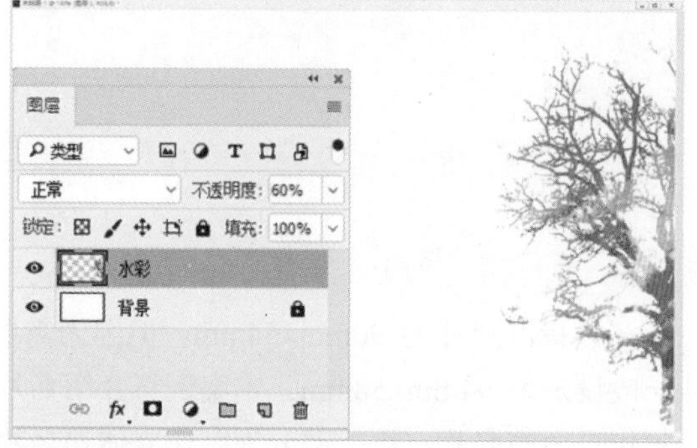

步骤 07：选择文字工具，输入如下图所示的文字。

步骤 08：至此，名片的正面已经制作完成，效果如下图所示。

步骤 09：使用相似的操作，制作名片的反面，效果如右图所示。

2. 制作立体的名片

步骤 01：执行“文件>新建”命令，然后设置相应的宽度和高度等，单击“创建”按钮，新建的“背景”图层如下图所示（为了让本案例较清晰，所以创建的背景较大，读者在练习时，可根据需要创建大小合适的图像背景）。

步骤 02：执行“编辑>填充”命令，将背景填充为如下图所示的颜色（#ffd9de）。

步骤 03：执行“图层>新建>图层”命令，新建一个空白图层，并将该图层重命名为“单层”，如下图所示。

步骤 04：选择钢笔工具，在“单层”图层上创建如下图所示的路径，注意近大远小的透视关系。

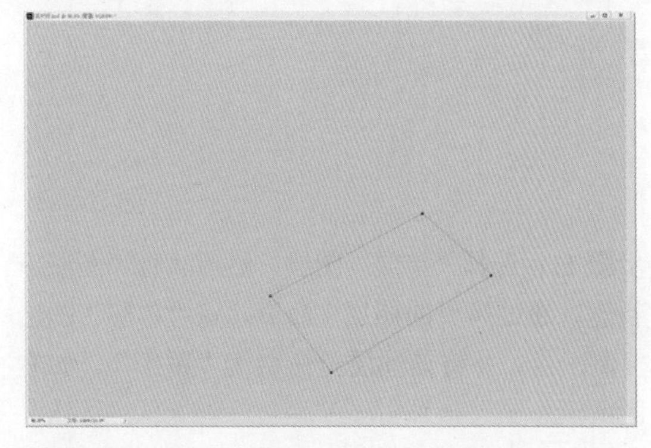

步骤 05：按下 Ctrl+Enter 组合键，将路径转换成选区，效果如下图所示。

步骤 06：执行“编辑>填充”命令，将选区填充为白色，然后执行“选择>取消选择”命令，取消刚才的选区，效果如下图所示。

步骤 07：执行“图层＞新建＞图层”命令，新建一个空白图层，并将该图层重命名为“光影”，然后执行“图层＞创建剪贴蒙板”命令，为“光影”图层添加如右图所示的剪贴蒙版。

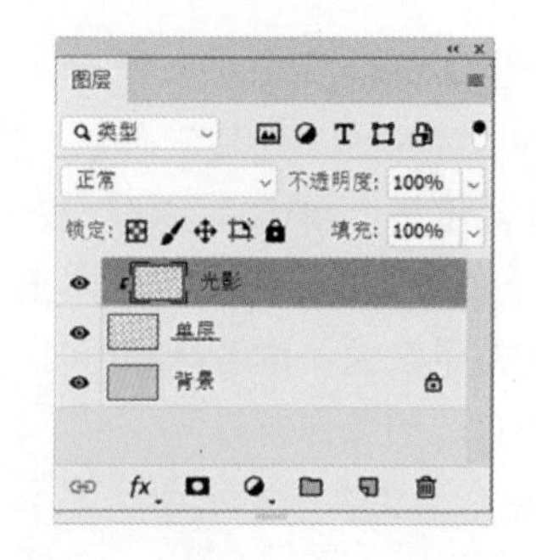

步骤 08：假设光线从右边照射过来，“单层”图层的影调从右到左是从亮到暗的一个过渡，所以选择渐变工具，设置如右图所示的灰白渐变。

步骤 09：在图像窗口从左到右单击并拖动鼠标光标，可给“单层”图层添加一个如下图所示的渐变光影。

步骤 10：在图层面板，将“光影”图层的混合模式修改为“正片叠底”，将图层的不透明度修改为“50%”，让“光影”图层显得淡一些，使其更好地融入“单层”图层中，如下图所示。

步骤 11：选择“单层”图层，然后执行“图层＞新建＞通过拷贝的图层”命令，将“单层”图层复制一层，并将该图层重命名为“阴影”，如右图所示。

步骤 12：按住 Ctrl 键后，单击“阴影”图层的缩览图，载入如右图所示的选区。

步骤 13：执行“编辑＞填充”命令，将选区填充为黑色，然后执行“选择＞取消选择”命令，取消刚才的选区，效果如下图所示。

步骤 14：执行“滤镜＞转换为智能滤镜”命令，将“阴影”图层转换成智能对象，然后执行“滤镜＞模糊＞高斯模糊”命令，设置模糊半径为“3”像素，单击“确定”按钮，对“阴影”图层进行高斯模糊，效果如下图所示。

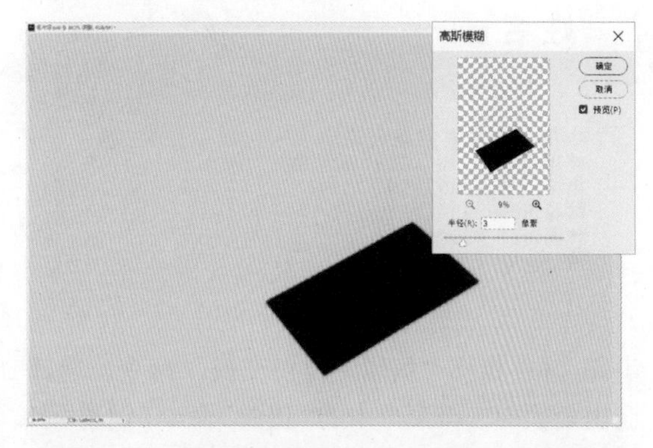

步骤 15：在图层面板，将“阴影”图层移动到“背景”图层之上，然后将“阴影”图层的不透明度修改为“75%”，让“阴影”图层显得淡一点，效果如下图所示（此时 Photoshop 会把对“光影”图层添加的剪贴蒙版取消掉，所以需要选择“光影”图层，执行“图层＞创建剪贴蒙板”命令，为“光影”图层添加剪贴蒙版）。

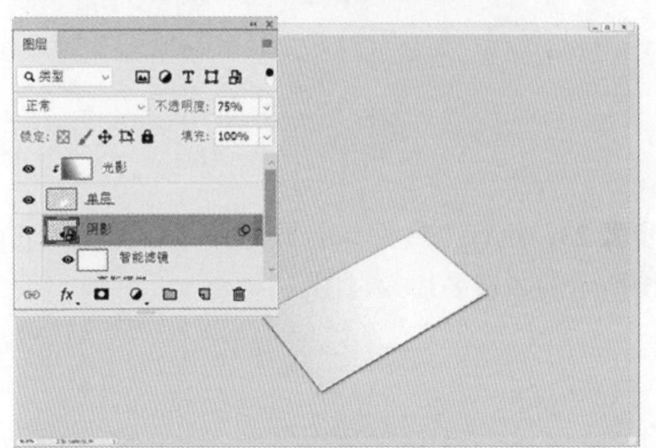

步骤 16：选择移动工具，将“阴影”图层向图像窗口的左下角移动一点，效果如下图所示。

步骤 17：执行“图层＞图层蒙版＞显示全部”命令，给“阴影”图层添加一个白色图层蒙版，然后选择画笔工具，设置画笔大小为“250”像素，形状为“柔边圆”，颜色为黑色，不透明度为“70%”，接着在图像窗口稍微涂抹“阴影”图层的下面部分，即可得到如右图所示的效果。

250　模式：正常　不透明度：70%

步骤 18：执行“文件>打开”命令，打开名片背景素材图，如下图所示。

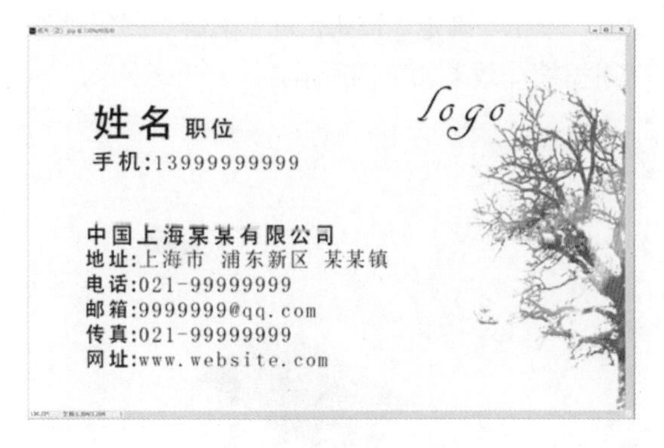

步骤 19：选择移动工具，将名片素材图拖动到“光影”图层之上，得到一个如下图所示的新图层，然后将该图层重命名为“名片”。

步骤 20：执行“编辑>自由变换”命令，选择自由变换的二级菜单中的“扭曲”命令，调整“名片”图层的大小及位置，如下图所示，最后按 Enter 键。

步骤 21：在图层面板，使用移动工具将“名片”图层的位置调整到“光影”图层之下，因为“光影”图层是剪贴蒙版，所以 Photoshop 会自动将“名片”图层添加为剪贴蒙版，效果如下图所示。

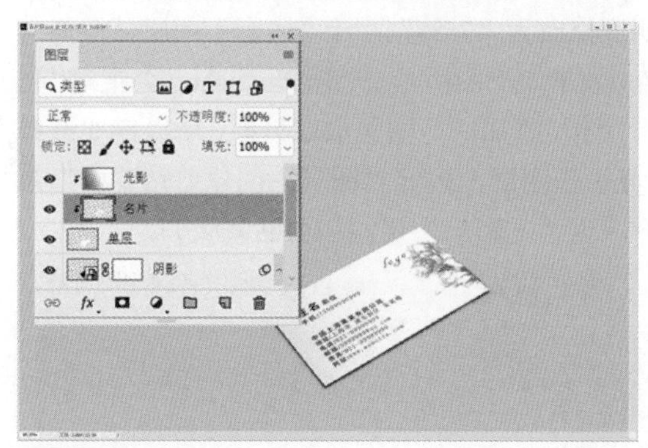

步骤 22：选择除背景外的所有图层，然后执行“图层>图层编组”命令进行编组，并将该组重命名为“单层”，如下图所示。

步骤 23：执行“文件>打开”命令，打开如下图所示的多层名片素材图。

步骤 24：选择移动工具，将多层名片素材图拖动到“单层”组之上，得到一个新的图层，然后将该图层重命名为“模板”，接着执行“编辑>自由变换”命令，调整“模板”图层的大小及位置，如下图所示，最后按 Enter 键。

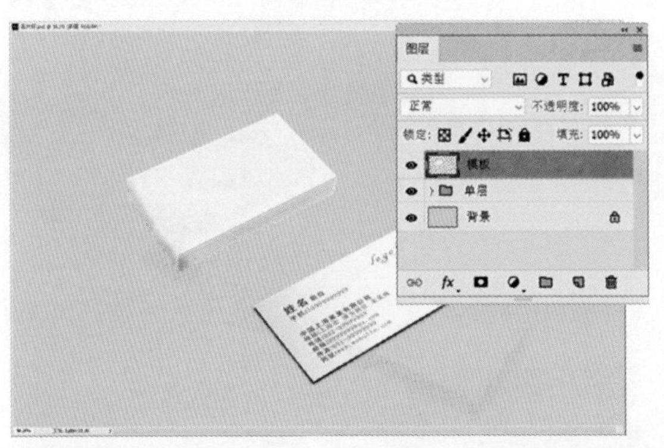

步骤 25：执行“图层>新建>图层”命令，新建一个空白图层，并将该图层重命名为“模板顶层”，然后选择钢笔工具，在“模板顶层”图层之上创建如下图所示的路径。

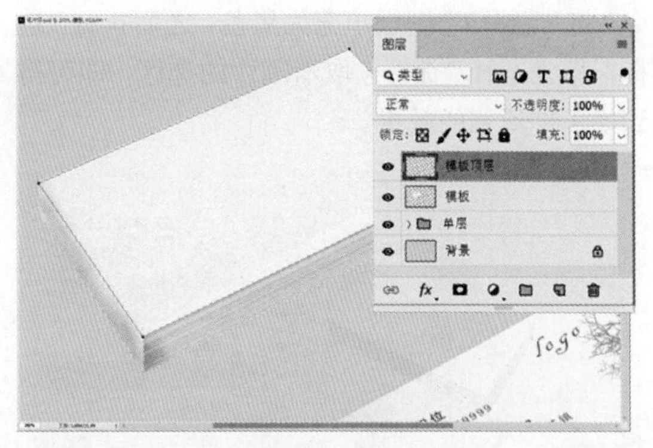

步骤 26：按下 Ctrl+Enter 组合键，将路径转换成选区，如下图所示。

步骤 27：执行“编辑>填充”命令，将选区填充为白色，然后执行“选择>取消选择”命令，取消刚才的选区，如下图所示。

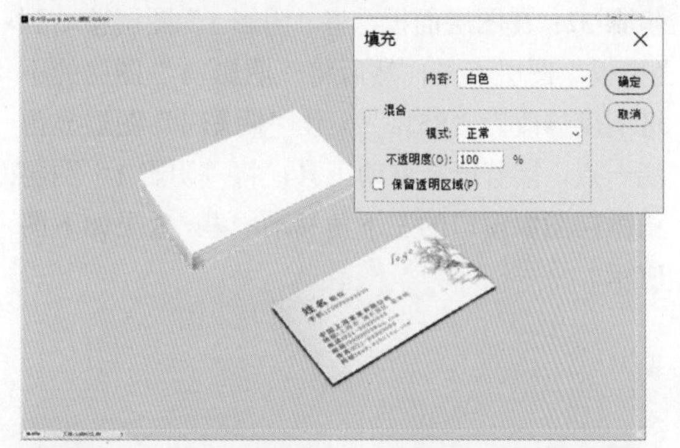

步骤 28：执行“图层>新建>图层”命令，新建一个空白图层，得到“图层 1”，然后将“图层 1”重命名为“光影 2”，接着执行“图层>创建剪贴蒙板”命令，为“光影 2”图层添加如下图所示的剪贴蒙版。

步骤 29：选择渐变工具，设置和步骤 08 相同的渐变样式，然后在图像窗口从左到右单击并拖动鼠标光标，可给“光影 2”图层添加一个渐变光影，然后在图层面板将“光影 2”图层的混合模式修改为“正片叠底”，将图层的不透明度修改为“80%”，让“光影 2”图层更好地融入“模板顶层”图层中，如下图所示。

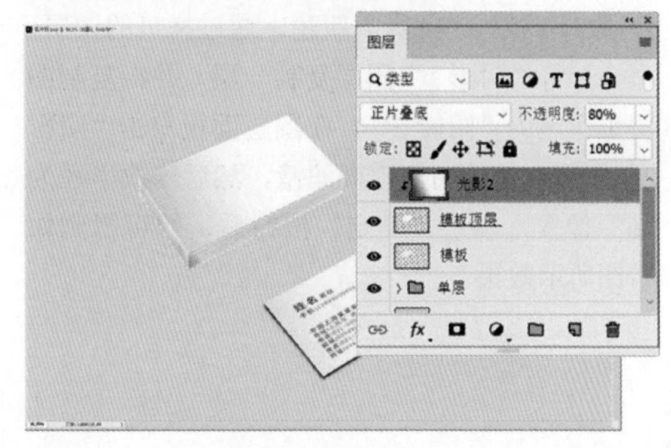

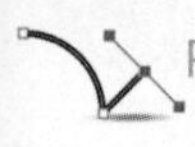

步骤 30：选择“模板”图层，执行“图层>新建>通过拷贝的图层”命令，将“模板”图层复制一层，并将该图层重命名为“阴影 1”，然后按住 Ctrl 键，单击“阴影 1”图层的缩览图，载入这个图层的选区，接着执行“编辑>填充”命令，将“阴影 1”图层填充为黑色，之后执行“选择>取消选择”命令，取消刚才的选区，即可得到如下图所示的效果。

步骤 31：执行“滤镜>转换为智能滤镜”命令，将“阴影 1”图层转换成智能对象，然后执行“滤镜>模糊>高斯模糊”命令，设置模糊半径为“20 像素”，单击“确定”按钮，对“阴影 1”图层进行高斯模糊处理，效果如下图所示。

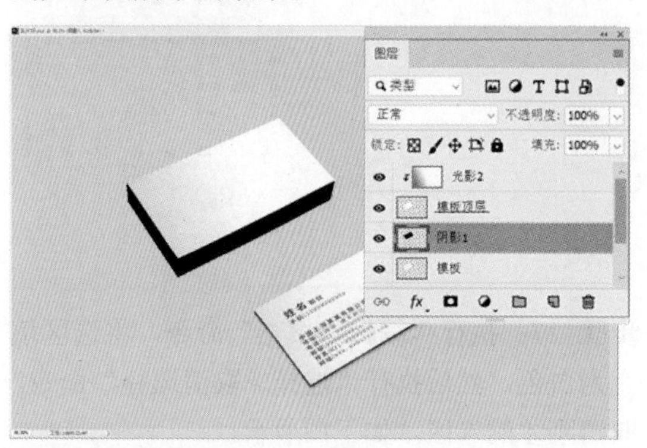

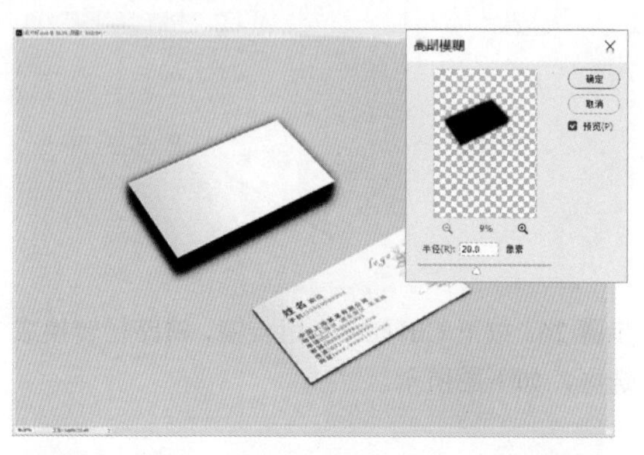

步骤 32：在图层面板，将“阴影 1”图层移动到“模板”图层下方，然后将“阴影 1”图层的不透明度修改为“85%”，让“阴影 1”图层显得淡一点，接着选择移动工具，将“阴影 1”图层稍微向图像窗口的左下角移动一些，效果如下图所示。

步骤 33：执行“图层>图层蒙版>显示全部”命令，为“阴影 1”图层添加一个白色图层蒙版，然后选择画笔工具，设置画笔大小为“200 像素”，形状为“柔边圆”，颜色为黑色，画笔不透明度设置为“70%”，然后在图像窗口涂抹“阴影 1”图层的右上部分，即可得到如图所示的效果。

200 模式：正常 不透明度：70%

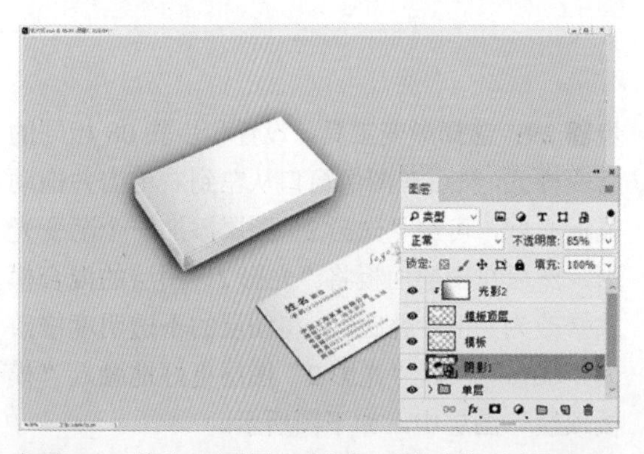

步骤 34：执行“图层>新建>通过拷贝的图层”命令，将“阴影 1”图层复制一层，并将复制图层重命名为“阴影 2”，在图层面板双击“阴影 2”图层自带的高斯模糊滤镜，然后修改半径为“6”像素，单击“确定”按钮后，即可得到如右图所示效果。

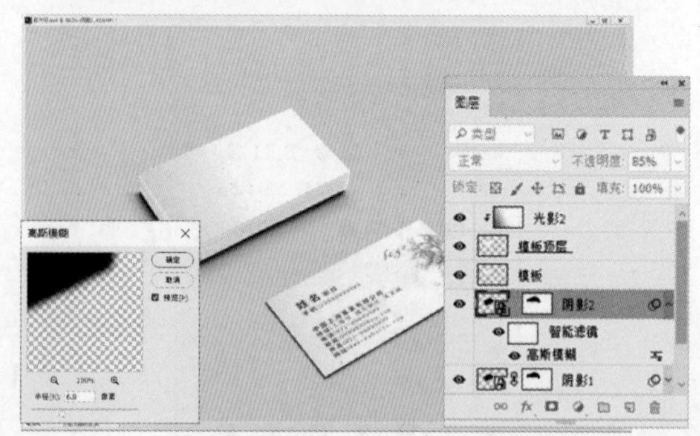

步骤 35： 执行“文件>打开”命令，打开反面名片素材图，如下图所示。

步骤 36： 选择移动工具，将反面名片素材图拖动到“光影 2”图层之上，得到一个新图层，然后将该图层重命名为“名片 2”，如下图所示。

步骤 37： 执行“编辑>自由变换”命令，选择自由变换的二级菜单中的“扭曲”命令，调整“名片 2”图层的大小及位置，最后按 Enter 键，效果如下图所示。

步骤 38： 在图层面板，使用移动工具将“名片 2”图层的位置调整到“光影 2”图层之下，因为“光影 2”图层是“模板顶层”的剪贴蒙版，所以 Photoshop 会自动将“名片 2”图层添加为剪贴蒙版，图像窗口显示效果如下图所示。

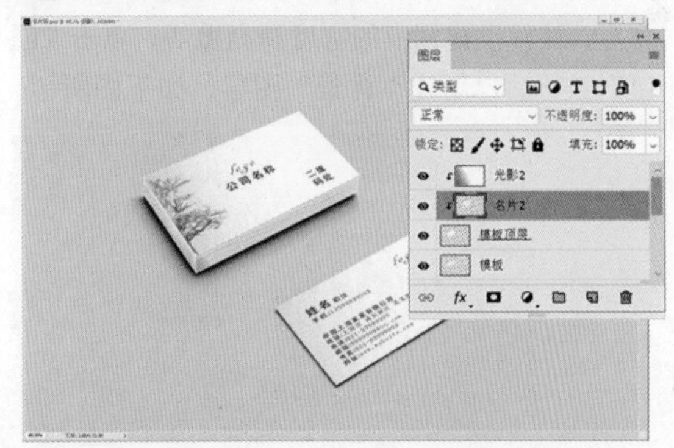

步骤 39： 选择除“背景”图层和“单层”组外的所有图层，然后执行“图层>图层编组”命令进行编组，并将该组重命名为“多层”，如下图所示。

步骤 40： 最后执行“文件>存储为”命令，选择图像的保存位置和格式，保存即可。保存的 jpeg 格式图像效果如下图所示。

第 8 章　UI 界面设计

移动 UI 的设计，不管是基于 iOS 系统，还是 Android 系统，现在流行的趋势都是“极简风”，两大系统都在走“扁平化设计”路线，设计风格多为简约、清新。本章主要讲解 UI 界面中基本元素的设计。

8.1　图标设计

8.1.1　通知栏图标设计

通知栏的图标包括信号、电量、无线等，创建这些图标时会使用钢笔工具、椭圆工具、矩形工具、圆角矩形工具等矢量工具，本案例以电量图标为例进行说明。

步骤 01：打开 Photoshop，执行“文件>新建”命令，然后设置相应的宽度和高度等，单击“创建”按钮后，新建“背景”图层，如下图所示。

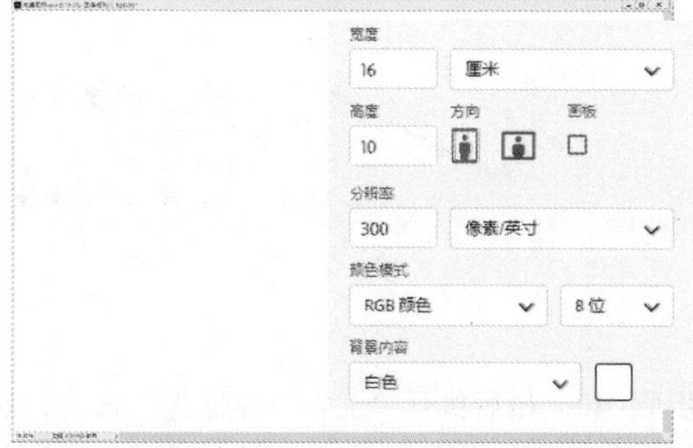

步骤 02：选择圆角矩形工具，在其属性栏选择类型为“形状”，填充颜色为#000000，如下图所示。

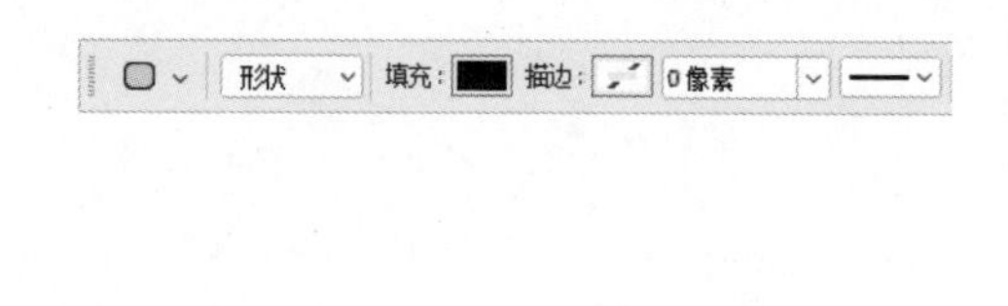

步骤 03：在图像窗口单击并拖动鼠标光标，创建宽高为 1400 像素×530 像素，圆角半径为“265 像素”的圆角矩形，在图层面板中可得到一个形状图层，将该图层重命名为“电量图标”，如下图所示。

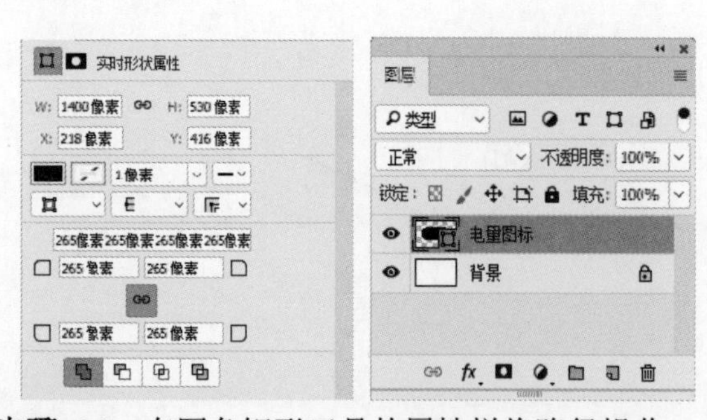

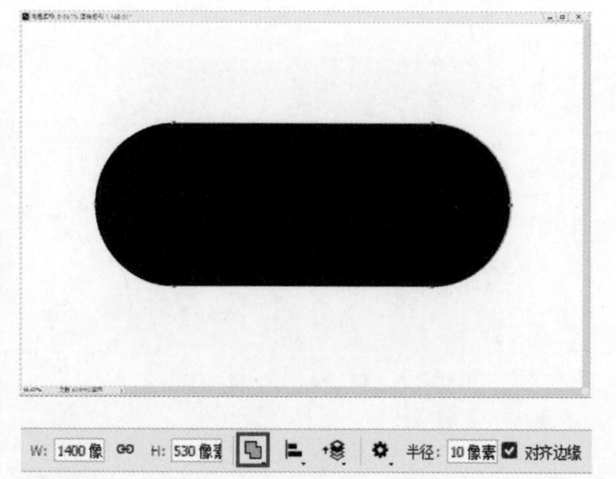

步骤 04：在圆角矩形工具的属性栏将路径操作方式修改为“合并形状”，如右图所示。

步骤 05： 在图像窗口创建宽高为 1270 像素×400 像素，圆角半径为“200 像素”的圆角矩形，如下图所示。

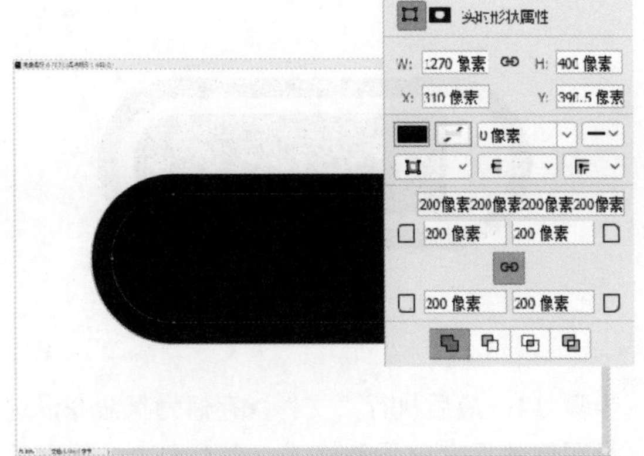

步骤 06： 在圆角矩形工具的属性栏将刚刚创建的路径的操作方式修改为“减去顶层形状”，对电量图层做出如下图所示的调整。

步骤 07： 创建宽高为 1170 像素×310 像素，圆角半径为“155 像素”的圆角矩形，如下图所示。

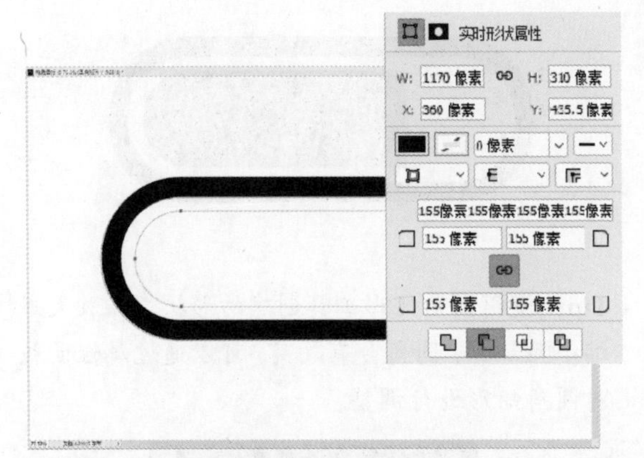

步骤 08： 在圆角矩形工具的属性栏将刚刚创建的路径的操作方式修改为“合并形状”，对电量图层做出如下图所示的调整。

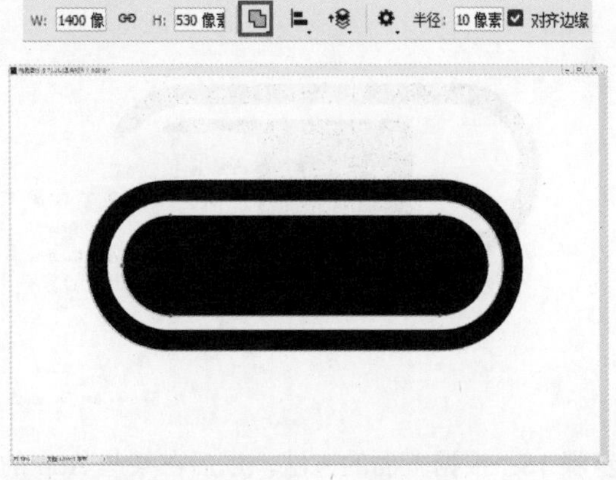

步骤 09： 如果要对电量的多少做出调整，选择直接选择工具，然后单击如下图所示位置的锚点，即可选中该锚点。

步骤 10： 按下 Delete 键，删除该锚点，得到如下图所示的效果。

步骤 11：单击如下图所示位置的锚点。

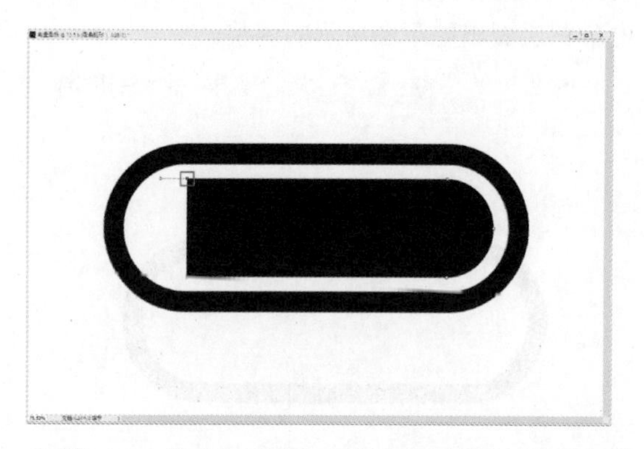

步骤 12：按下 Shift 键，然后单击下方位置的锚点，可以同时选择这两个锚点，如下图所示。

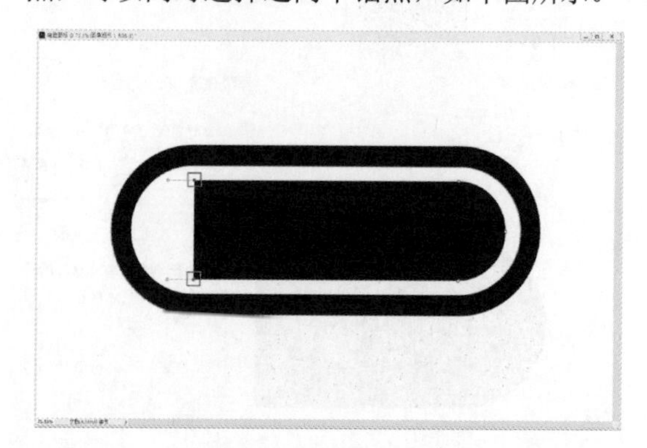

步骤 13：将直接选择工具放在被选择的两个锚点中的任意一个上面，然后单击并水平向右拖动鼠标光标，即可修改电量的多少，如拖动到如下图所示的位置。

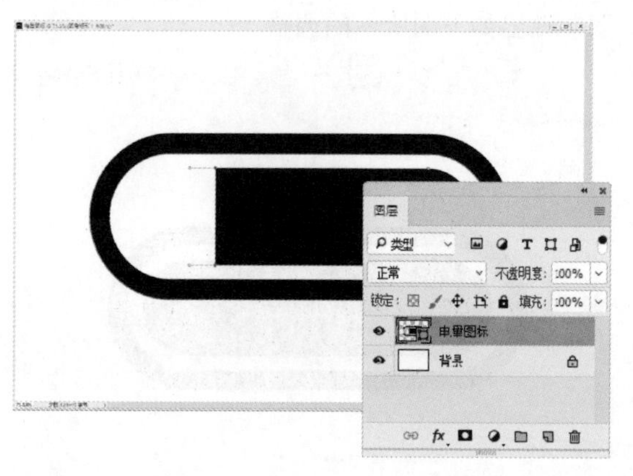

步骤 14：最后执行“文件>存储为”命令，选择图像的保存位置和格式，保存即可。保存的 jpeg 格式图像效果如下图所示。

步骤 15：根据上面的方法，以后在某些 App 的制作过程中就可以轻松设计出所需图标，如右图所示为电量图标的简单应用。

Tip：使用圆角矩形工具创建的形状，在放大或缩小显示时，圆角会有改变，可以通过属性面板对圆角矩形进行调整。

8.1.2 软件图标设计

软件图标主要是用来启动各类软件的图标，比如相机、电话、文件管理等图标，制作时会使用钢笔工具、椭圆工具、矩形工具、圆角矩形工具等矢量工具，本案例以相册图标为例进行说明。

步骤 01：打开 Photoshop，执行“文件＞新建”命令，然后设置相应的宽度和高度等，单击“创建”按钮，新建“背景”图层，如下图所示。

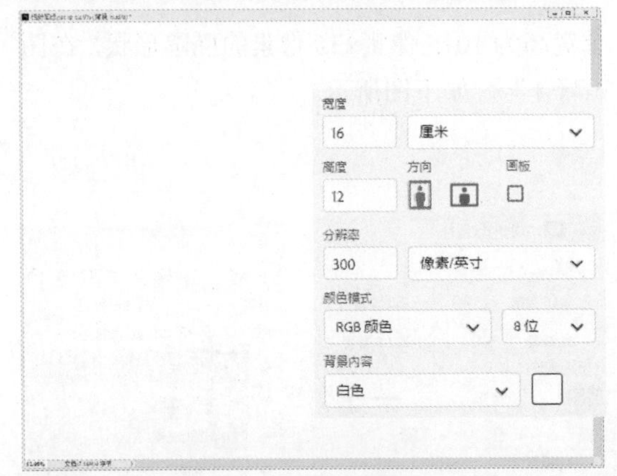

步骤 02：选择圆角矩形工具，在其属性栏设置类型为“形状”，填充颜色为#37bbd4，如下图所示。

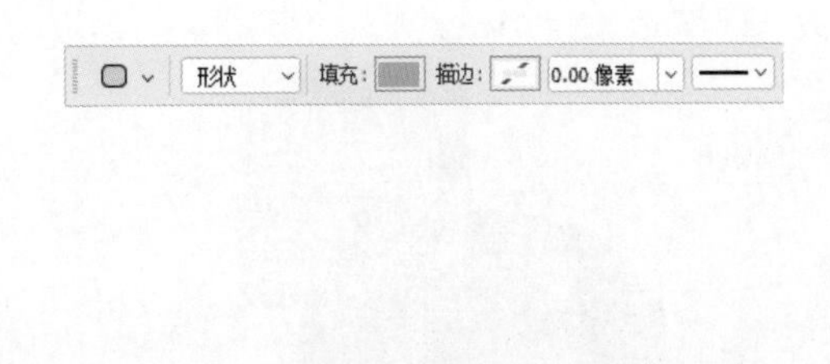

步骤 03：在图像窗口单击并拖动鼠标光标，创建一个宽高为 624 像素×624 像素，圆角半径为“70 像素”的圆角矩形，在图层面板中得到一个形状图层，将该图层重命名为“图标背景”，如下图所示。

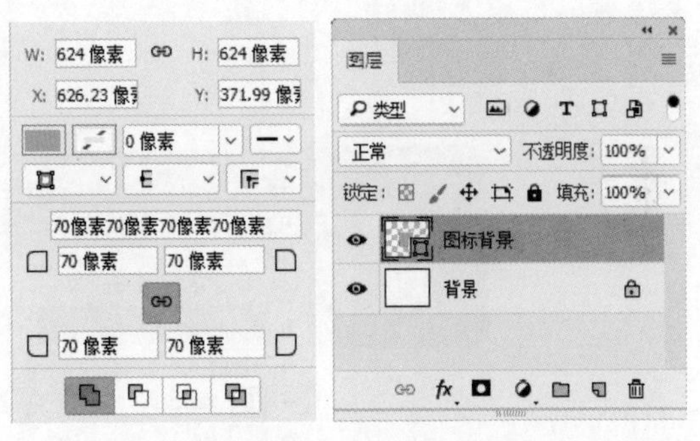

步骤 04：选择椭圆工具，在其属性栏设置类型为“形状”，填充颜色为#000000，如右图所示。

步骤 05：在图像窗口单击并拖动鼠标光标，创建如右图所示的宽高为 160 像素×160 像素的正圆形状，在图层面板中得到一个形状图层，将该图层重命名为“太阳”，如下图所示。

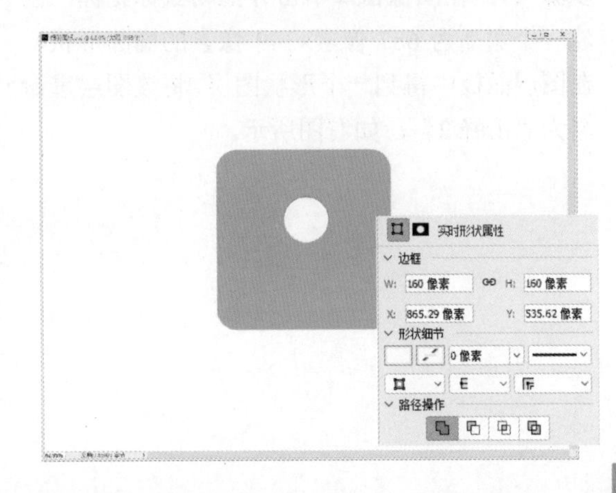

步骤 06：执行“图层>创建剪贴蒙板”命令，为“太阳”图层添加剪贴蒙版，如下图所示。

步骤 07：选择椭圆工具，在其属性栏设置类型为“形状”，填充颜色为# 8de353，如下图所示。

步骤 08：在图像窗口单击并拖动鼠标光标，创建一个宽高为 1015 像素×35 像素的椭圆形状，在图层面板中得到一个形状图层，将该图层重命名为“山峰 1”，如下图所示。

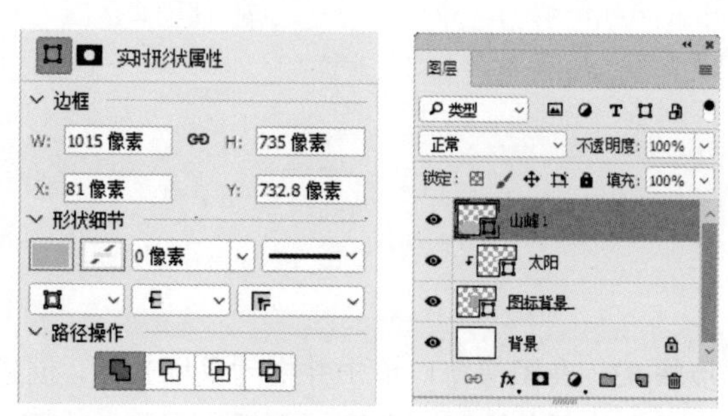

步骤 09：执行“图层>创建剪贴蒙板”命令，为“山峰 1”图层添加剪贴蒙版，图像窗口效果如下图所示。

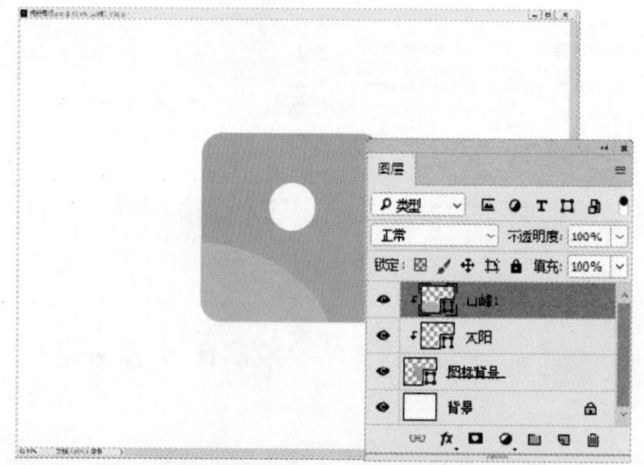

步骤 10：选择椭圆工具，在其属性栏设置类型为“形状”，填充颜色为#c7f1f9，如下图所示。

步骤 11：在图像窗口单击并拖动鼠标光标，创建一个宽高为 687 像素×349 像素的椭圆形状，在图层面板中得到一个形状图层，将该图层重命名为“山峰 2”，如右图所示。

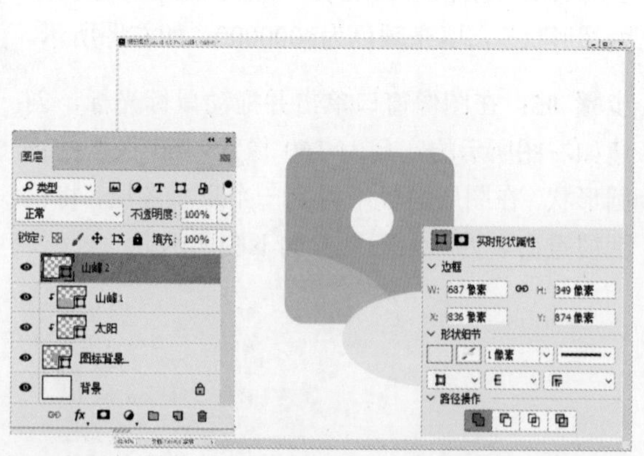

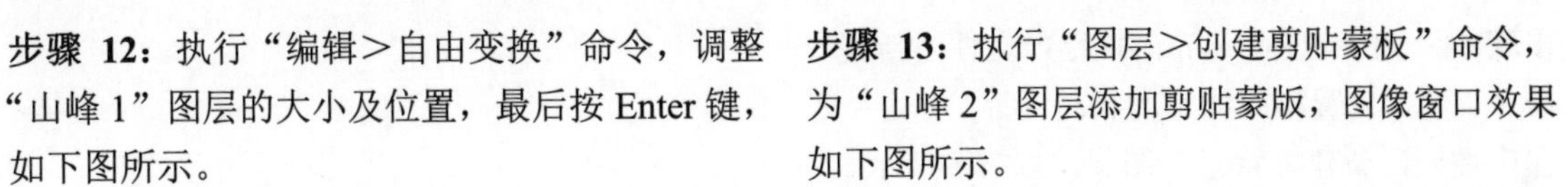

步骤 12：执行“编辑＞自由变换”命令，调整“山峰 1”图层的大小及位置，最后按 Enter 键，如下图所示。

步骤 13：执行“图层＞创建剪贴蒙板”命令，为“山峰 2”图层添加剪贴蒙版，图像窗口效果如下图所示。

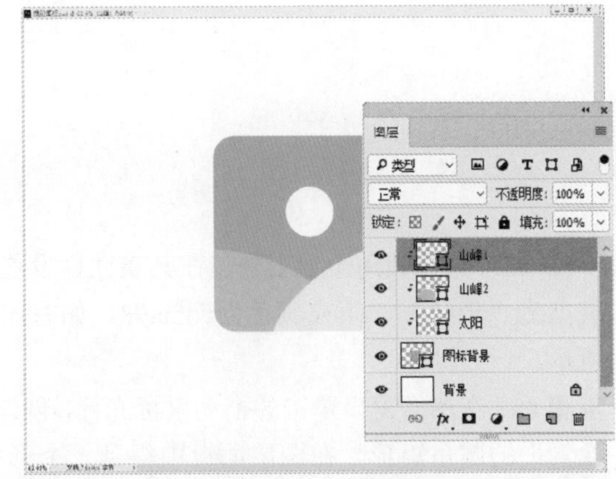

步骤 14：最后执行“文件＞存储为”命令，选择图像的保存位置和格式，保存即可。保存的 jpeg 格式图像效果如下图所示。

步骤 15：根据上面的方法，在移动 UI 界面的制作过程中就可以轻松设计出所需图标，如下图所示为相册图标的简单应用。

8.2 按钮设计

按钮是移动 UI 中经常用到的基本元素之一，制作时只需使用矢量工具组中的钢笔工具、矩形工具、圆角矩形工具等矢量工具，再配合图层样式中的描边、颜色叠加、渐变叠加、投影等效果即可，下面介绍按钮的制作方法。

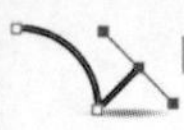

步骤 01：打开 Photoshop，执行“文件>新建”命令，然后设置相应的宽度和高度等，单击“创建”按钮，新建“背景”图层，如右图所示。

步骤 02：选择圆角矩形工具，在其属性栏设置类型为“形状”，填充颜色为#dfaa98，如右图所示。

步骤 03：在图像窗口单击并拖动鼠标光标，创建一个宽高为 1200 像素×470 像素，圆角半径为“50 像素”的圆角矩形，在图层面板中得到一个形状图层，将该图层重命名为“按钮背景”，如下图所示。

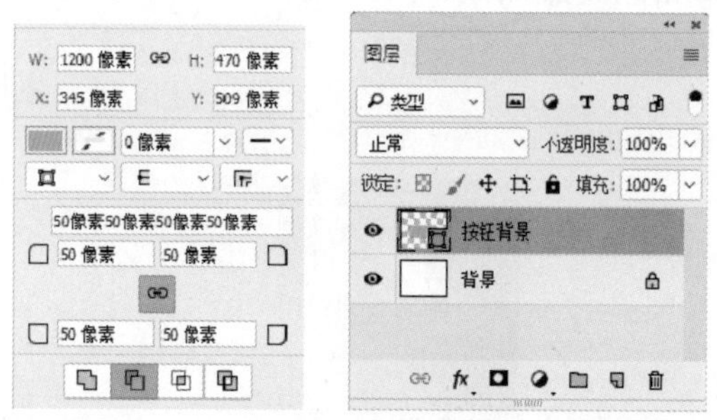

步骤 04：选择横排文字工具，在其属性栏设置字体为 Bell MT，颜色为白色，大小为“60”点，如下图所示。然后输入文字，得到一个简单的按钮，此时图层面板显示效果如右图所示。

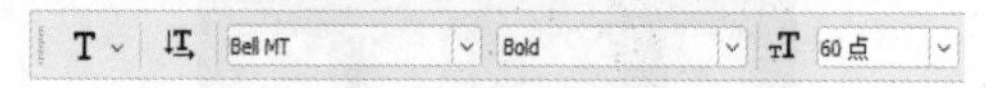

步骤 05：在步骤 03 中也可以填充渐变背景，添加文字后即可得到如右图所示的渐变背景色按钮。

步骤 06：在步骤 03 中也可以选择“描边”属性，添加文字后即可得到透明按钮，如右图所示为其中的一种效果。

步骤 07：最后执行“文件＞存储为”命令，选择图像的保存位置和格式，保存即可。保存的 jpeg 格式图像效果如下图所示。

步骤 08：根据上面的方法，以后在某些 App 的制作过程中就可以轻松设计出所需按钮，如下图所为按钮的简单应用。

8.3 开关设计

开关是移动 UI 中经常用到的基本元素之一，本案例将介绍开关的设计过程，具体步骤如下。

步骤 01：打开 Photoshop，执行“文件＞新建”命令，然后设置相应的宽度和高度等，单击“创建”按钮，新建“背景”图层，如右图所示。

步骤 02：选择圆角矩形工具，在其属性栏设置类型为“形状”，描边颜色为#c0c0c0，描边大小为“3 像素”，如右图所示。

步骤 03：在图像窗口单击并拖动鼠标光标，创建宽高为 1032 像素×470 像素，圆角半径为“235 像素”的圆角矩形，在图层面板中可得到一个形状图层，将该图层重命名为“轮廓”，如下图所示。

步骤 04：选择椭圆工具，在其属性栏设置类型为“形状”，填充颜色为#dc6338，如右图所示。

步骤 05：在图像窗口单击并拖动鼠标光标，创建宽高为 370 像素×370 像素的正圆形状，在图层面板中可得到一个形状图层，将该图层重命名为“红色按钮”，如下图所示。至此，一个简单的打开状态的开关就已经设计好了。

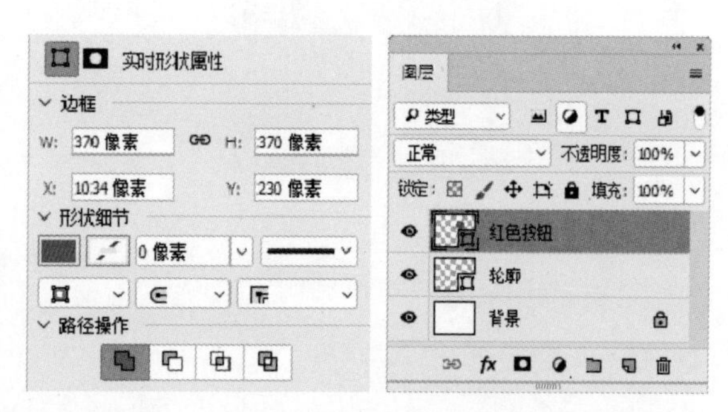

步骤 06：选择圆角矩形工具，在其属性栏设置类型为“形状”，描边颜色为#c0c0c0，描边大小为“3 像素”，如右图所示。

步骤 07：在图像窗口单击并拖动鼠标光标，创建宽高为 1032 像素×470 像素，圆角半径为“235 像素”的圆角矩形，在图层面板中可得到一个形状图层，将该图层重命名为“轮廓 2”，效果如右图所示。

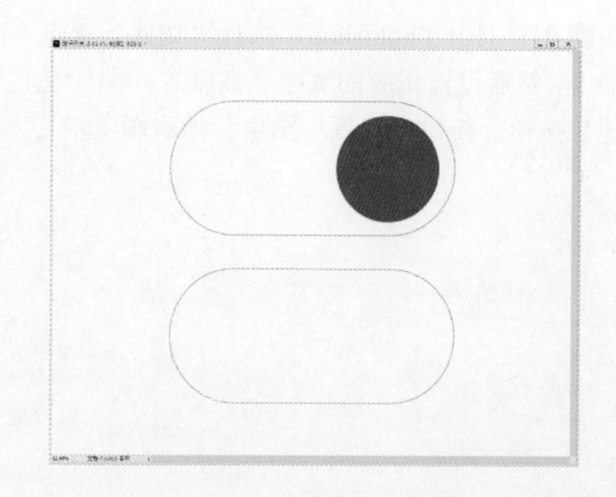

步骤 08：选择椭圆工具，在其属性栏设置类型为“形状”，填充颜色为#e0e0e0，如右图所示。

步骤 09：在图像窗口单击并拖动鼠标光标，创建宽高为 370 像素×370 像素的正圆形状，在图层面板中可得到一个形状图层，将该图层重命名为“灰色按钮”，如下图所示。至此，一个简单的关闭状态的开关就设计好了。

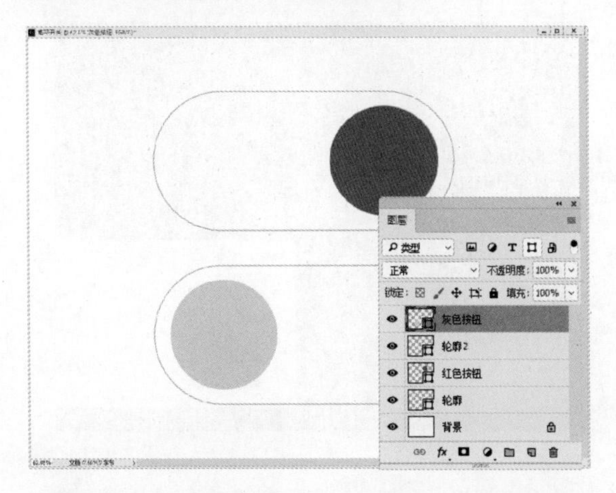

步骤 10：最后执行“文件＞存储为”命令，选择图像的保存位置和格式，保存即可。保存的 jpeg 格式图像的效果如下图所示。

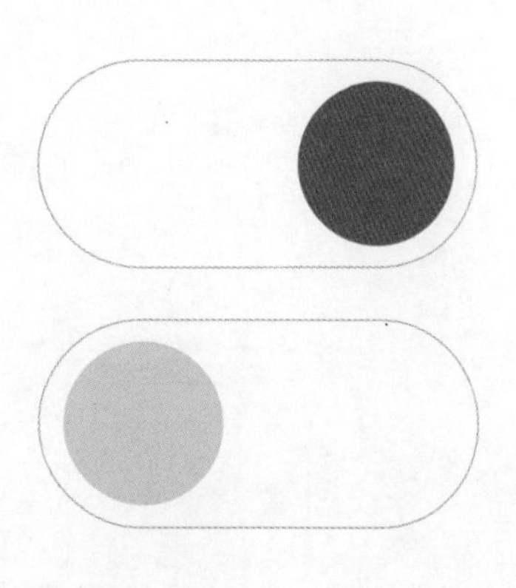

步骤 11：根据上述方法，在移动 UI 界面的制作过程中就可以轻松地设计出所需按钮，如右图所示为开关的简单应用。

8.4 进度条设计

进度条是移动 UI 中经常用到的基本元素之一，本案例将介绍进度条的设计过程，具体步骤如下。

步骤 01：打开 Photoshop，执行“文件＞新建”命令，然后设置相应的宽度和高度等，单击“创建”按钮，新建“背景”图层，如下图所示。

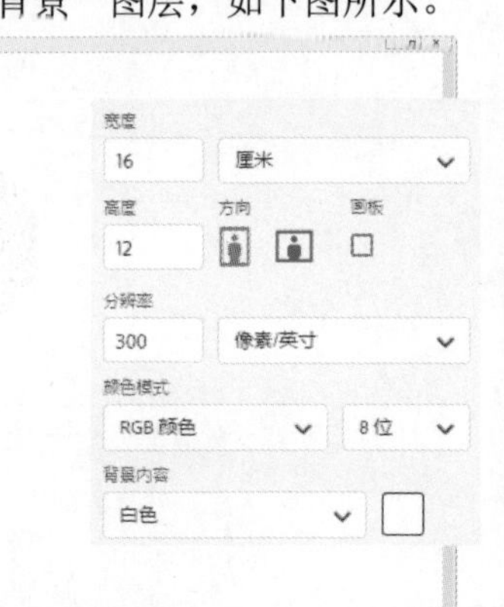

步骤 02：执行“编辑＞填充”命令，将背景填充为如下图所示的颜色（#797979）。

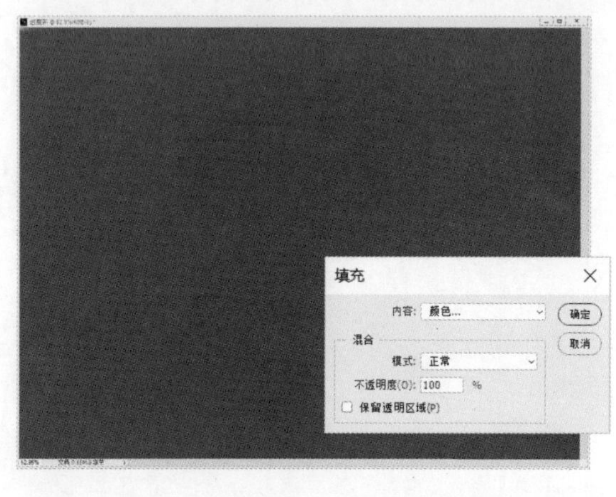

步骤 03：选择圆角矩形工具，在其属性栏设置类型为“形状”，填充颜色为#ffffff，如右图所示。

步骤 04：在图像窗口单击并拖动鼠标光标，创建宽高为 1600 像素×20 像素，圆角半径为“10 像素”的圆角矩形，在图层面板中可得到一个形状图层，将该图层重命名为“底层”，如下图所示。

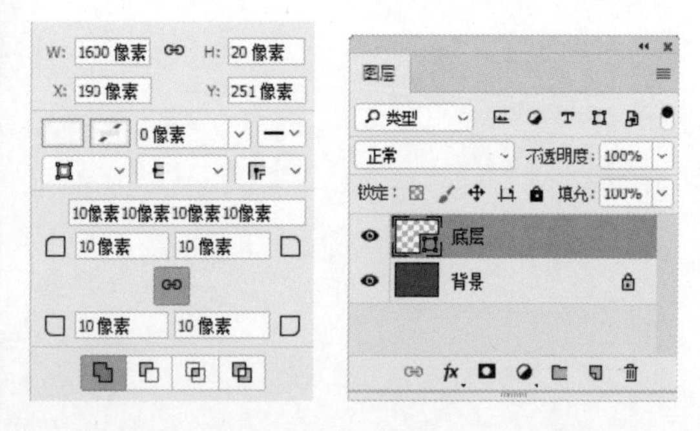

步骤 05：继续选择圆角矩形工具，在其属性栏设置类型为“形状”，填充颜色为#f19149，如右图所示。

步骤 06： 在图像窗口单击并拖动鼠标光标，创建宽高为 1170 像素×20 像素，圆角半径为“10 像素”的圆角矩形，在图层面板中可得到一个形状图层，将该图层重命名为“进度条”，如下图所示。

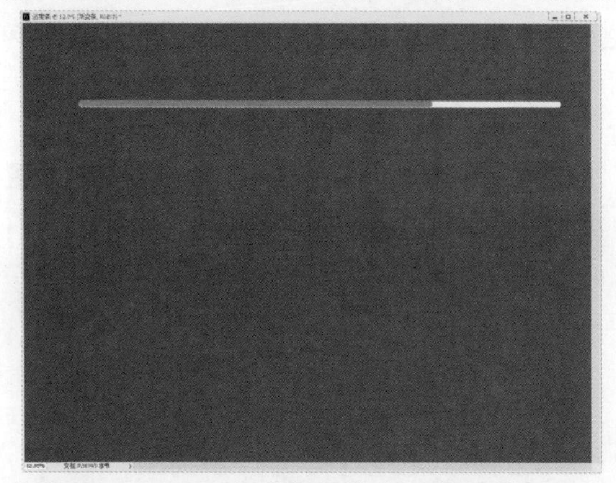

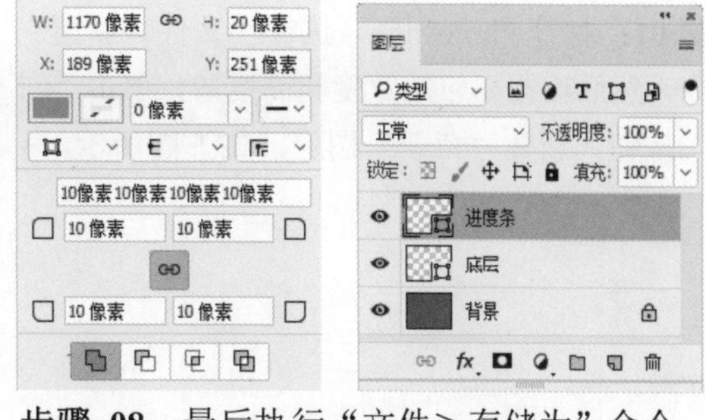

步骤 07： 还可以在进度条端点处使用椭圆工具创建一个按钮，如下图所示。

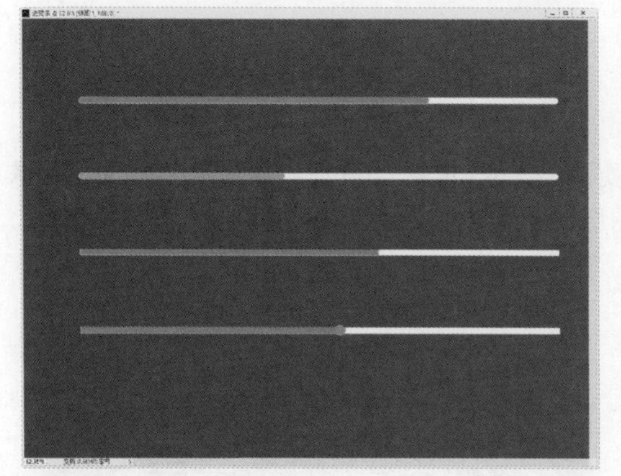

步骤 08： 最后执行“文件>存储为”命令，选择图像的保存位置和格式，保存即可。保存的 jpeg 格式图像效果如下图所示。

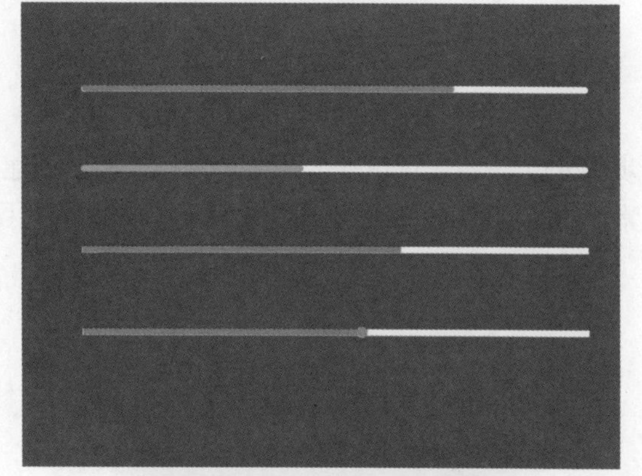

步骤 09： 根据上面的方法，在移动 UI 界面的制作过程中就可以轻松地设计出所需的进度条，如右图所示为进度条的简单应用。

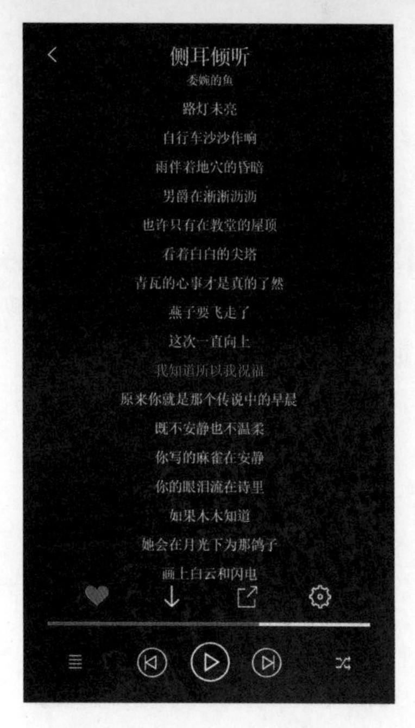

8.5 搜索栏设计

搜索栏也是移动 UI 中经常用到的基本元素之一，本案例将介绍搜索栏的设计过程，具体步骤如下。

步骤 01：打开 Photoshop，执行“文件>新建”命令，然后设置相应的宽度和高度等，单击“创建”按钮，新建“背景”图层，如下图所示。

步骤 02：选择圆角矩形工具，在其属性栏设置填充颜色为#d1d1d1，如下图所示。

步骤 03：在图像窗口单击并拖动鼠标光标，创建宽高为 1245 像素×100 像素，圆角半径为“50 像素”的圆角矩形，在图层面板中可得到一个形状图层，将该图层重命名为“搜索框”，如下图所示。

步骤 04：选择横排文字工具，设置字体为黑体，字号为 11 点，颜色为#848484，然后在搜索框左侧输入如右图所示的文字。

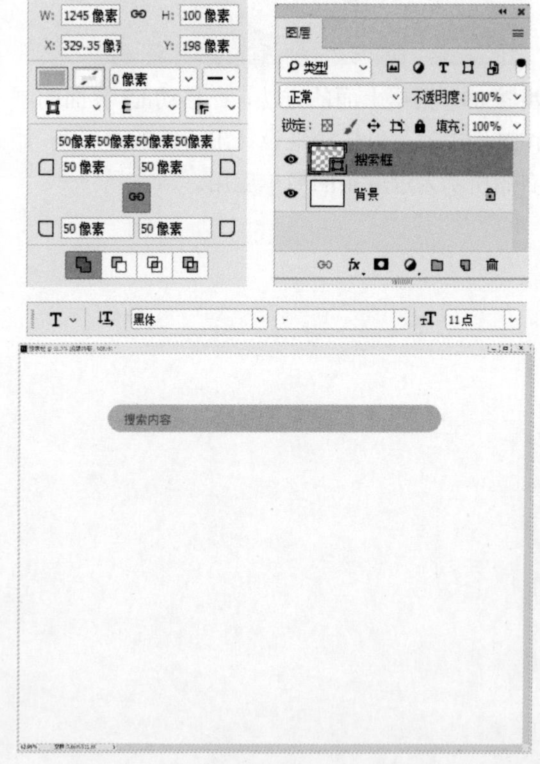

步骤 05： 根据 8.1.1 节所学知识，选择钢笔工具，创建“搜索图标”，然后将其放置在搜索框右侧，图层面板显示效果如下图所示。至此，一个简单的搜索栏就制作完成了。

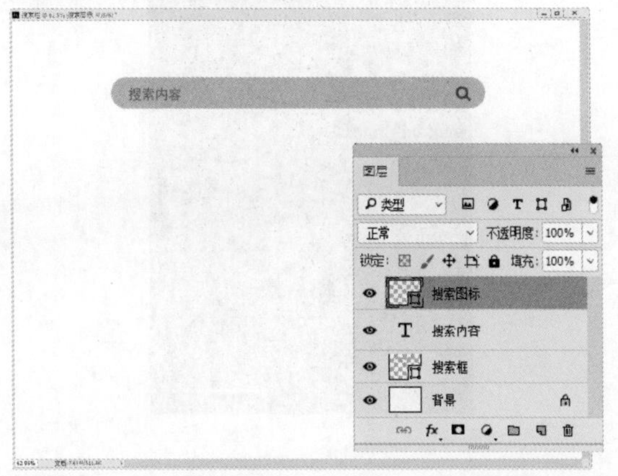

步骤 06： 选择圆角矩形工具，在其属性栏设置描边颜色为#000000，描边大小为“1 像素”，如下图所示。

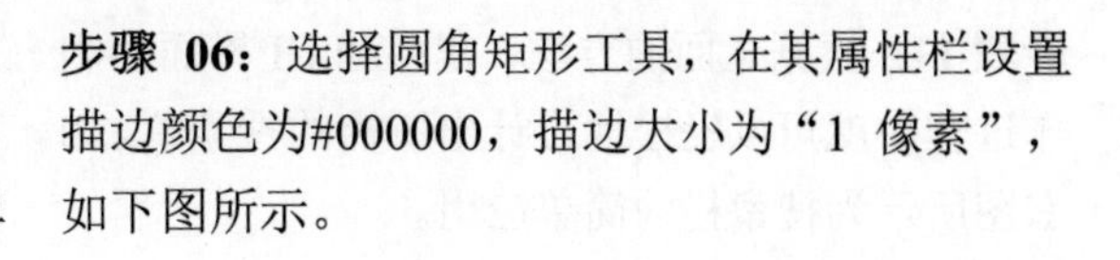

步骤 07： 接着在图像窗口单击并拖动鼠标光标，创建宽高为 1244 像素×110 像素，圆角半径为“55 像素”的圆角矩形，在图层面板中可得到一个形状图层，将该图层重命名为“搜索框 2”，如下图所示。

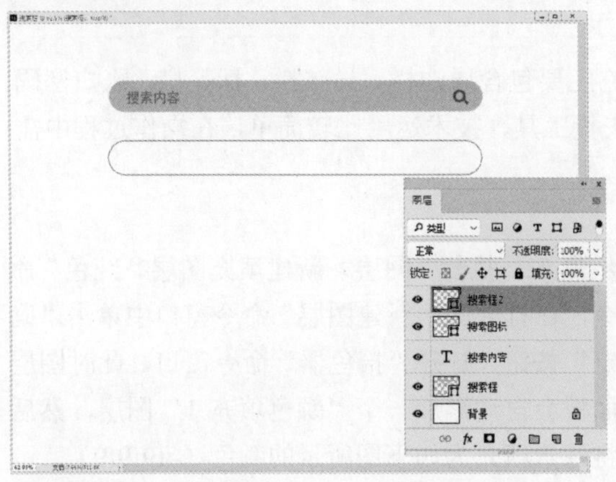

步骤 08： 在“搜索框 2”图层左侧输入文字，然后在右侧载入搜索图标，这是另一种很常见的搜索栏，如下图所示。

步骤 09： 如下图所示，这些都是使用相同方式创建的搜索栏。

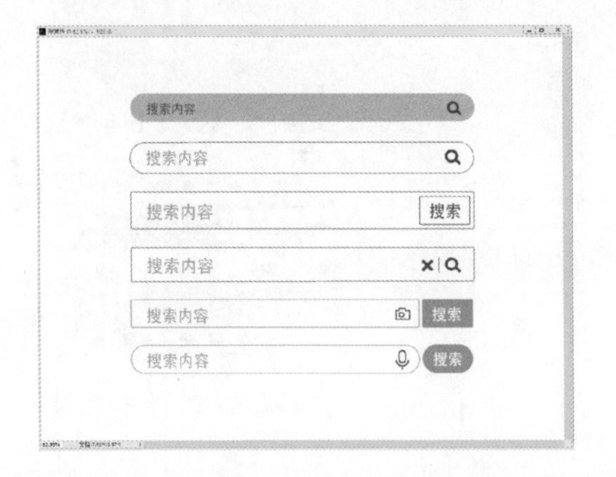

步骤 10： 最后执行“文件>存储为”命令，选择图像的保存位置和格式，保存即可。保存的 jpeg 格式图像效果如下图所示。

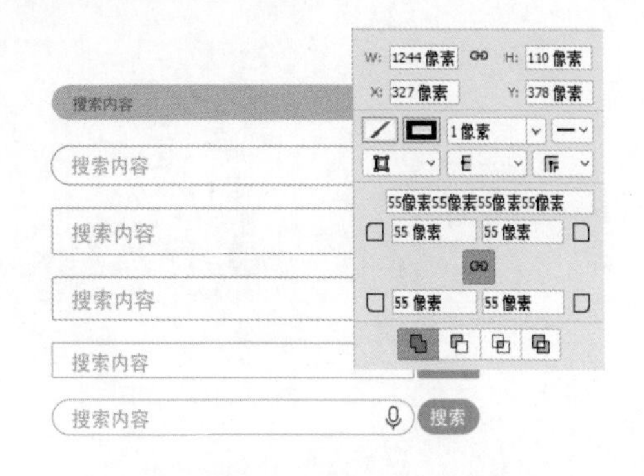

步骤 11：根据上面的方法，在移动 UI 界面的制作过程中就可以轻松地设计出所需的搜索栏，如右图所示为搜索栏的简单应用。

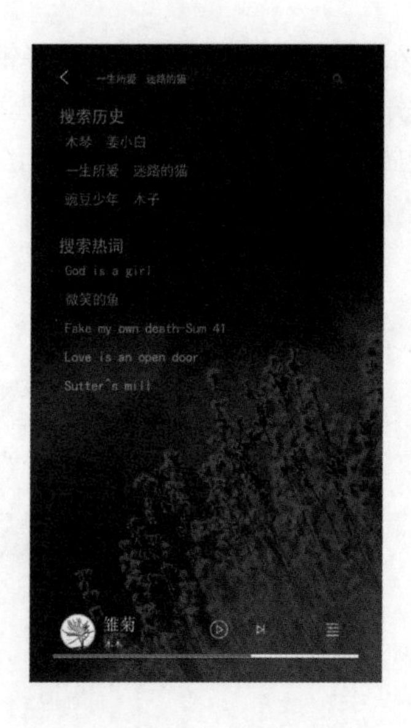

8.6 小说 App 设计案例

在学习完移动 UI 的按钮、开关、进度条、搜索框等基本元素的设计之后，本节将讲解一个小说 App 的设计案例，本例会以 6.21 英寸（2248 像素×1080 像素）屏幕为例进行说明。

8.6.1 登录界面设计

登录界面是小说 App 中最基本的界面之一，它主要包含通知栏、导航栏、标签栏、账户密码及第三方账户等部件，设计时使用的主要工具为矢量工具，技术运用比较简单，在操作过程中需要一定的耐心。

步骤 01：打开 Photoshop，执行“文件>新建”命令，然后设置相应的宽度和高度等，单击“创建”按钮，新建“背景”图层，如下图所示。

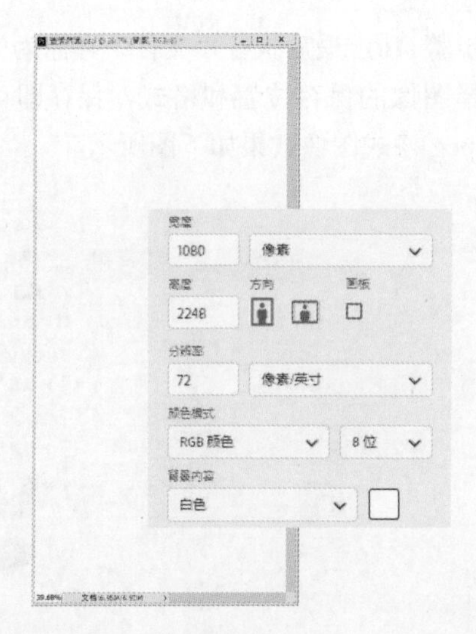

步骤 02：执行“图层>新建填充图层>纯色”命令，在打开的“新建图层”命令窗口中单击“确定”按钮，打开“拾色器”命令窗口，此时图层面板会自动添加一个“颜色填充 1”图层，然后将背景填充为如下图所示的颜色（#f9f9f9）。

步骤 03：解锁“背景”图层（单击“背景”图层缩览图后方的小锁图标即可），然后同时选择“背景”和“颜色填充 1”图层，执行“图层＞图层编组”命令进行编组，并将该组重命名为“背景”，如下图所示。

步骤 04：选择矩形工具，在其属性栏设置类型为“形状”，填充颜色为#cccccc，如下图所示。

步骤 05：在图像窗口单击并拖动鼠标光标，创建宽高为 1082 像素×113 像素的矩形，在图层面板可得到一个形状图层，将该图层重命名为“通知栏背景”，如下图所示。

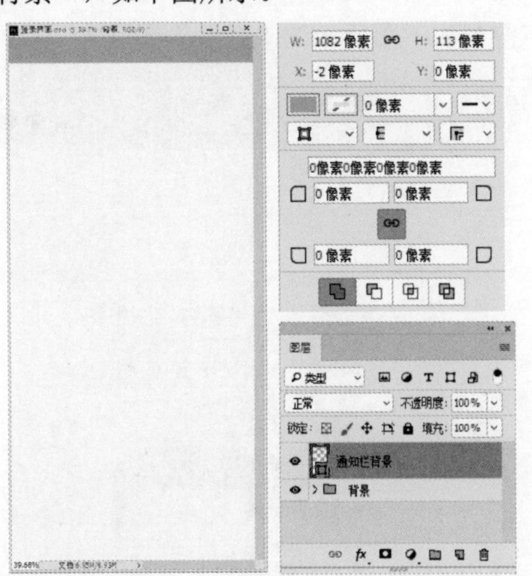

步骤 06：选择横排文字工具，设置字体为黑体，字号为“36 点”，颜色为#000000，在“通知栏背景”图层左侧输入如下图所示的文字，然后在图层面板将该文字图层重命名为“时间”。

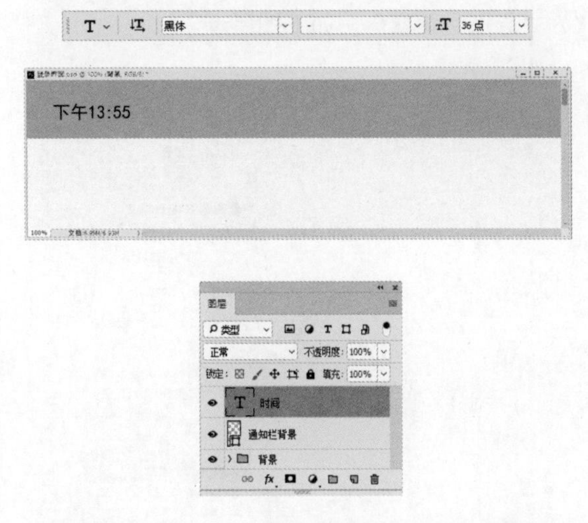

步骤 07：根据 8.1.1 节所学知识，使用圆角矩形工具创建“电量”图标，并将其放置在“通知栏背景图层”右侧，如下图所示。

步骤 08：同理，在“通知栏背景”图层右侧创建“无线”和“信号”图标，并和“电量”图标放置在同一水平线上，效果如下图所示。

步骤 09：同时选择“信号”“无线”“电量”“时间”和“通知栏背景”图层，执行“图层>图层编组”命令进行编组，并将该组重命名为“通知栏”，如下图所示。

步骤 10：选择矩形工具，在其属性栏设置填充颜色为#ffffff，描边颜色为#cccccc，描边大小为“1像素”，如下图所示。

步骤 11：在通知栏下方单击并拖动鼠标光标，创建宽高为 1082 像素×135 像素的矩形，在图层面板中可得到一个形状图层，将该图层重命名为“导航栏背景”，如下图所示。

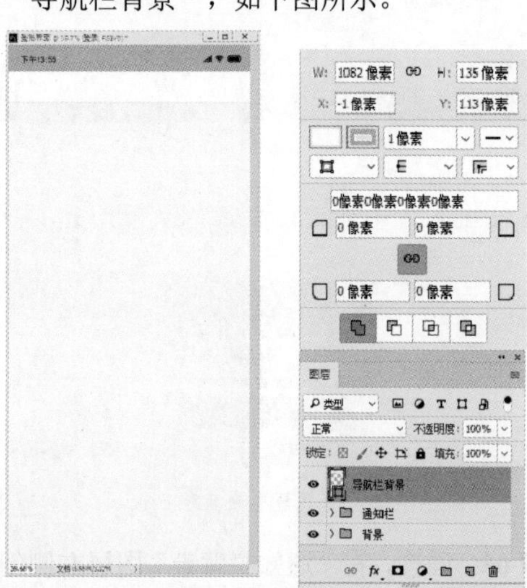

步骤 12：选择横排文字工具，设置字体为黑体，字号为 50 点，颜色为#606166，在“导航栏背景”图层中间输入文字“登录”，同时在图层面板中将得到如下图所示的“登录”图层。

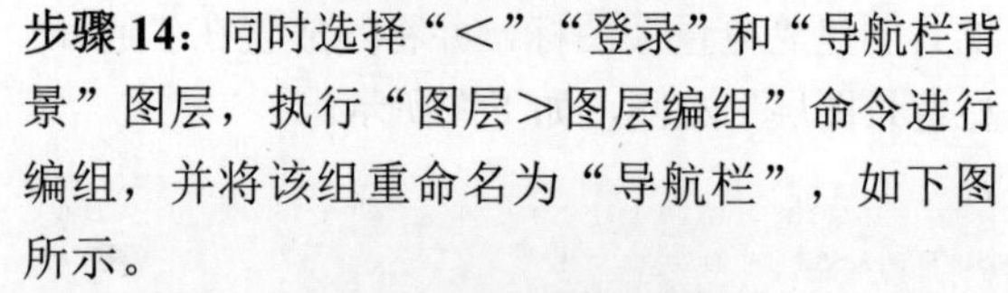

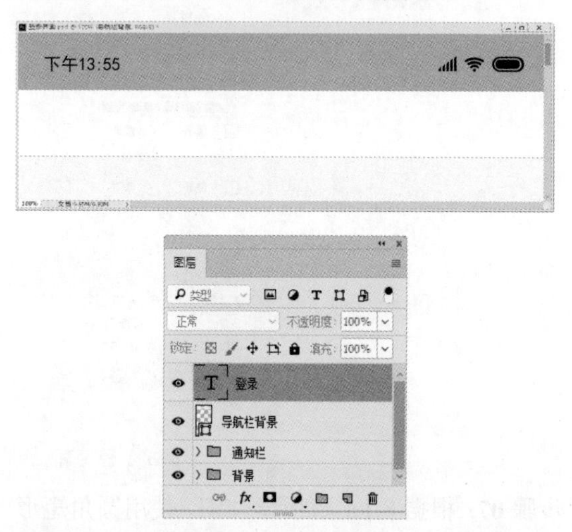

步骤 13：继续选择横排文字工具，设置字体为黑体，字号为 60 点，颜色为#000000，在“导航栏背景”图层左侧输入“＜”，即可得到如下图所示的“返回上一层”命令图标效果。

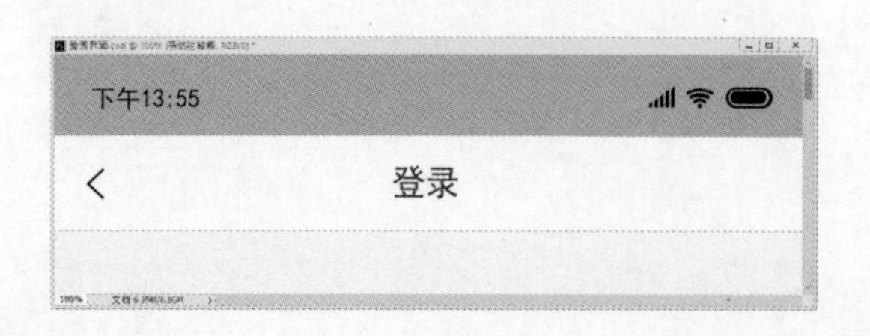

步骤 14：同时选择“＜”“登录”和“导航栏背景”图层，执行“图层>图层编组”命令进行编组，并将该组重命名为“导航栏”，如下图所示。

步骤 15：选择直线工具，在其属性栏设置填充颜色为#d5d5d5，线条粗细为“1 像素”，如下图所示。

步骤 16：在导航栏下方单击并拖动鼠标光标，创建如下图所示的直线，在图层面板中可得到一个形状图层，将该图层重命名为“标签底纹”。

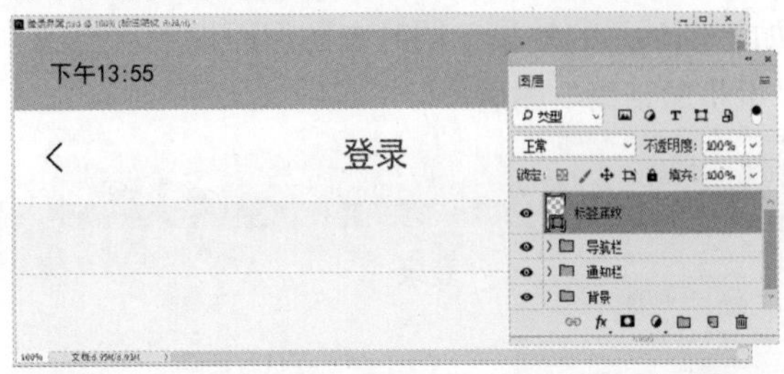

步骤 17：选择直线工具，在其属性栏设置填充颜色为#e07d5e，线条粗细为“1 像素”，如下图所示。

步骤 18：在刚才创建的直线上单击并拖动鼠标光标，创建如下图所示的直线，在图层面板中可得到一个形状图层，将该图层重命名为“橙色底纹”。

步骤 19：执行“图层>图层样式>描边”命令，打开“描边”命令窗口，然后设置参数，颜色为#dc6338，如下图所示。

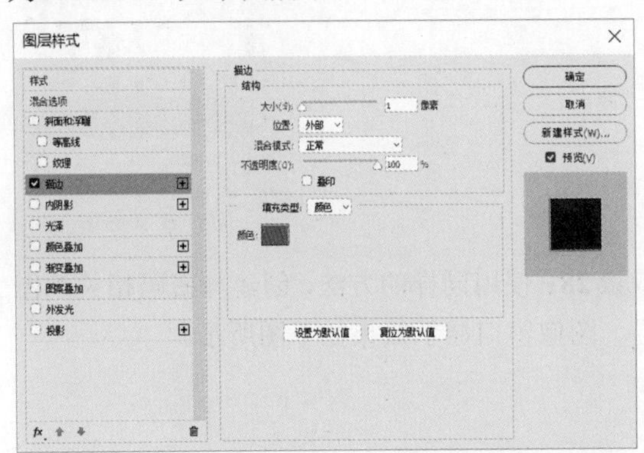

步骤 20：单击图层样式右上角的“确定”按钮后，可得到如下图所示的效果。

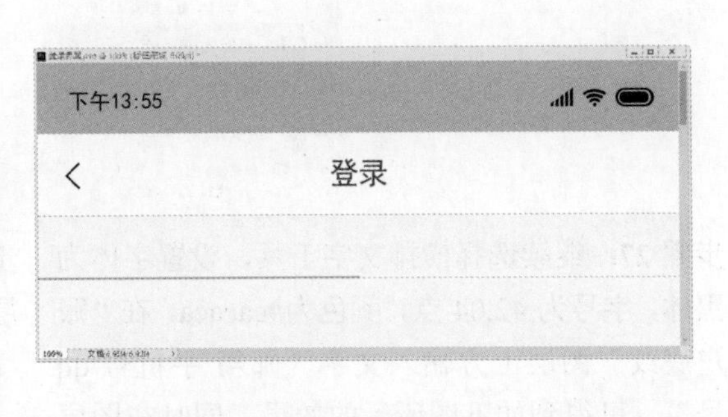

步骤 21：选择横排文字工具，设置字体为黑体，字号为 42 点，颜色为#dc6338，在“橙色底纹”图层正上方输入文字“账户密码”，可得到如右图所示的效果，同时在图层面板中会得到“账户密码”文字图层。

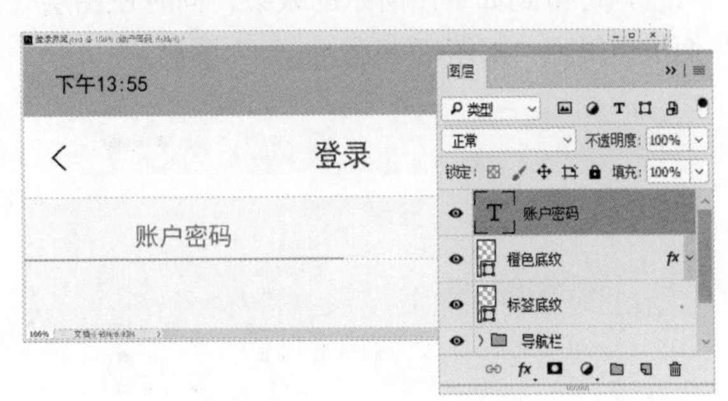

步骤 22：选择横排文字工具，设置字体为黑体，字号为 42 点，颜色为#606166，在“标签底纹”图层右上方输入文字“手机验证码”，可得到如下图所示的效果，同时在图层面板中将得到“手机验证码”图层。

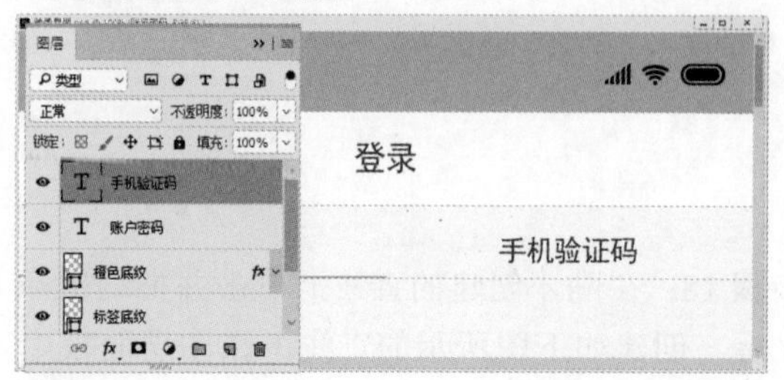

步骤 23：同时选择“手机验证码”“账户密码”“橙色底纹”和“标签底纹”图层，执行“图层＞图层编组”命令进行编组，并将该组重命名为“标签栏”，如下图所示。

步骤 24：选择直线工具，在其属性栏设置填充颜色为#e07d5e，线条粗细为“1 像素”，如右图所示。

步骤 25：在图像窗口单击并拖动鼠标光标，创建如下图所示的直线，在图层面板中可得到一个形状图层，将该图层重命名为“账户底纹”。

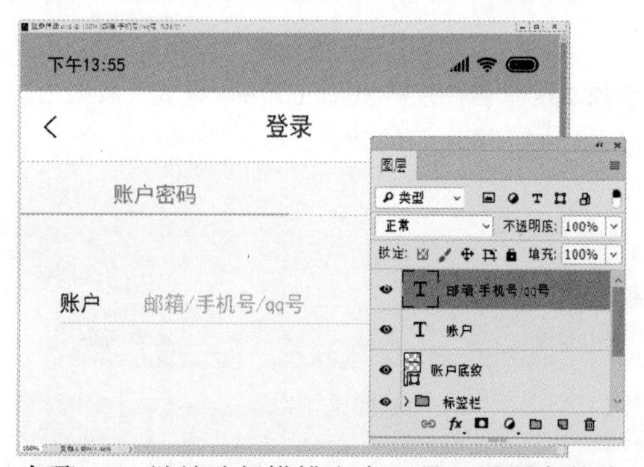

步骤 26：选择横排文字工具，设置字体为黑体，字号为 42.04 点，颜色为#545454，在“账户底纹”图层左侧输入文字“账户”，可得到如下图所示的效果，同时在图层面板中得到“账户”图层。

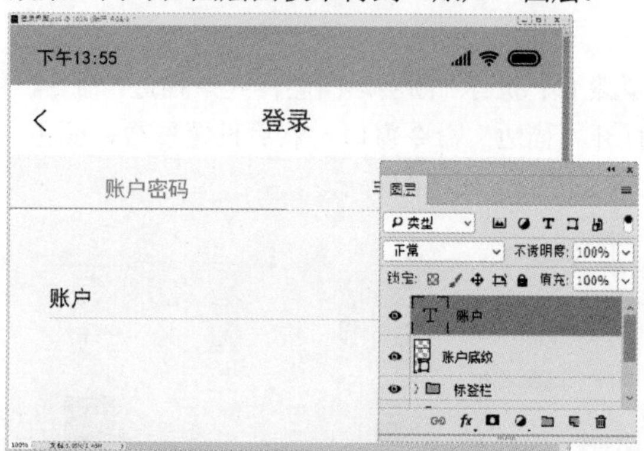

步骤 27：继续选择横排文字工具，设置字体为黑体，字号为 42.04 点，颜色为#cacaca，在“账户底纹”图层上方输入文字“邮箱/手机号/qq 号”，可得到如下图所示的效果，同时在图层面板中得到“邮箱/手机号/qq 号”图层。

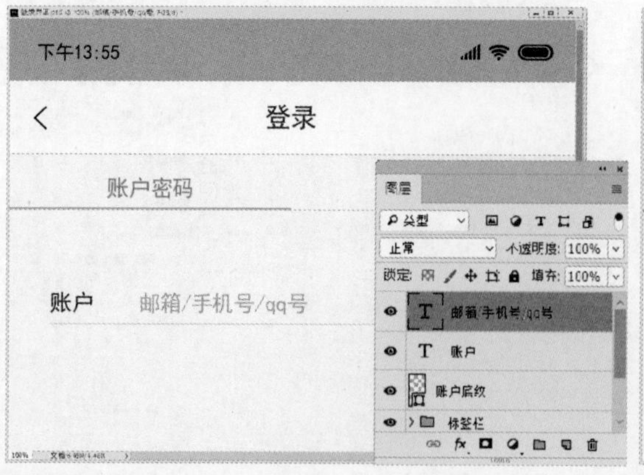

步骤 28：使用同样的方法，创建与密码相关的图层，图像窗口显示效果如下图所示。

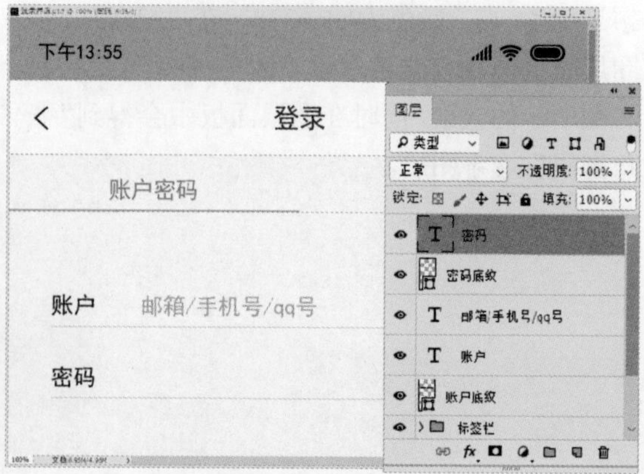

步骤 29：选择横排文字工具，设置字体为黑体，字号为 36.03 点，颜色为#b5b5b6，在“密码底纹”图层下方输入文字“注册账户”和“忘记密码”，图层面板显示效果如下图所示。

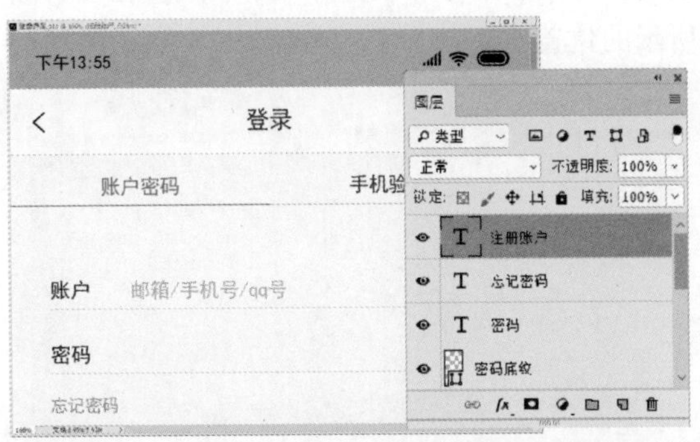

步骤 30：同时选择“注册账户”“忘记密码”“密码”“密码底纹”“邮箱/手机号/qq 号”“账户”和“账户底纹”图层，执行“图层>图层编组”命令进行编组，并将该组重命名为“账户密码”，如下图所示。

步骤 31：根据 8.2 节所学知识创建一个登录按钮，选择圆角矩形工具，在其属性栏选择填充颜色为#dc6338，如右图所示。

步骤 32：在“账户密码”字样下方单击并拖动鼠标光标，创建宽高为 924 像素×112 像素，圆角半径为“10”像素的矩形，在图层面板中可得到一个形状图层，如下图所示将该图层重命名为“登录按钮”。

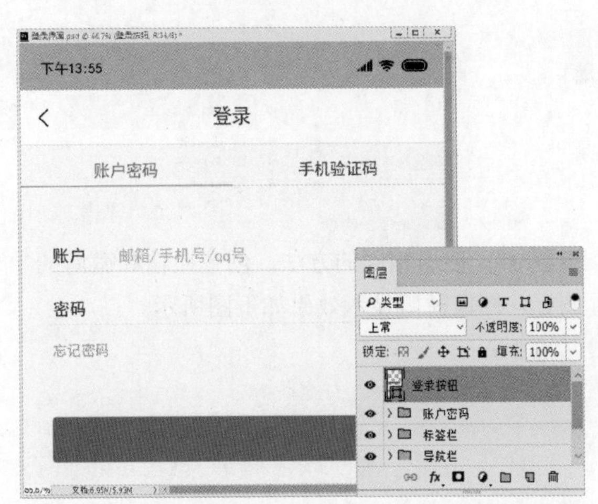

步骤 33：选择横排文字工具，设置字体为黑体，字号为 42 点，颜色为#ffffff，在“登录按钮”图层之上输入文字“登录”，创建新的图层，将该图层重命名为“按钮文字”，如下图所示。

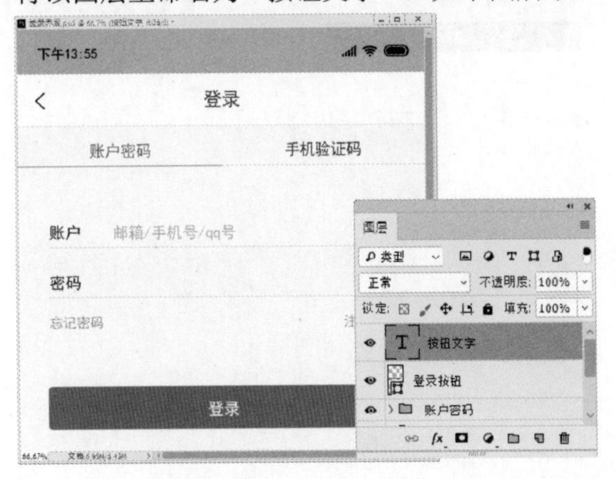

步骤 34：同时选择“登录按钮”和“按钮文字”图层，执行“图层>图层编组”命令进行编组，并将该组重命名为“登录按钮”，如下图所示。

步骤 35：选择椭圆工具，在其属性栏设置类型为“形状”，填充颜色为#37bbd4，如右图所示。

步骤 36：按下 Shift 键，然后在图像窗口单击并拖动鼠标光标，创建宽高为 85 像素×85 像素的圆形，在图层面板中可得到一个形状图层，将该图层重命名为“qq 图标背景”，如下图所示。

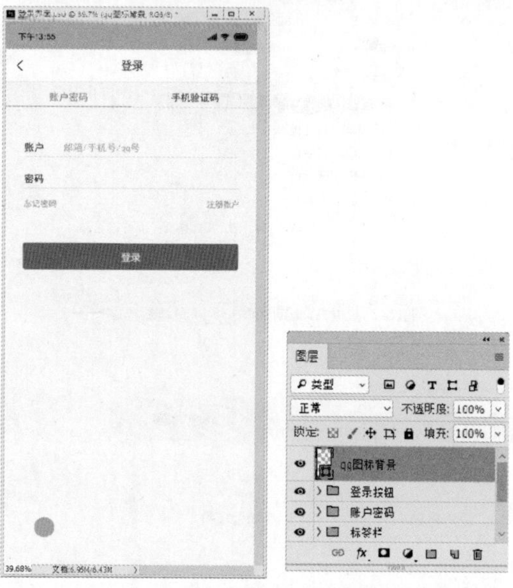

步骤 37：使用 8.1 节介绍的方法，使用钢笔工具创建一个 qq 图标，设置好大小后放置在如下图所示的位置。

步骤 38：使用相同的方法，创建微信和微博的图标，图像窗口显示效果如下图所示。

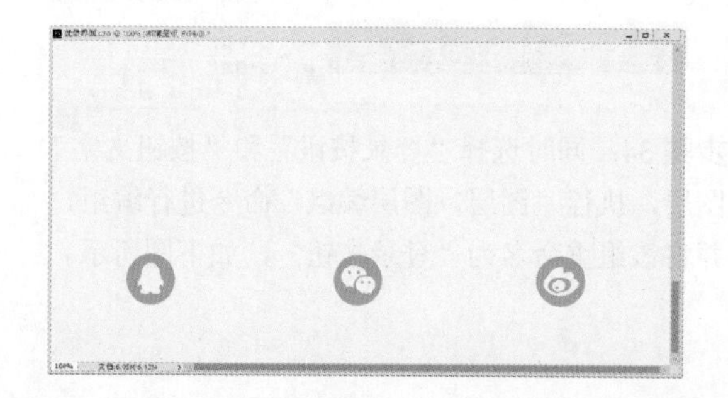

步骤 39：选择横排文字工具，设置字体为黑体，字号为“42 点”，颜色为#252525，在图标上方输入文字“切换第三方账户”，如下图所示。同时在图层面板中将得到“切换第三方账户”图层。

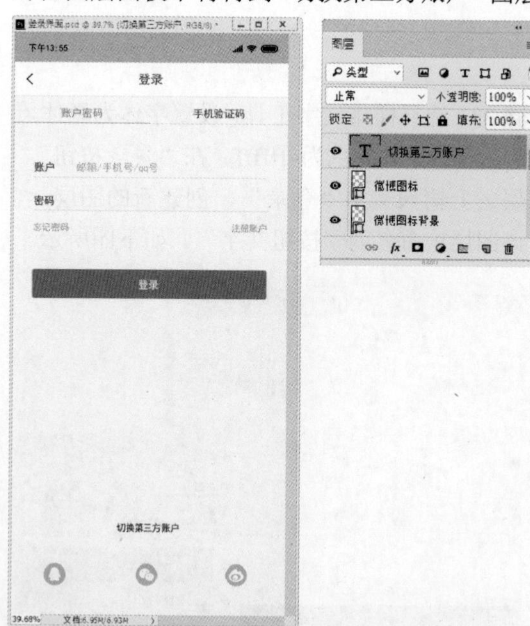

步骤 40：同时选择“切换第三方账户”“微博图标”“微博图标背景”“qq 图标”“qq 图标背景”“微信图标”“微信图标背景”图层，执行“图层＞图层编组”命令进行编组，并将该组重命名为“第三方账户”，如下图所示。

步骤 41：最后执行“文件＞存储为”命令，选择图像的保存位置和格式，保存即可。保存的 jpeg 格式图像效果如下图所示。

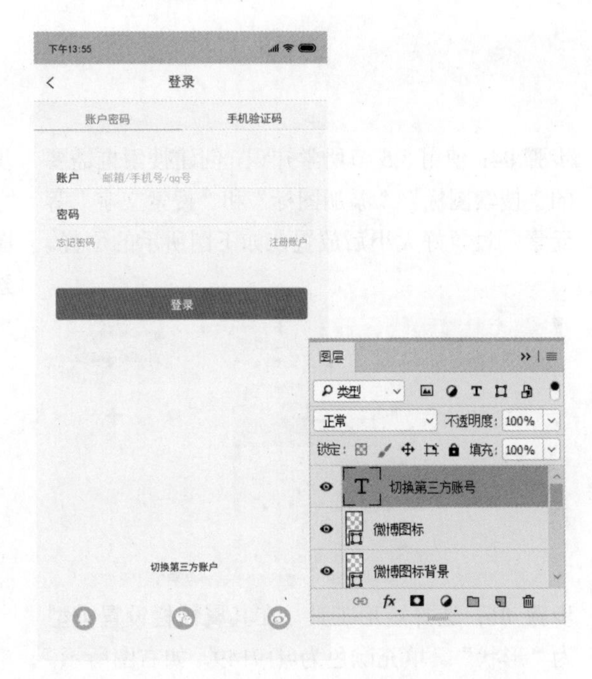

8.6.2　书架界面设计

书架界面是小说 App 中最基本的界面之一，几乎在所有的小说 App 中都有一个专门的书架界面，它主要包含通知栏、搜索栏、菜单栏及书本版块等部件，设计时使用的主要工具为矢量工具，技术运用比较简单，在操作过程中需要一定的耐心。

步骤 01：打开 Photoshop，新建“背景”图层，给“背景”图层添加一个纯色调整图层(#f9f9f9)，然后将“背景”图层和纯色调整图层编为“背景”组，接着创建和登录界面相同的通知栏，图像窗口显示效果如下图所示。

步骤 02：选择圆角矩形工具，在其属性栏设置类型为“形状”，描边颜色为#bfbfbf，描边大小为“2 像素”，如下图所示。

步骤 03：在通知栏下方单击并拖动鼠标光标，创建宽高为 830 像素×73 像素，圆角半径为“36.5 像素”的圆角矩形，在图层面板中可得到一个形状图层，将该图层重命名为“搜索框”，如下图所示。

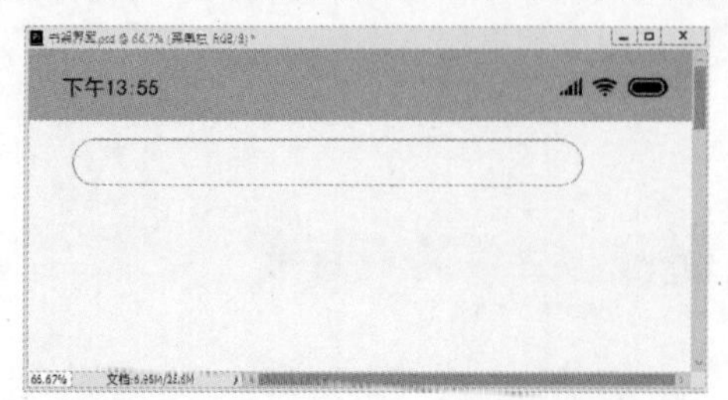

步骤 04：使用 8.5 节所学知识，创建搜索框需要的“搜索图标”“添加图标”和“搜索文字”等元素，设置好大小后放置在如下图所示的位置。

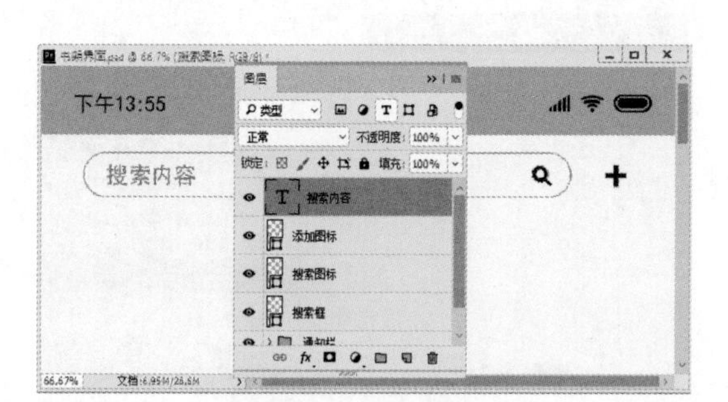

步骤 05：同时选择“搜索内容”“添加图标”“搜索图标”和“搜索框”图层，执行“图层>图层编组”命令进行编组，并将该组重命名为“搜索栏”，如下图所示。

步骤 06：选择矩形工具，在其属性栏设置类型为“形状”，填充颜色为#f19149，如右图所示。

步骤 07：在图像窗口单击并拖动鼠标光标，创建宽高为 268 像素×370 像素的矩形，在图层面板中可得到一个形状图层，将该图层重命名为“书本模板 1”，如右图所示。

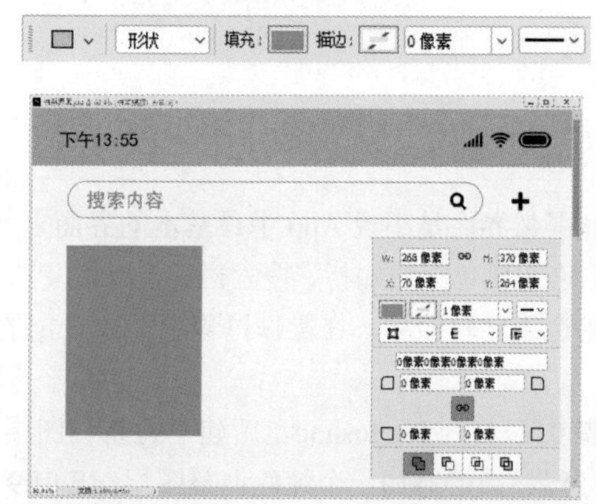

步骤 08：执行“图层>图层样式>投影”命令，打开“投影”命令窗口，设置参数如下图所示，单击“图层样式”右上角的“确定”按钮，给“书本模板 1”图层添加一个投影效果（投影颜色为#000000）。

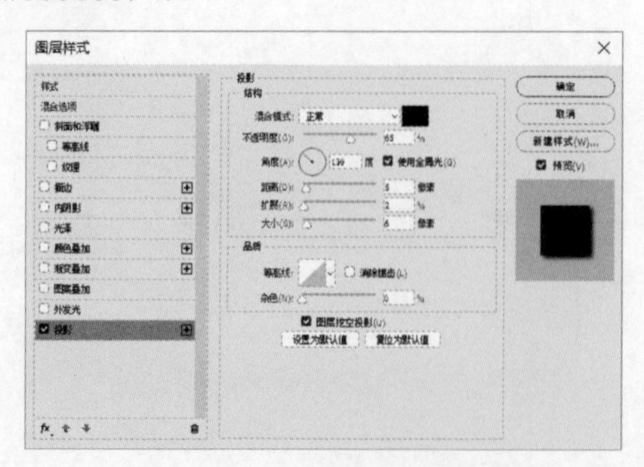

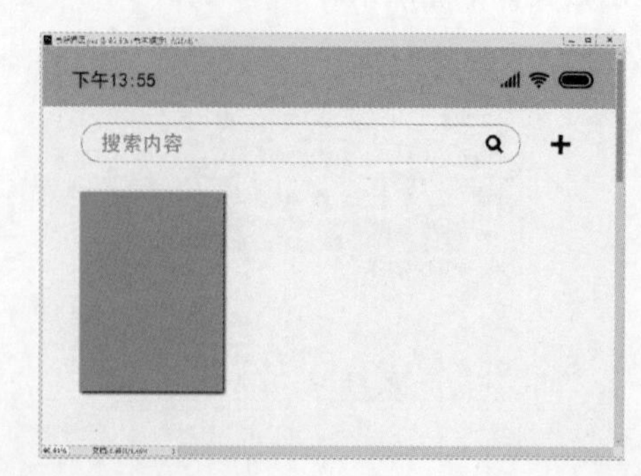

步骤 09： 执行“文件＞打开”命令，打开如下图所示的船素材图。

步骤 10： 选择移动工具，将船素材图拖动到“书本模板 1”图层之上，得到一个新图层，并将该图层重命名为“船”，如下图所示。

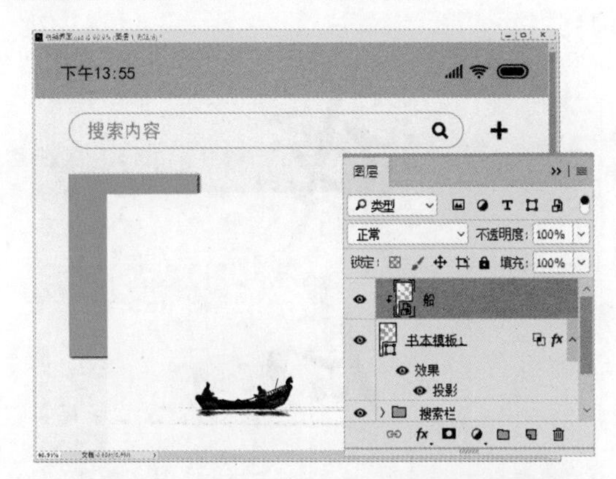

步骤 11： 执行“编辑＞自由变换”命令，调整“船”图层的大小及位置，最后按 Enter 键（覆盖“书本模板 1”图层），如右图所示。

步骤 12： 执行“图层＞创建剪贴蒙板”命令，为“船”图层添加剪贴蒙版，图层面板显示效果如下图所示。

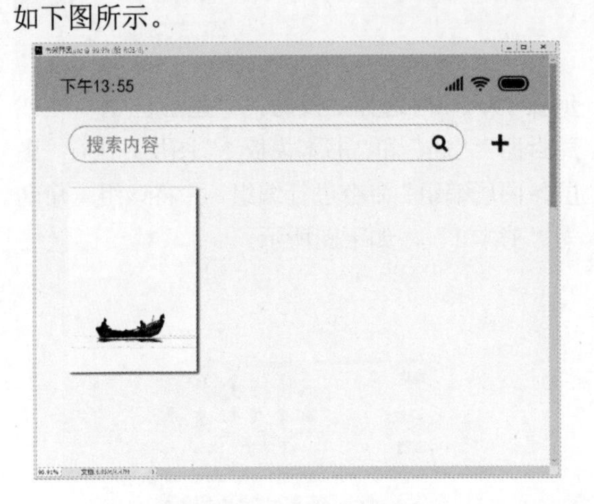

步骤 13： 执行“文件＞打开”命令，打开如下图所示的毛笔字素材图。

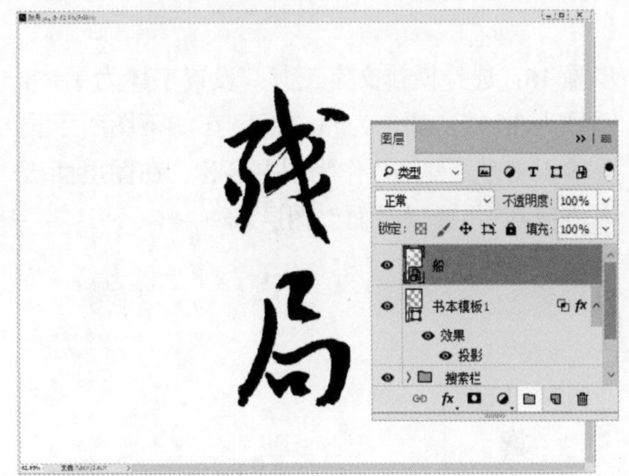

步骤 14：使用魔棒工具“抠出”毛笔字，如下图所示。

步骤 15：选择移动工具，将“抠出”的毛笔字素材图拖动到“船”图层之上，得到一个新图层，将该图层重命名为“残局封面”，如下图所示。

步骤 16：执行“编辑>自由变换”命令，调整“残局封面”图层的大小及位置，如下图所示，最后按 Enter 键。

步骤 17：选择直排文字工具，设置字体为黑体，字号为 16 点，颜色为#3e3e3f，在毛笔字右侧输入文字“鱼小鱼/著”，得到如下图所示的效果，在图层面板中将得到“鱼小鱼/著”图层。

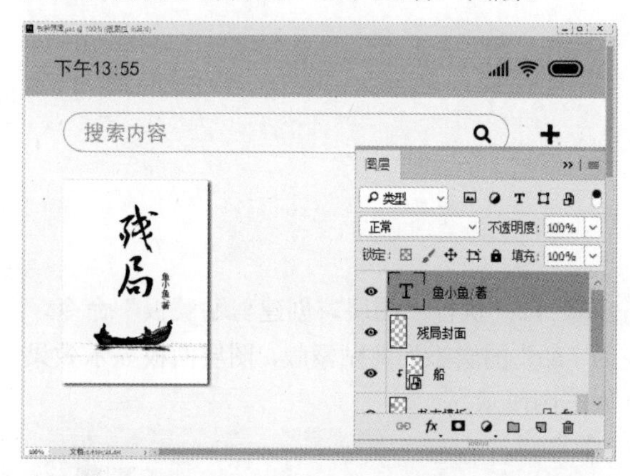

步骤 18：选择横排文字工具，设置字体为黑体，字号为 36 点，颜色为#3e3e3f，在如下图所示位置输入文字“残局”作为图书名称，在图层面板中将得到 “残局封面”图层。

步骤 19：同时选择“残局”“鱼小鱼/著”“残局封面”“船”和“书本模板 1”图层，执行“图层>图层编组”命令进行编组，并将该组重命名为“书本 1”，如下图所示。

步骤 20：使用同样的方式，制作如下图所示的“书本 2”图层。

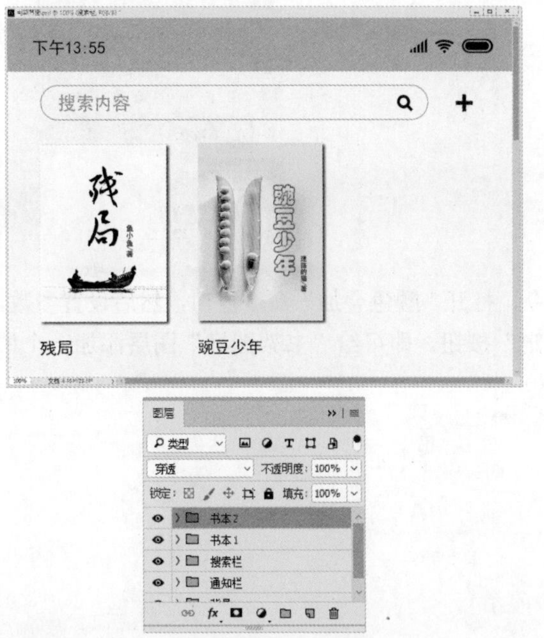

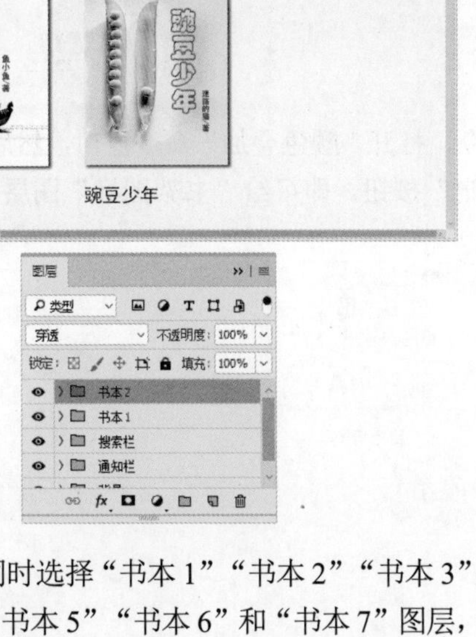

步骤 21：使用同样的方式，制作如下图所示的其他书本图层。

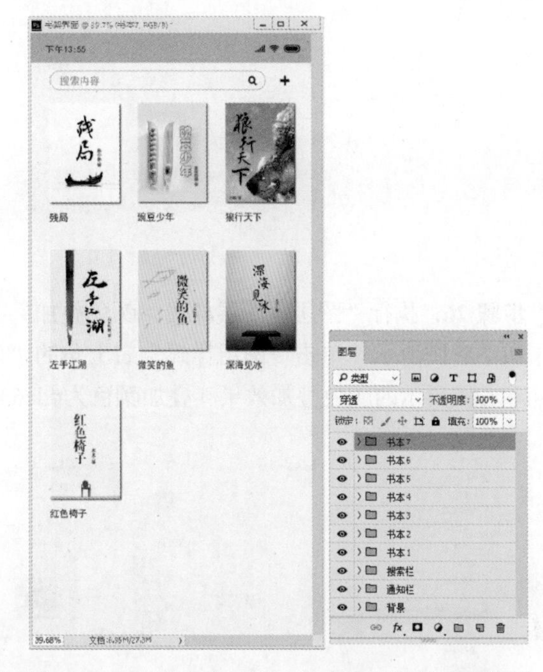

步骤 22：同时选择“书本 1”“书本 2”“书本 3”“书本 4”“书本 5”“书本 6”和“书本 7”图层，然后执行“图层＞图层编组”命令进行编组，并将该组重命名为“书本版块”，如下图所示。

步骤 23：选择矩形工具，在其属性栏设置类型为“形状”，填充颜色为#ffffff，描边颜色为#bfbfbf，描边大小为“1 像素”，如下图所示。

步骤 24：在图像窗口最下方单击并拖动鼠标光标，创建宽高为 1080 像素×131 像素的矩形，在图层面板中可得到一个形状图层，将该图层重命名为“菜单栏背景”，如下图所示。

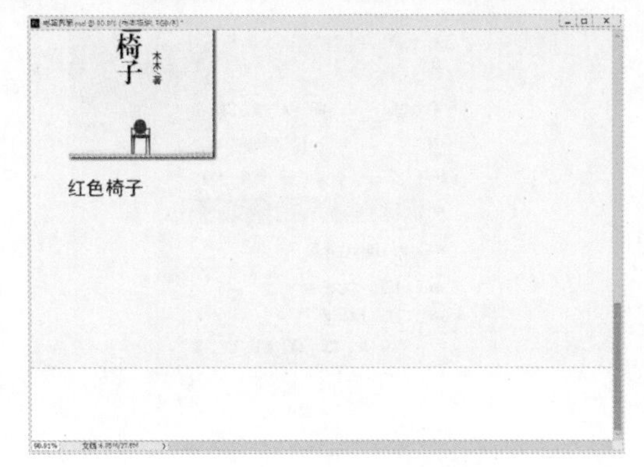

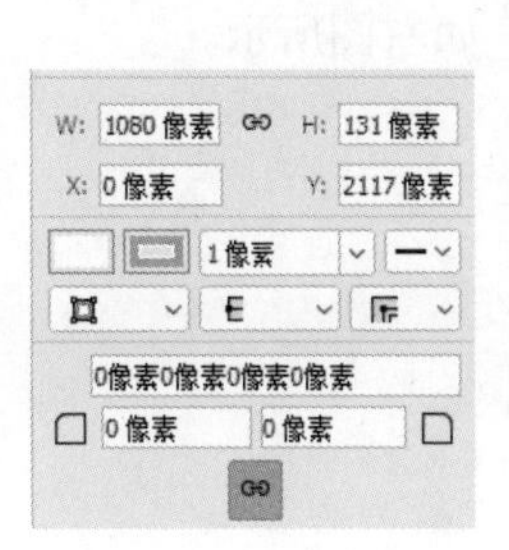

步骤 25：使用矩形工具创建书架图标，在图层面板中将得到一个如右图所示的“书架图标”图层。

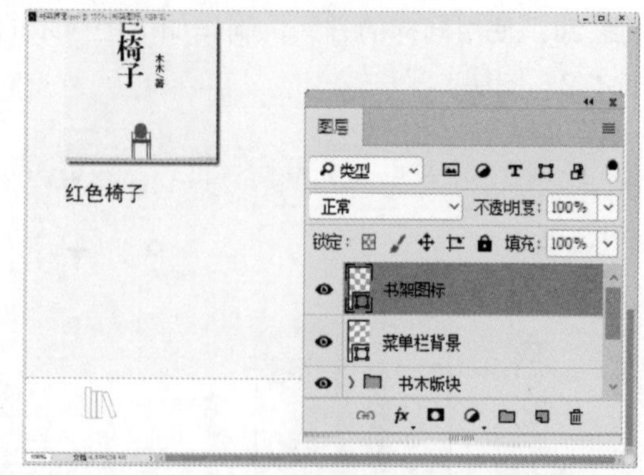

步骤 26：执行“图层>图层样式>颜色叠加”命令，打开“颜色叠加”命令窗口，然后设置参数，如下左图所示，单击“图层样式”右上角的“确定”按钮，即可给“书架图标”图层添加一个如下右图所示的颜色叠加效果（叠加颜色为#dc6338）。

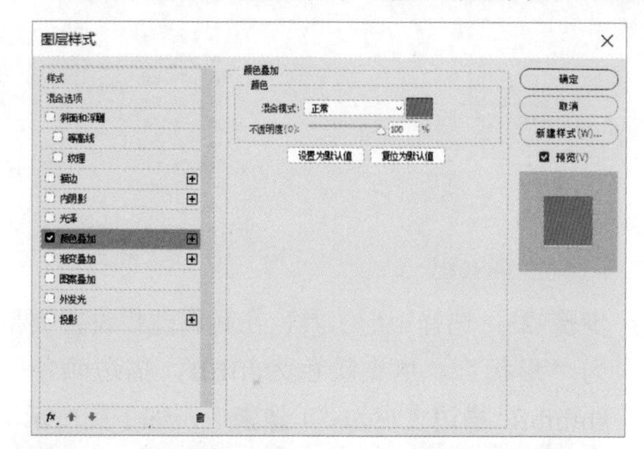

步骤 27：选择横排文字工具，设置字体为黑体，字号为 28 点，颜色为#dc6338，然后在“书架图标”下方输入文字“书架”，在图层面板中将得到如右图所示的“书架”图层。

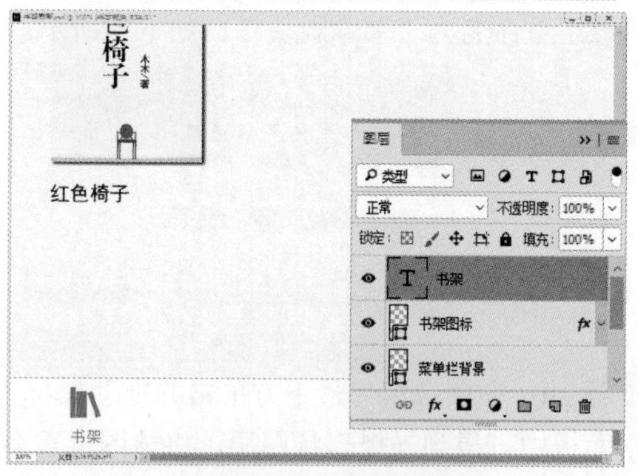

步骤 28：同时选择“书架”和“书架图标”图层，执行“图层>图层编组”命令进行编组，并将该组重命名为“书架”，如右图所示。

步骤 29：使用同样的方法，创建如下图所示“分类”图标（叠加颜色为#4a4a4a）。

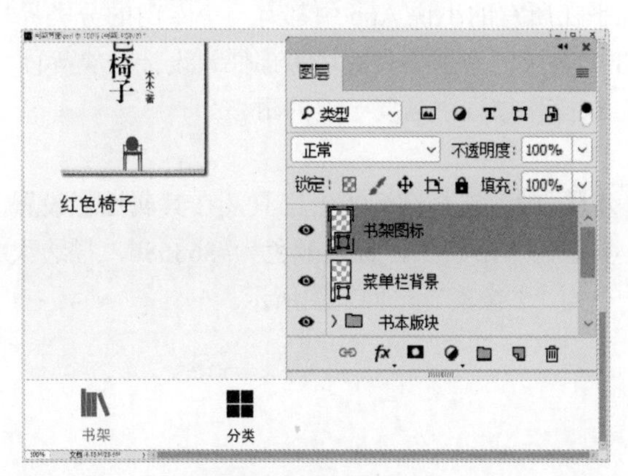

步骤 30：使用同样的方法，创建如下图所示的“排名”和“我的”图标。

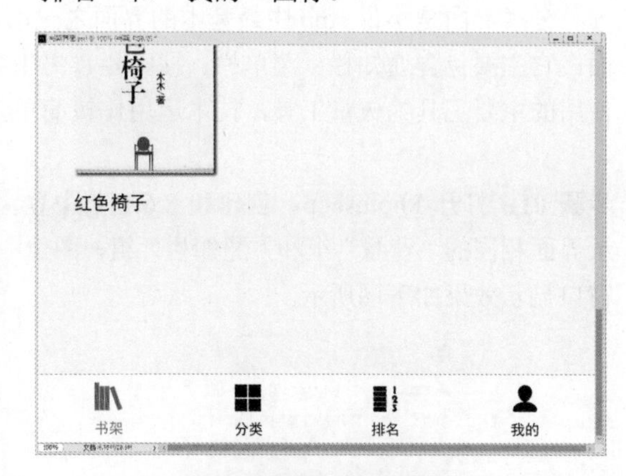

步骤 31：选择“我的”“排名”“分类”“书架”组和“菜单栏背景”图层，然后执行“图层>图层编组”命令进行编组，并将该组重命名为“菜单栏”，最终效果如右图所示。

步骤 32：最后执行“文件>存储为”命令，选择图像的保存位置和格式，保存即可。保存的 jpeg 格式图像效果如右图所示。

8.6.3 分类界面设计

分类界面是小说 App 中最基本的界面之一，几乎在所有的小说 App 中都有一个专门的分类界面，它主要包含通知栏、菜单栏、搜索栏、男生分类版块、女生分类版块等部件。设计分类界面使用的主要工具为矢量工具，技术运用比较简单，在操作过程中需要一定的耐心。

步骤 01：打开 Photoshop，创建和 8.6.1 节中登录界面相同的“背景”组和“通知栏”组，图像窗口显示效果如下图所示。

步骤 02：选择圆角矩形工具，在其属性栏设置类型为“形状”，描边颜色为#868686，描边大小为“2 像素”，如下图所示。

步骤 03：接着使用 8.5 节所学知识，创建搜索栏需要的“搜索框”“搜索图标”和“搜索文字”等元素，设置好大小后放置在如下图所示的位置。

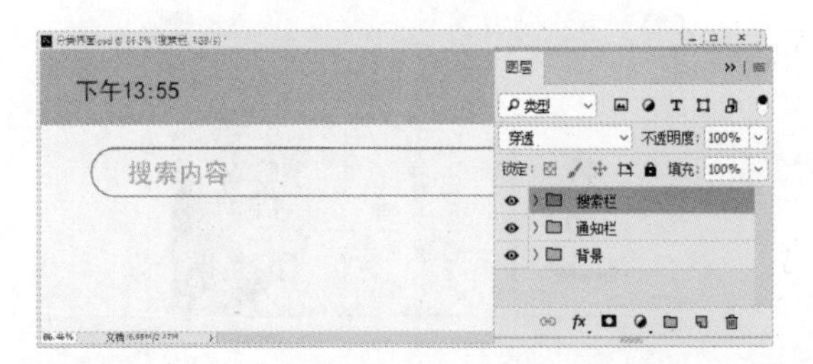

步骤 04：选择横排文字工具，设置字体为黑体，字号为 43 点，颜色为#dc6338，在搜索栏正下方居中位置输入文字“男生”，即可得到如下图所示的效果，然后将得到的文字图层重命名为“男生标题”。

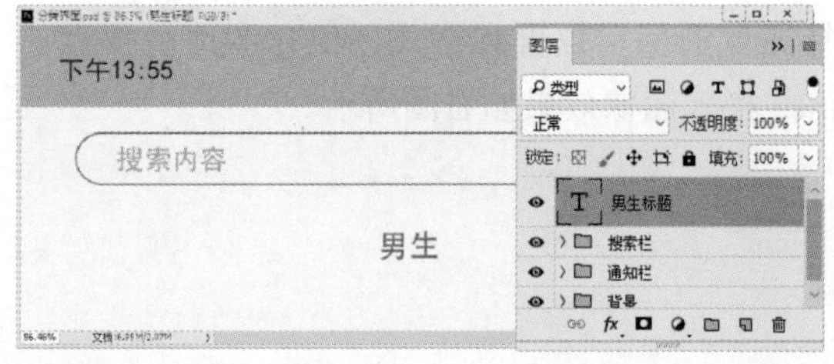

步骤 05：执行“图层>新建>图层”命令，新建一个空白图层，将该图层重命名为“标题装饰”，然后选择矩形选框工具，在图像窗口创建如下图所示的矩形选区。

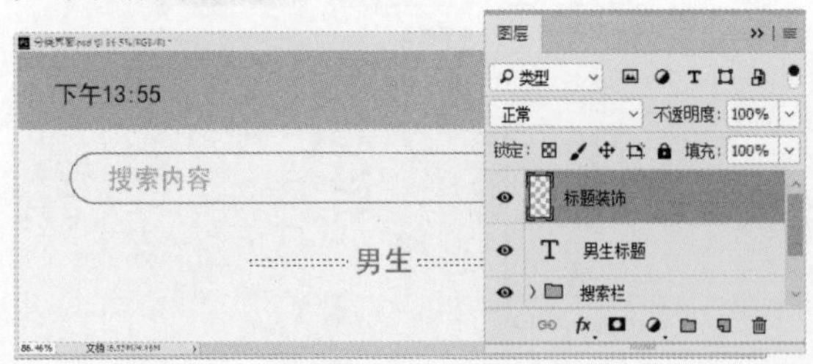

步骤 06：执行“编辑>填充”命令，给选区填充如下图所示的颜色（#dc6338），然后执行“选择>取消选择”命令，取消选区即可。

步骤 07： 选择橡皮擦工具，在其属性栏设置大小为“55 像素”，类型为“柔角圆”，不透明度为“40%”，如下图所示。

步骤 08： 在图像窗口涂抹“标题装饰”图层的左右两端，处理成如下图所示的过渡效果即可。

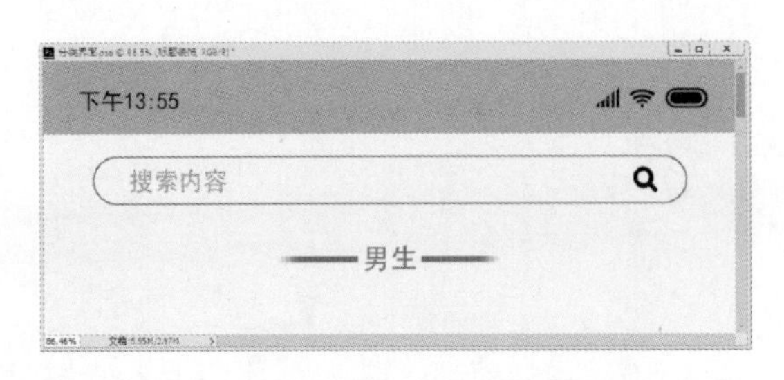

步骤 09： 选择直线工具，在其属性栏设置类型为“形状”，描边颜色为#bfbfbf，描边大小为“1 像素”，线条粗细为“1 像素”，如右图所示。

步骤 10： 在图像窗口单击并拖动鼠标光标，创建如下图所示的直线，在图层面板可得到一个形状图层，将该图层重命名为“分格背景”。

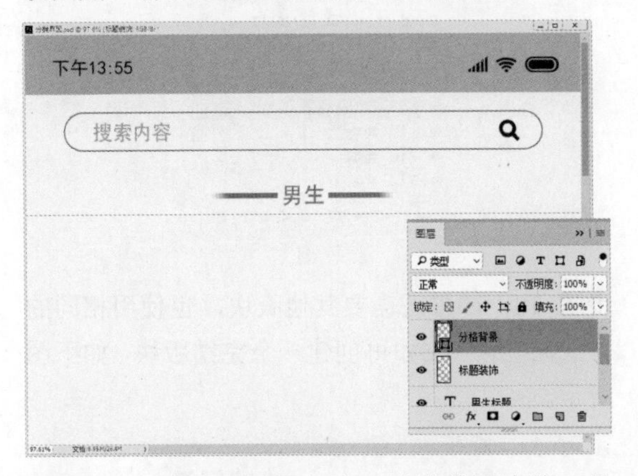

步骤 11： 在直线工具的属性栏中的路径操作方式中选择“合并形状”命令，然后创建如下图所示的直线，并对“分格背景”图层做出如下调整。

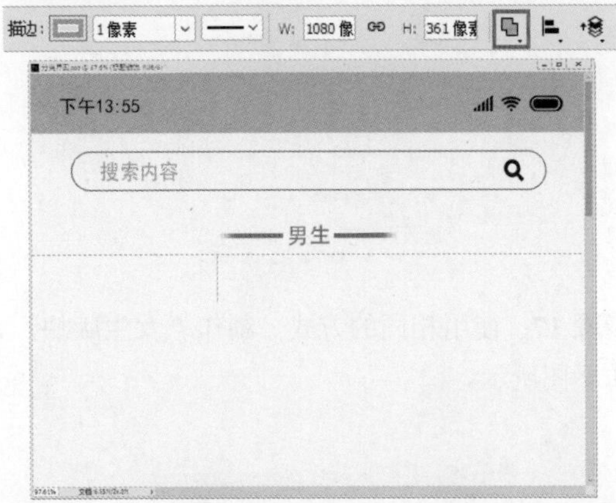

步骤 12： 使用同样的方式，继续使用直线工具创建如下图所示的形状。

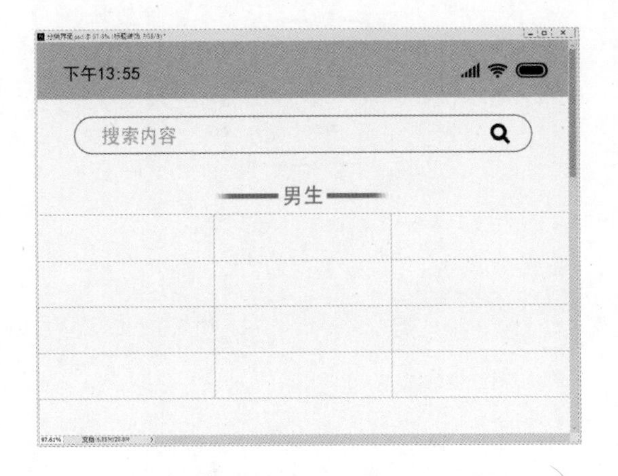

步骤 13： 选择横排文字工具，设置字体为黑体，字号为 43 点，颜色为#8a8a8a，然后在“分格背景”图层第一格中输入文字“武侠”，即可得到如下图所示的效果，在图层面板中将得到“武侠”图层。

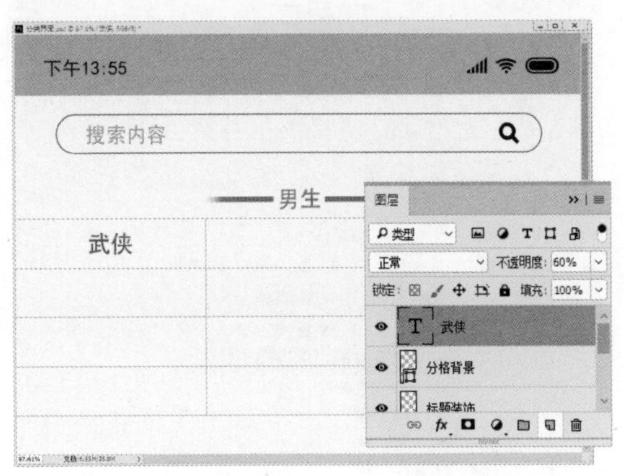

步骤 14： 使用同样的方式，填入如右图所示的其他 11 种分类。

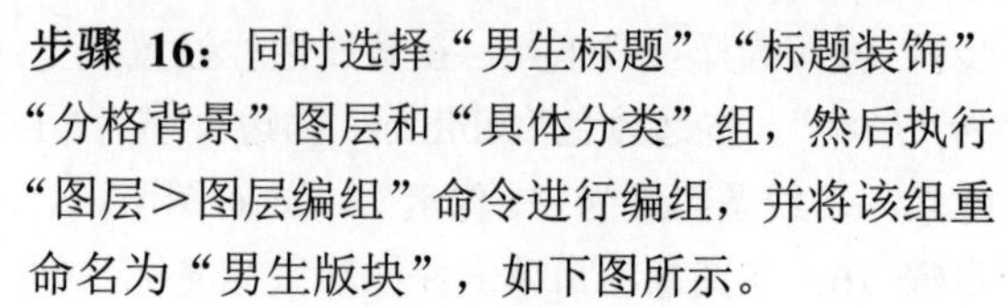

步骤 15： 选择所有的文字图层，然后执行“图层＞图层编组”命令进行编组，并将该组重命名为“具体分类”，如下图所示。

步骤 16： 同时选择“男生标题”“标题装饰”“分格背景”图层和“具体分类”组，然后执行“图层＞图层编组”命令进行编组，并将该组重命名为“男生版块”，如下图所示。

步骤 17： 使用相同的方式，制作“女生版块”，如下图所示。

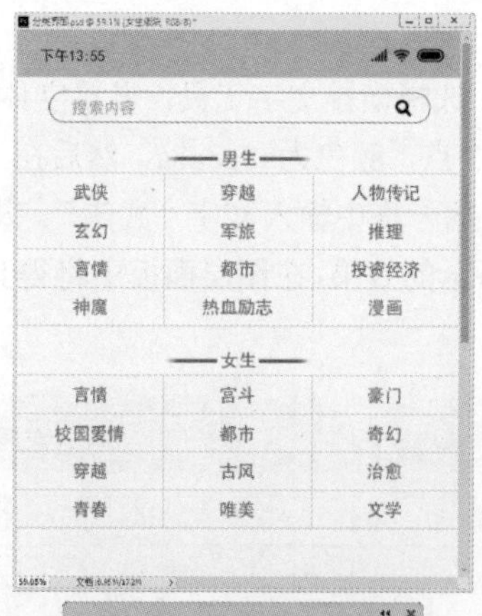

步骤 18： 如果还需要其他版块，也使用相同的方式来制作，比如再创建一个完结版块，如下图所示。

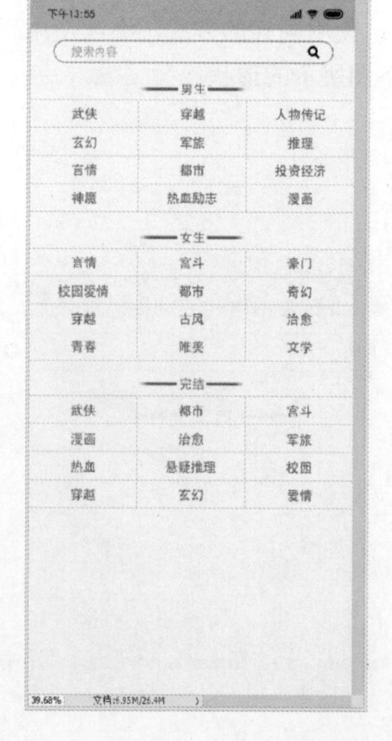

步骤 19： 使用 8.6.2 节“书架界面”中相同的操作，创建分类界面中的菜单栏（分类图标颜色为#dc6338），如下图所示。

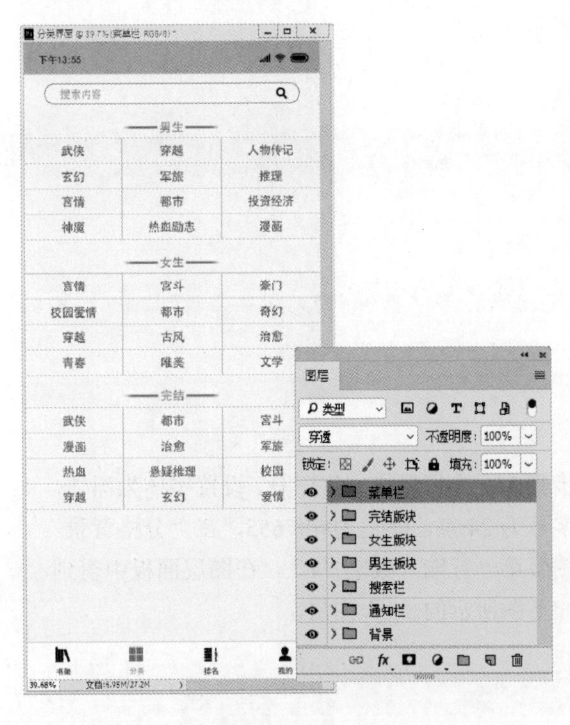

步骤 20： 最后执行“文件>存储为”命令，选择图像的保存位置和格式，保存即可。保存的 jpeg 格式图像效果如下图所示。

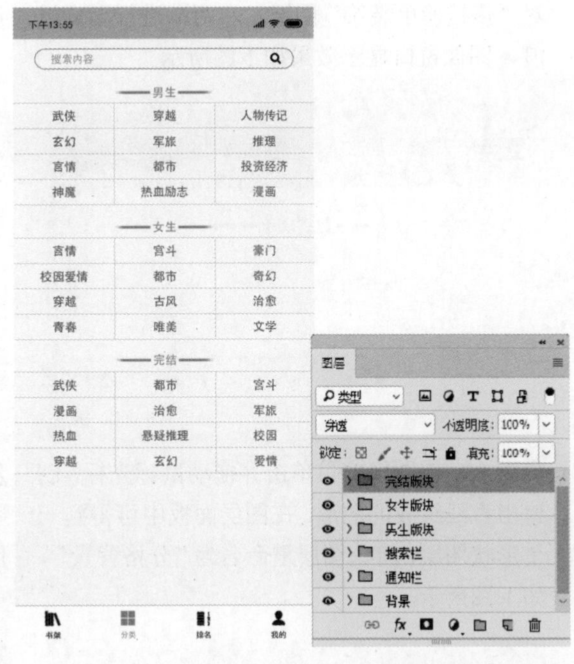

8.6.4　排名界面设计

排名界面是小说 App 中最基本的界面之一，几乎在所有的小说 App 中都有一个专门的排名界面，它主要包含通知栏、菜单栏、热搜榜单版块、畅销榜单版块等部件，设计时使用的主要工具为矢量工具，技术运用比较简单，在操作过程中需要一定的耐心。

步骤 01： 打开 Photoshop，创建和 8.6.1 节中登录界面相同的“背景”组和“通知栏”组，图像窗口显示效果如下图所示。

步骤 02： 选择横排文字工具，设置字体为黑体，字号为 42.98 点，颜色为#dc6338，在通知栏正下方居中位置输入文字“热搜榜单”，即可得到如下图所示的效果，在图层面板中将得到“热搜榜单”文字图层。

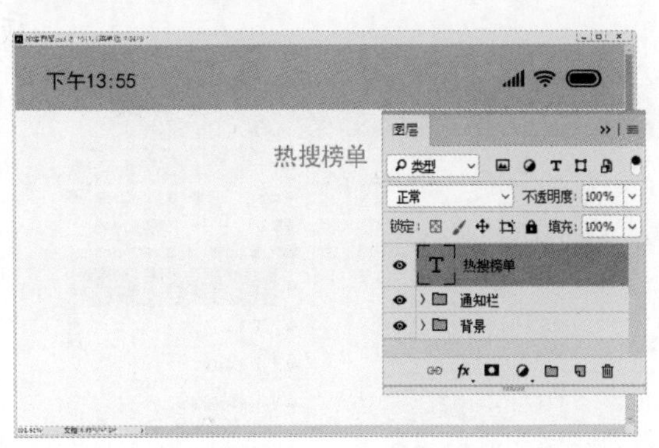

步骤 03：新建“热搜榜单装饰”图层，创建矩形选区，对它进行颜色填充（颜色为#dc6338），接着取消选区，使用橡皮擦工具对“热搜榜单装饰”图层左右两端进行渐变过渡，图像窗口显示效果如下图所示。

步骤 04：选择直线工具，在其属性栏设置类型为“形状”，描边颜色为#bfbfbf，线条粗细为“1 像素”，路径操作方式为合并形状，如下图所示。

步骤 05：在图像窗口单击并拖动鼠标光标，创建由直线组成的图形，在图层面板中可得到一个形状图层，将该图层重命名为“分格背景”，如下图所示。

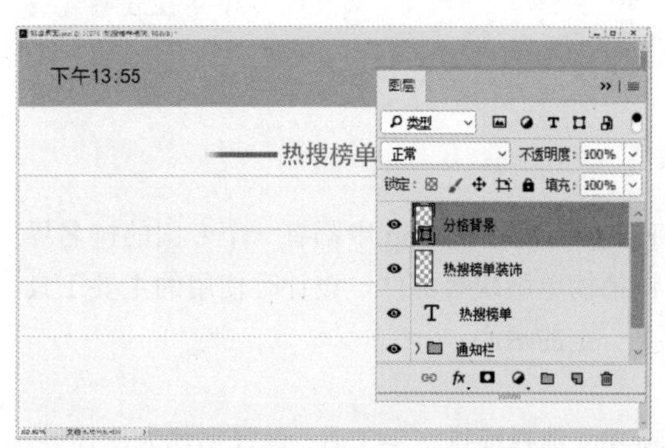

步骤 06：选择横排文字工具，设置字体为黑体，字号为 24 点，颜色为#df7655，在“分格背景”图层第一行输入数字“1”，在图层面板中得到如下图所示的“1”图层。

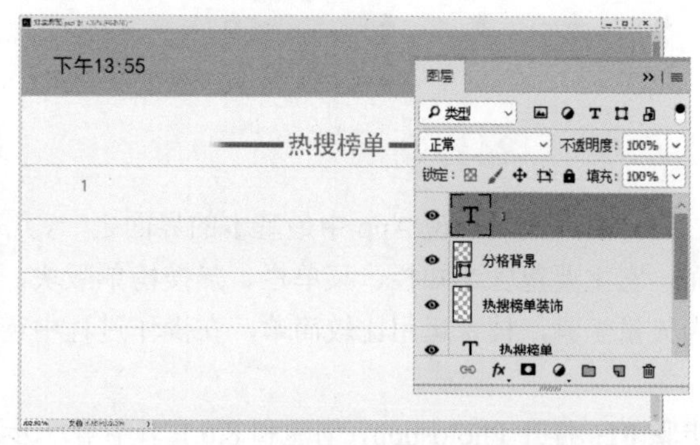

步骤 07：继续选择横排文字工具，设置字体为黑体，字号为 43 点，颜色为#343434，在“分格背景”图层第一行输入“《左手江湖》”，在图层面板中得到如下图所示的文字图层。

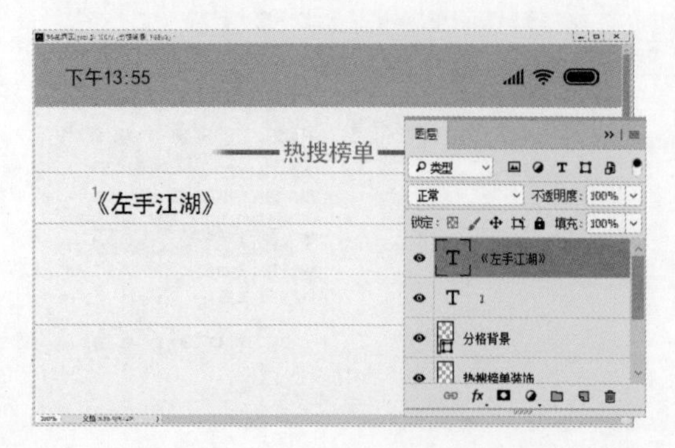

步骤 08：继续选择横排文字工具，设置字体为黑体，字号为 30 点，颜色为#8a8a8a，在书名右侧输入关于图书的简介内容“有江湖的地方，就有热血，就有眼泪，就有刀光”等文字，在图层面板中得到如下图所示的文字图层。

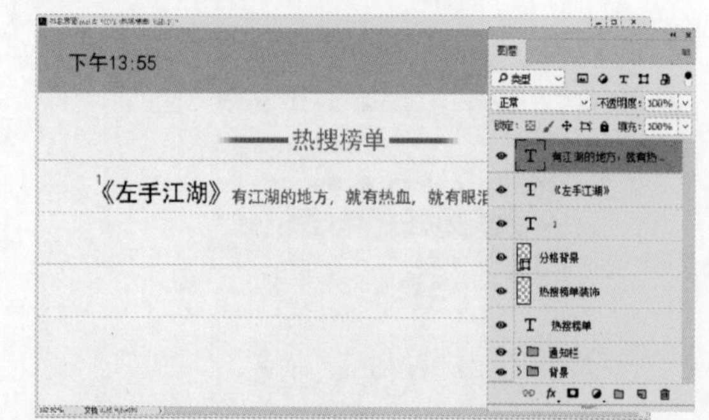

步骤 09：同时选择上面 3 个文字图层，然后执行“图层＞图层编组”命令进行编组，并将该组重命名为“第一名”，如下图所示。

步骤 10：使用相同的方法，制作“第二名”组，如下图所示。

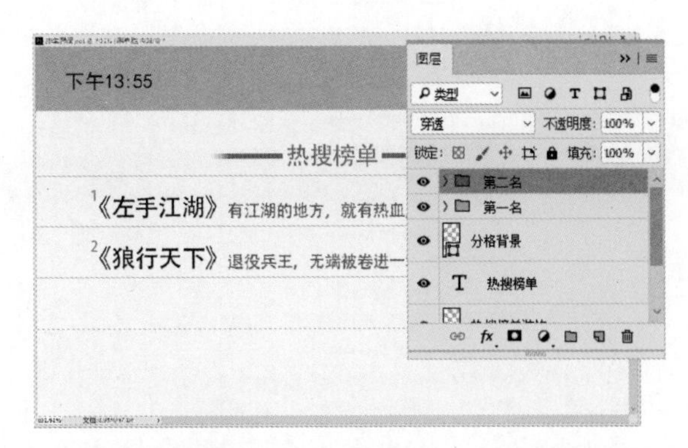

步骤 11：接着制作“第三名”组，如下图所示。

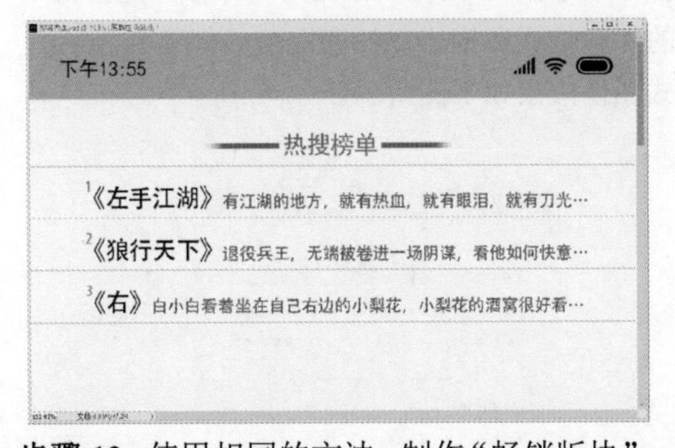

步骤 12：同时选择“热搜榜单”“热搜榜单装饰”“分格背景”图层和“第一名”“第二名”“第三名”组，然后执行“图层＞图层编组”命令进行编组，并将该组重命名为“热搜版块”，如下图所示。

步骤 13：使用相同的方法，制作“畅销版块”，如下图所示。

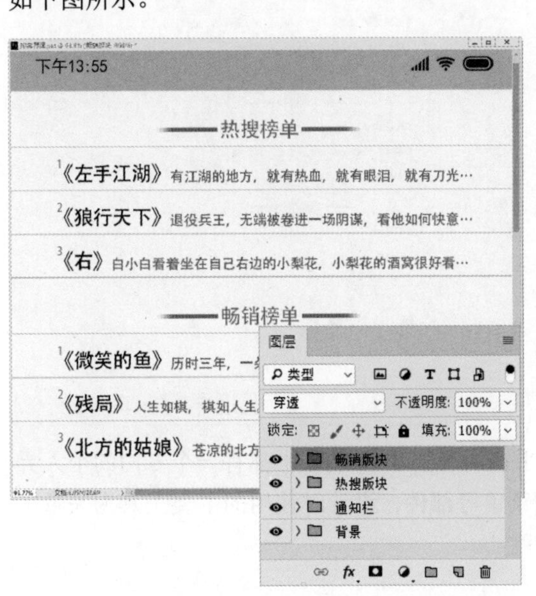

步骤 14：接着创建“新书榜单”，如下图所示。

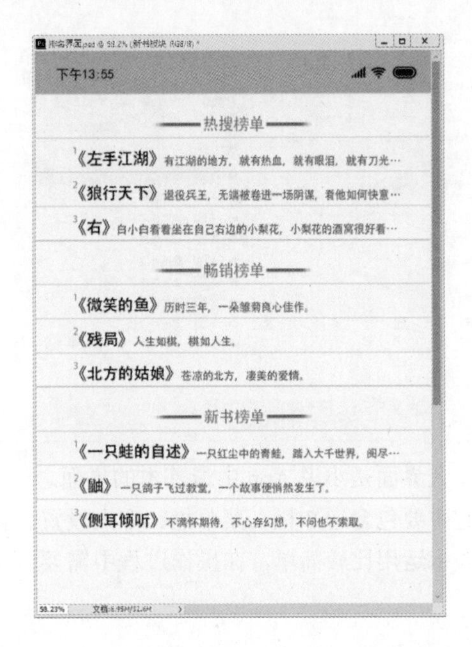

步骤 15：然后创建“人气榜单”，如下图所示。

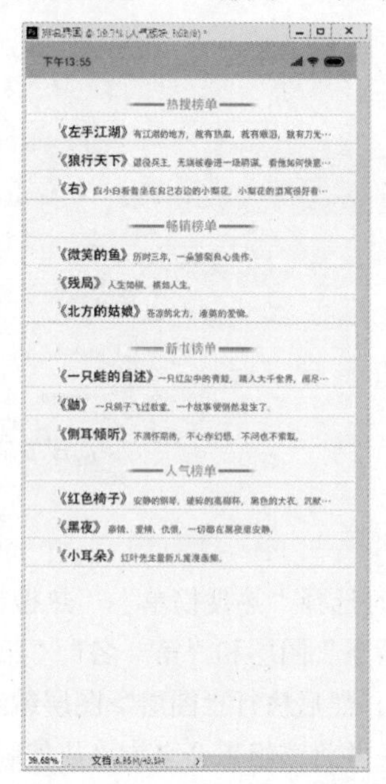

步骤 16：接着创建“其他榜单”，如下图所示。

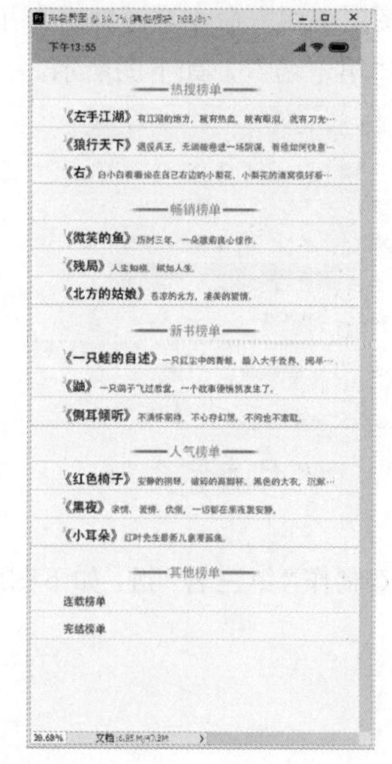

步骤 17：最后使用 8.6.2 节“书架界面设计”中相同的操作，创建排名界面中的菜单栏，图像窗口显示效果如下图所示（排名图标颜色为 #dc6338）。

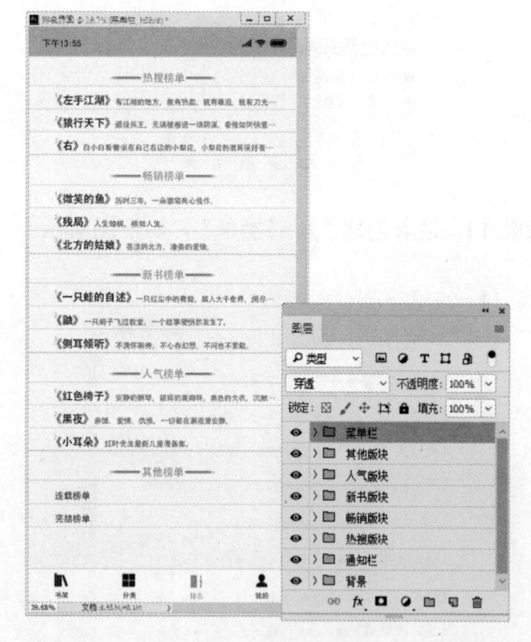

步骤 18：执行“文件>存储为”命令，选择图像的保存位置和格式，保存即可。保存的 jpeg 格式图像效果如下图所示。

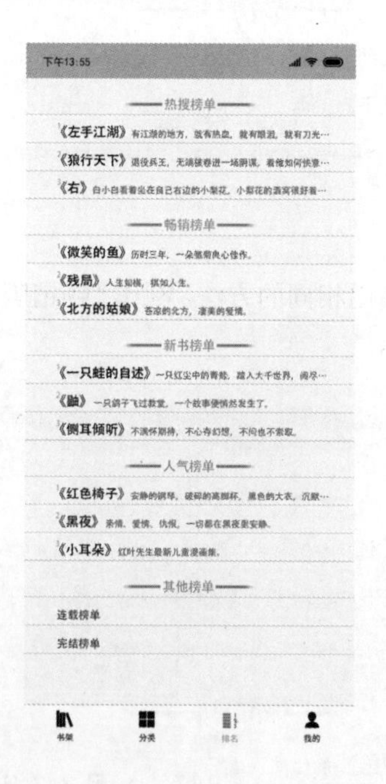

8.6.5 个人界面设计

个人界面是小说 App 中最基本的界面之一，几乎在所有的小说 App 中都有一个专门的个人界面，它主要包含通知栏、菜单栏、个人设置、详细菜单等部件，设计时使用的主要工具为矢量工具，技术运用比较简单，在操作过程中需要一定的耐心。

步骤 01：打开 Photoshop，创建和 8.6.1 节中登录界面相同的“背景”组和“通知栏”组，图像窗口显示效果如下图所示。

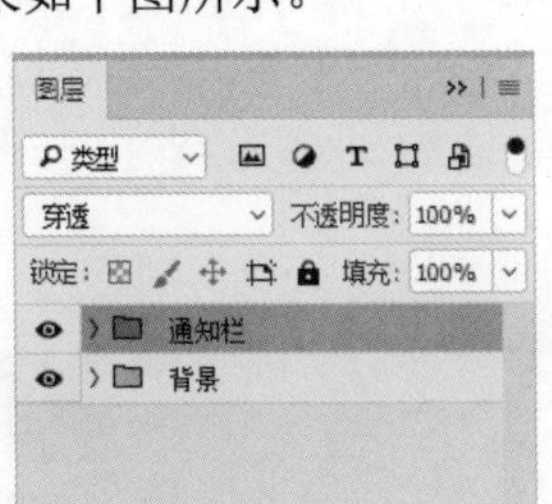

步骤 02：选择矩形工具，在其属性栏设置类型为“形状”，填充颜色为#ffffff，描边颜色为#d2d2d2，描边大小为“1 像素”，如下图所示。

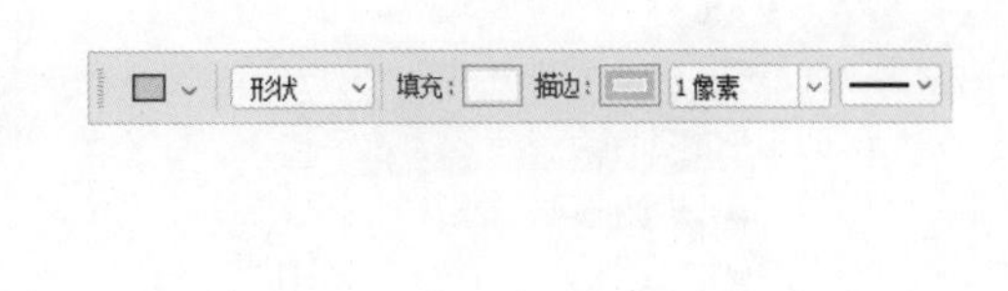

步骤 03：在图像窗口通知栏下方单击并拖动鼠标光标，创建宽高为 1082 像素×275 像素的矩形，在图层面板中可得到一个形状图层，将该图层重命名为“个人背景”，如下图所示。

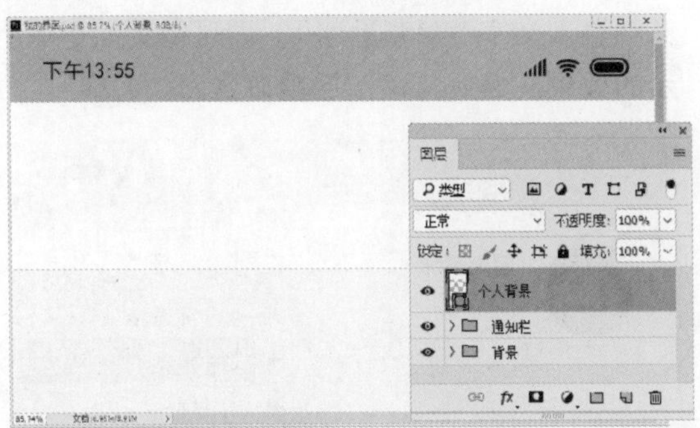

步骤 04：选择椭圆工具，在其属性栏设置类型为“形状”，填充颜色为#ebebe2，如下图所示。

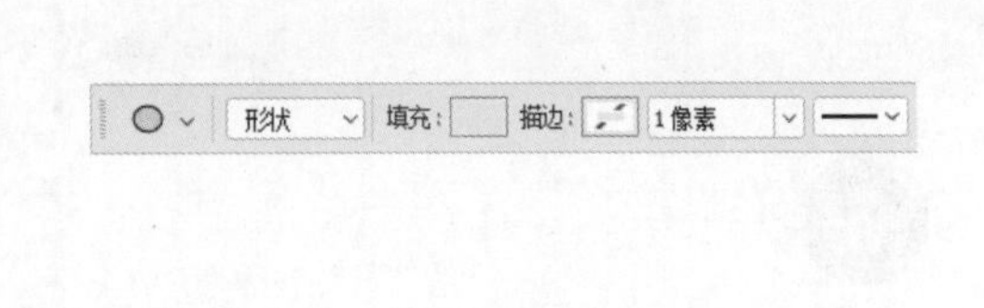

步骤 05：接着在图像窗口“个人背景”图层上方单击并拖动鼠标光标，创建宽高为 155 像素×155 像素的正圆，在图层面板中可得到一个形状图层，将该图层重命名为“头像模板”，如下图所示。

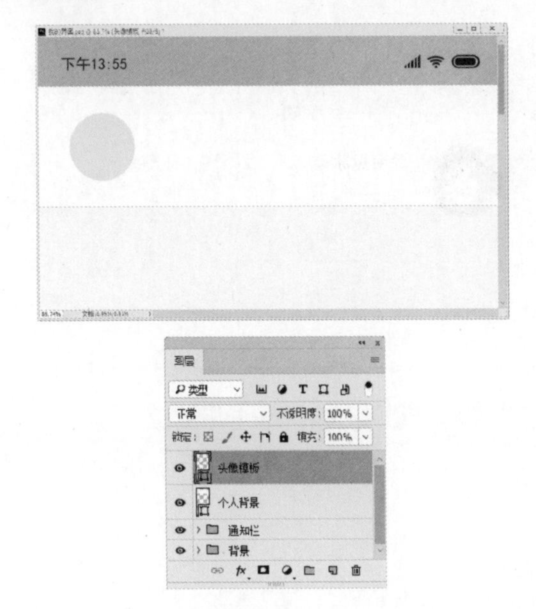

步骤 06：执行“文件>打开”命令，打开如下图所示的头像素材图。

步骤 07：选择移动工具，将头像素材图拖动到“头像模板”图层之上，然后重命名为“头像”，如下图所示。

步骤 08：执行“编辑>自由变换”命令，调整“头像”图层的大小及位置，如下图所示，最后按 Enter 键。

步骤 09：执行“图层>创建剪贴蒙板”命令，为“头像”图层添加剪贴蒙版，图层面板显示效果如下图所示。

步骤 10：选择横排文字工具，设置字体为黑体，字号为 42 点，颜色为#000000，在“头像”图层右侧输入文字“深海见冰”，即可得到如下图所示的效果，然后将该图层重命名为“名称”。

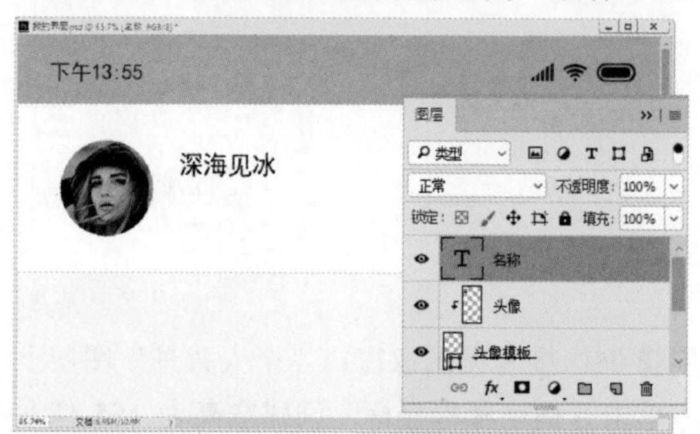

步骤 11：选择横排文字工具，设置字体为黑体，字号为 36 点，颜色为#8d8d8d，在“名称”图层下方输入文字“书豆 88 个”，在图层面板中得到如下图所示的“书豆 88 个”图层。

步骤 12：在图像窗口选择数字“88”，并将它的颜色设置为#dc6338，效果如下图所示。

步骤 13：使用相同的操作，输入文字“书券 1 张”，在图层面板中得到如下图所示的文字图层。

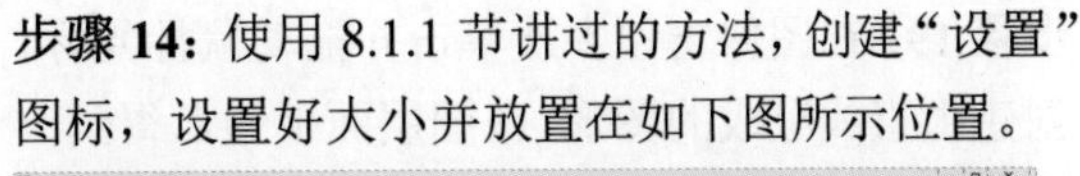

步骤 14：使用 8.1.1 节讲过的方法，创建“设置”图标，设置好大小并放置在如下图所示位置。

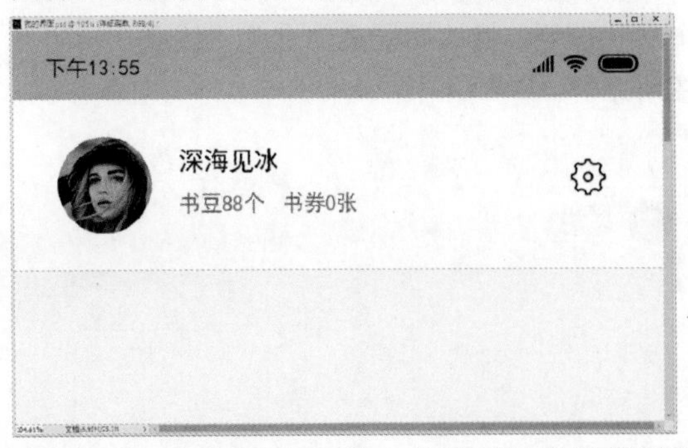

步骤 15：选择除“背景”组和“通知栏”组外的所有图层，执行“图层＞图层编组”命令进行编组，并将该组重命名为“个人设置”，如下图所示。

步骤 16：选择矩形工具，在其属性栏设置类型为“形状”，填充颜色为#ffffff，描边颜色为#d3d3d3，描边大小为“1 像素”，如下图所示。

步骤 17：在图像窗口“个人设置”版块下方单击并拖动鼠标光标，创建宽高为 1082 像素×1430 像素的矩形），在图层面板中可得到一个形状图层，将该图层重命名为“菜单背景”，如下图所示。

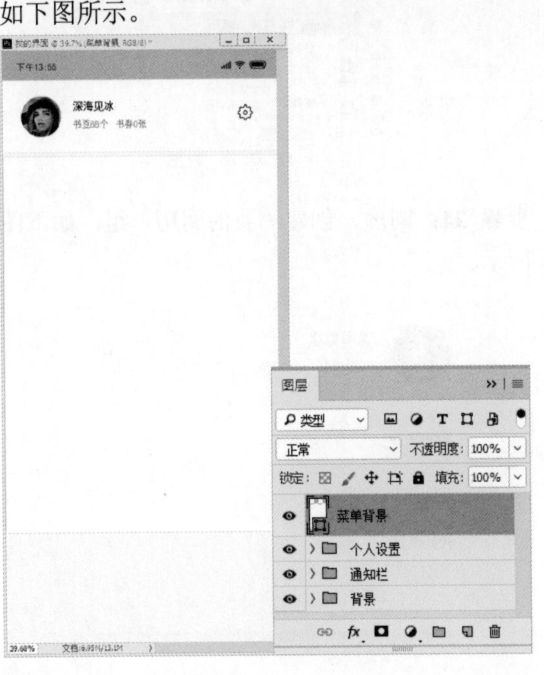

步骤 18：选择直线工具，在其属性栏设置类型为“形状”，描边颜色为#d5d5d5，线条粗细为“1 像素”，路径操作方式为合并形状，如下图所示。

步骤 19：在图像窗口多次单击并拖动鼠标光标，创建由直线组成的图形，在图层面板中可得到一个形状图层，将该图层重命名为“线条”，如下图所示。

步骤 20：选择横排文字工具，设置字体为黑体，字号为 42 点，颜色为#000000，然后输入文字“我的账户”，在图层面板得到如下图所示的“我的账户”文字图层。

步骤 21：选择横排文字工具，设置字体为黑体，字号为 30 点，颜色为#4a4a4a，在如下图所示位置输入“>”图标，接着将该图层重命名为“下一层菜单图标”。

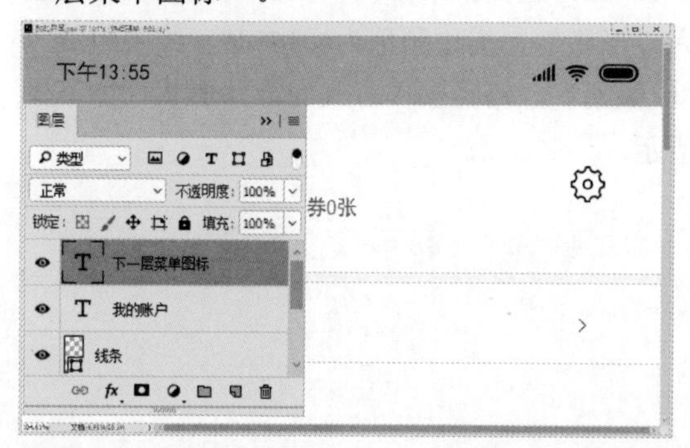

步骤 22：同时选择“我的账户”和“下一层菜单图标”图层，然后执行“图层>图层编组”命令进行编组，并将该组重命名为“我的账户”，如下图所示。

步骤 23：使用相同的方法，创建“我的钱包”组，如下图所示。

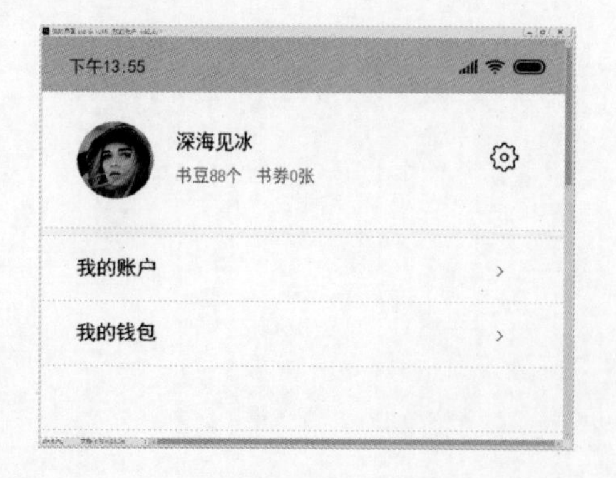

步骤 24：同理，创建“我的阅历”组，如下图所示。

步骤 25：创建“我的收藏”组，如下图所示。

步骤 26：创建如下图所示的“我的卡券”组。需要注意的是，在“我的卡券”文字右侧，使用椭圆工具创建了一个红色的小圆点，用来表示未读信息，在最右侧也用数字“5”表示所拥有的卡券数目。

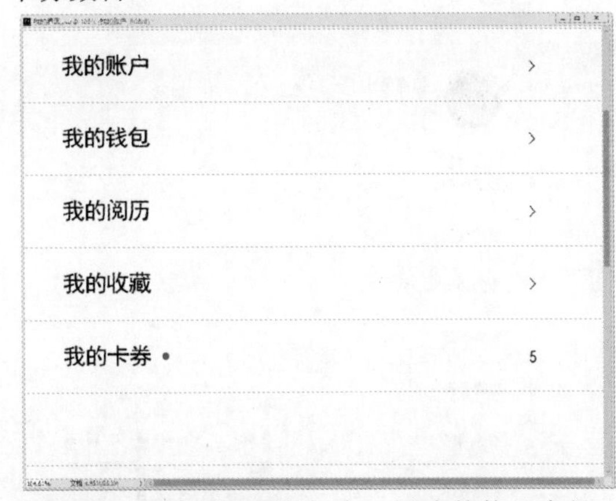

步骤 27：然后创建“我的消息”组，如下图所示。

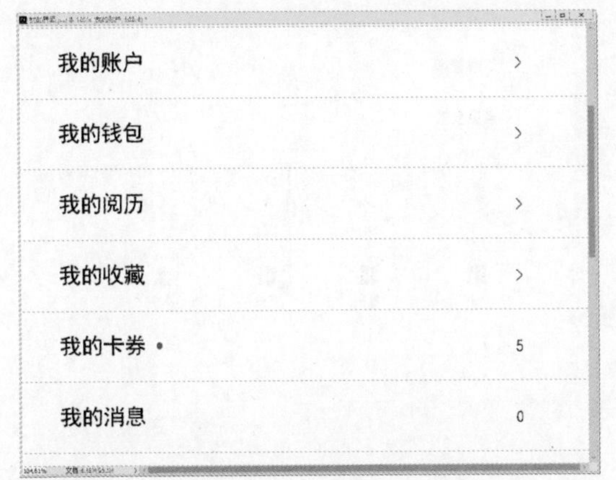

步骤 28：使用相同的方法，创建其他几个组，如下图所示。

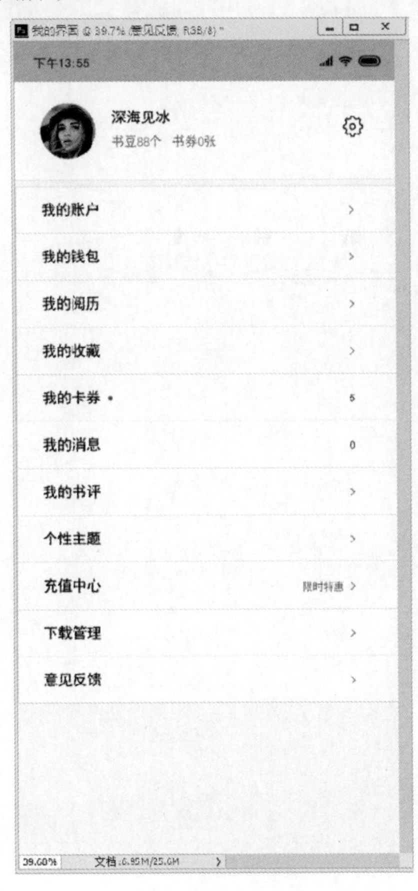

步骤 29：同时选择除“背景”“通知栏”和“个人设置”三个组外的所有图层和组，然后执行“图层>图层编组”命令进行编组，并将该组重命名为“详细菜单”，如下图所示。

步骤 30：使用 8.6.2 节“书架界面设计”中相同的操作，创建个人界面中的菜单栏，图像窗口显示效果如下图所示（“我的”图标颜色为 #dc6338）。

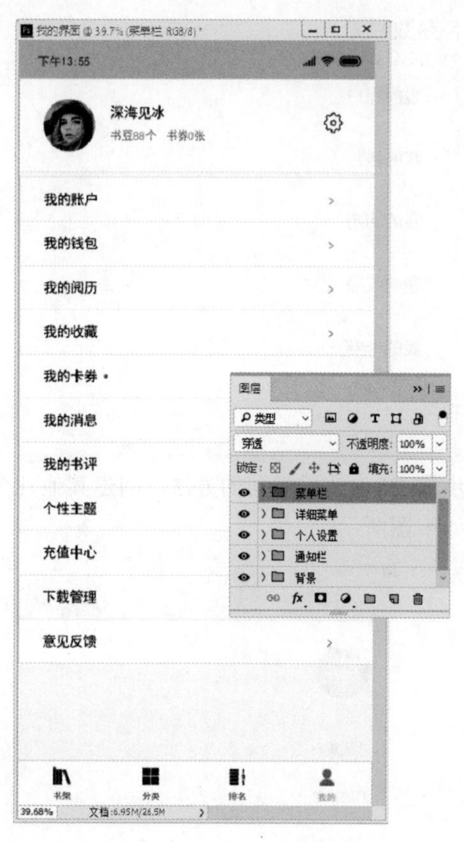

步骤 31：最后执行“文件>存储为”命令，选择图像的保存位置和格式，保存即可。保存的 jpeg 格式图像效果如下图所示。

第 9 章　网店设计

9.1　网店首页布局简介

一般的网店首页布局如下图所示，主要包括店铺招牌、导航条、全屏海报、活动入口、分类导航、客服、产品主图、自定义、尾部、背景等模块。

店铺布局简介

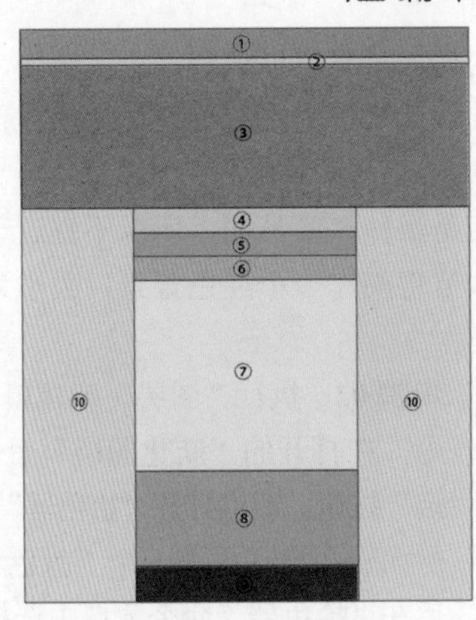

①店铺招牌模块
②导航条模块
③全屏海报模块
④活动入口模块（优惠卷）
⑤分类导航模块
⑥客服模块
⑦产品主图模块
⑧自定义模块
⑨尾部模块
⑩背景模块

1. 店铺招牌

店铺招牌的内容一般包括两部分：下面的背景和上面的 Logo 标志及文字部分。

2. 导航条

导航条一般包含所有分类、首页、新品、热销、VIP、品牌故事等内容，其主要作用是快速链接相应页面，方便顾客迅速定位所需内容。

3. 全屏海报（Banner）

全屏海报的主要作用是展现品牌的推荐商品和店铺公告等内容。

4. 活动入口（优惠券）

指店铺的打折促销和优惠活动等内容。

5. 分类导航

此版块会将商品按自身的属性、价格、性能等特点进行详细分类，能更好地展现商品，方便顾客购买。

6. 客服

客服模块包括顾客与商家沟通的软件，方便顾客联系商家。

7. 产品主图

产品主图模块用于将商品通过平面图片展示出来，提升商品的视觉效果。

8. 自定义

自定义模块作为产品介绍的补充，其创建方法和产品主图模块类似，只是使用不同的排版方式而已。

9. 尾部

尾部模块用于介绍关于快递、包装、物流、售后等内容。

10. 背景

背景模块位于网店首页底部，在首页两侧空白的背景上，可以将“二维码”或者“优惠券”等信息放置在上面。

9.2 招牌设计

网店的招牌设计包括下方的背景和上方的内容。背景可以选择纯色、渐变、实物照片等，而背景上方的内容一般在左侧设计店铺名称、Logo、口号等，在右侧设计优惠券、收藏、关注网店图标等内容。

注意，网店招牌要明确地告知顾客这家网店是卖什么商品的，所以不宜过于花哨。

网店招牌的尺寸可以根据需要进行设置，本节将制作一个纯色背景，大小为 1920 像素×150 像素的店铺招牌。

步骤 01：打开 Photoshop，执行“文件＞新建”命令，然后设置相应的宽度和高度，单击“创建”按钮，新建“背景”图层，如下图所示。

步骤 02：执行“图层＞新建填充图层＞纯色”命令，在打开的“新建图层”命令窗口中单击“确定”按钮，即可打开“拾色器”命令窗口，此时图层面板会自动添加一个“颜色填充 1”图层，然后在“拾色器”命令窗口中选择 R=193，G=159，B=148 的颜色，图像窗口显示效果如下图所示。

步骤 03：解锁“背景”图层（单击“背景”图层后的小锁图标即可），同时选择“背景”和“颜色填充 1”图层，然后执行“图层＞图层编组”命令进行编组，并将该组重命名为“背景”，如下图所示。

步骤 04：执行“文件＞打开”命令，打开牛仔裤背景素材图，如下图所示。

步骤 05：使用通道抠图法抠出牛仔裤，如下图所示。

步骤 06：选择移动工具，将抠出的牛仔裤素材图拖动到“背景”组之上，得到一个新图层，将该图层重命名为“牛仔裤”，如下图所示。

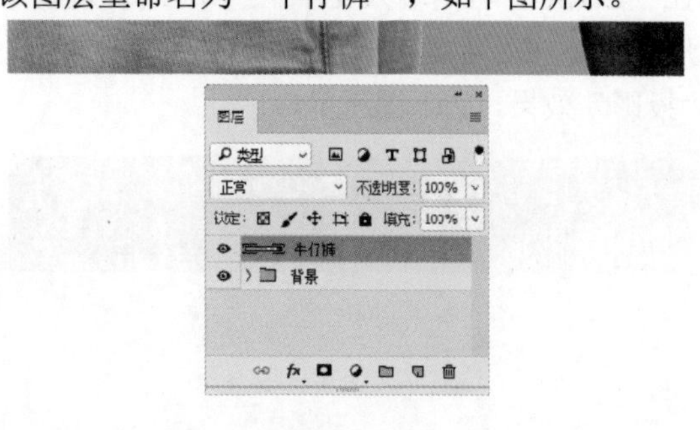

步骤 07：执行“编辑>自由变换”命令，调整“牛仔裤”图层的大小及位置，如右图所示，最后按 Enter 键。

步骤 08：选择横排文字工具，设置字体为 AR JULIAN，字号为“20 点”，颜色为#040404，输入文字“LOGO”，在图层面板中得到如下图所示的“logo”图层。

步骤 09：执行“图层>图层样式>投影”命令，打开“投影”命令窗口，然后设置参数，给文字图层添加一个投影效果，如下图所示。

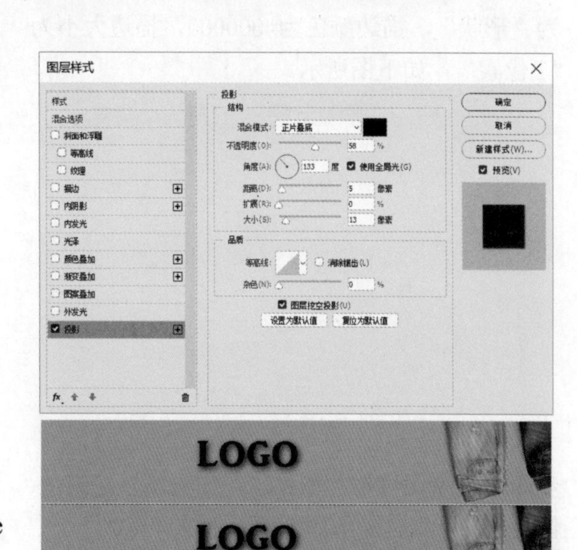

步骤 10：选择横排文字工具，设置字体为 Adobe 黑体 Std，字号为 8 点，颜色为#040404，在“LOGO”下方输入文字“旗舰店”，然后为文字添加和步骤 09 相同参数的“投影”效果，在图层面板中得到如右图所示的“旗舰店”图层。

步骤 11：选择横排文字工具，设置字体为方正小标宋简体，字号为“6 点”，颜色为#040404，在“LOGO”右侧输入文字“选牛仔裤 就找牛魔王”，然后为文字添加和步骤 09 相同参数的“投影”效果，如下图所示。

步骤 12：同时选择三个文字图层，然后执行“图层>图层编组”命令进行编组，并将该组重命名为“logo”，如下图所示。

步骤 13：选择直线工具，在其属性栏设置类型为“形状”，描边颜色为#000000，描边大小为“1 像素”，如下图所示。

步骤 14：在图像窗口单击并拖动鼠标光标，创建如下图所示的线段，在图层面板中可得到一个形状图层，将该图层重命名为“白线”。

步骤 15：使用同样的操作，在“白线”左侧 1 像素的位置创建一条如下图所示的“黑线”。

步骤 16：同时选择“白线”和“黑线”图层，执行“图层>图层编组”命令进行编组，并将该组重命名为“分割线”，如下图所示。

步骤 17：接着创建如右图所示的“优惠券”。

步骤 18：选择自定形状工具，在其属性栏设置类型为“形状”，填充颜色为#ff0000，如右图所示。

步骤 19：在图像窗口单击，创建如下图所示的五角星，在图层面板中可得到一个形状图层，将该图层重命名为“五角星”。

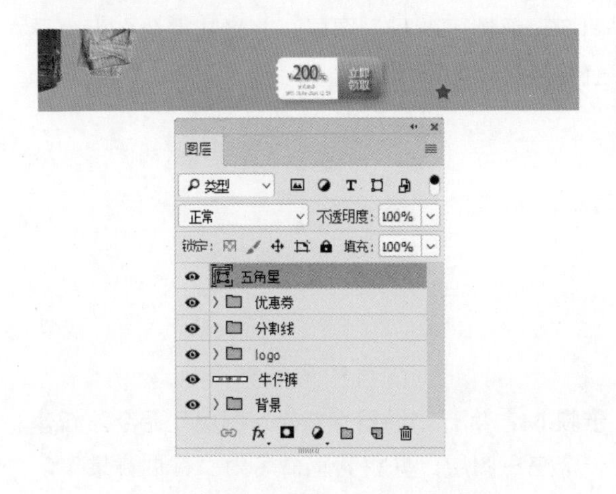

步骤 20：选择横排文字工具，设置字体为方正小标宋简体，字号为 5.33 点，颜色为#040404，在“五角星”右侧输入文字“收藏我们”，为文字添加和步骤 09 相同参数的“投影”效果，在图层面板中得到如下图所示的“收藏我们”图层。

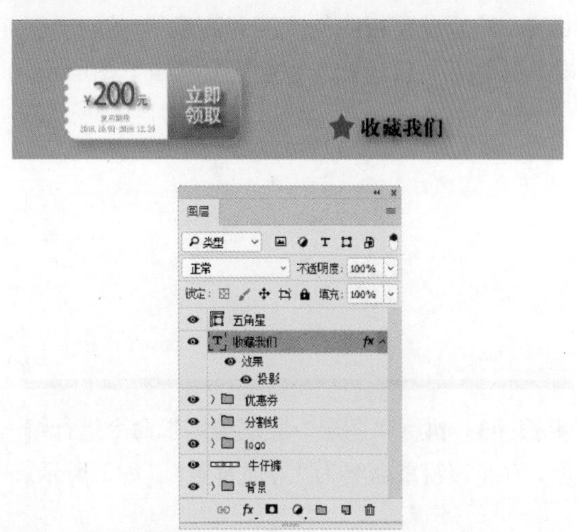

步骤 21：使用相同的操作，创建如下图所示的“心”形状图层和“关注我们”文字图层。

步骤 22：同时选择“五角星”“收藏我们”“心”和“关注我们”四个图层，然后执行“图层>图层编组”命令进行编组，并将该组重命名为“收藏”，如下图所示。

步骤 23：最后执行“文件>存储为”命令，选择图像的保存位置和格式，保存即可，最终效果如下图所示。

步骤 24：使用相同的思路，如果选择渐变背景，即可得到如下图所示的店铺招牌。

步骤 25：使用相同的思路，如果选择图像背景，即可得到如右图所示的店铺招牌。

9.3 导航条设计

导航条是每个网店首页必须具备的版块，它的设计包括下方的背景和上方的文字，在有些情况下也可以不要背景。注意，应该让导航条背景和上方文字的颜色有较大差异，方便顾客浏览。

导航条尺寸可以根据需要来设置。本节将制作一个纯色背景、大小为 1920 像素×30 像素的导航条。

步骤 01：打开 Photoshop，执行“文件>新建”命令，然后设置相应的宽度和高度等，单击“创建”按钮后，新建的“背景”图层如下图所示。

步骤 02：在图层面板单击“背景”图层后的小锁图标，解锁“背景”图层，并将其重命名为“导航背景”，如下图所示。

步骤 03：执行“图层>图层编组”命令进行编组，并将该组重命名为“导航背景”，如下所示。

步骤 04：执行“图层>新建>图层”命令，新建一个空白图层，并将其重命名为“首页背景”，如下图所示。

步骤 05：选择矩形选框工具，在“首页背景”图层上创建如下图所示的选区。

步骤 06：执行“编辑>填充”命令，给选区填充颜色#7f0c0c，然后执行“选择>取消选择”命令，取消刚才创建的选区，如下图所示。

步骤 07：选择横排文字工具，设置字体为 Adobe 黑体 Std，字号为 5 点，颜色为#ffffff，在如右图所示位置输入文字“首页”，在图层面板中得到“首页”文字图层。

步骤 08: 执行“图层>图层样式>投影”命令，打开“投影”命令窗口，设置参数，给文字图层添加一个投影效果，如右图所示。

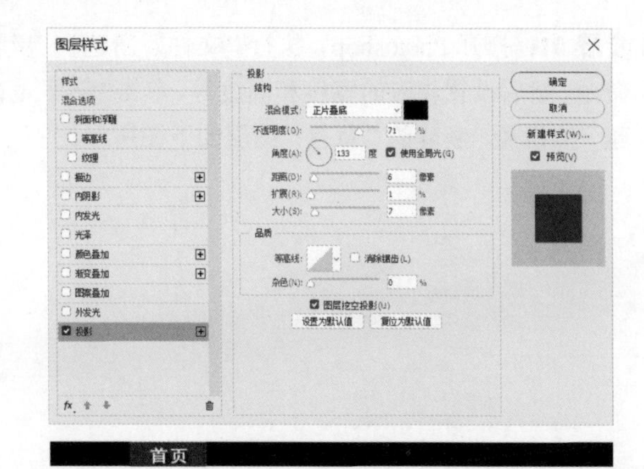

步骤 09: 使用同样的操作，在“首页”图层左侧输入文字“所有宝贝”，然后为文字添加和步骤 08 相同参数的“投影”效果，如下图所示。

步骤 10: 接着输入其他导航菜单项文字，如下图所示。

步骤 11: 同时选择所有的“文字”图层和“首页背景”图层，然后执行“图层>图层编组”命令进行编组，并将该组重命名为“导航文字”，如下图所示。

步骤 12: 根据第 8 章所学内容，在导航栏右侧创建一个如下图所示的“搜索框”。

步骤 13: 最后执行“文件>存储为”命令，选择图像的保存位置和格式，保存即可，如下图所示。

9.4　全屏海报设计（Banner）

全屏海报设计包括下方的背景和上方的主体（模特或者商品）、文案、点缀元素等内容。背景可以选择纯色、渐变、拼接、实际场景等，而主体和文案一般一左一右分布，文案需要注意字体和排版，字号、粗细、疏密、色彩、种类、对齐方式不同，代表的形象也不同，点缀元素会提升海报的层次和立体感。

全屏海报的尺寸可以根据需要来进行设置，本节将制作一个大小为 1920 像素×500 像素的全屏海报。

步骤 01：打开 Photoshop，执行“文件>新建”命令，然后设置相应的宽度和高度等，单击“创建”按钮后，新建的“背景”图层如下图所示。

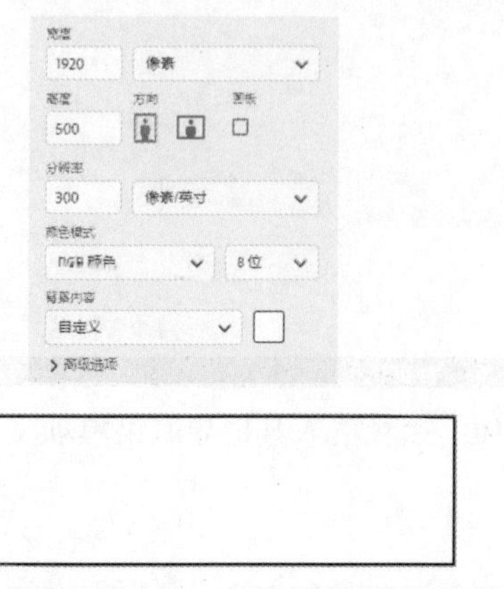

步骤 02：在图层面板解锁“背景”图层，并将其重命名为“海报背景”，如下图所示。

步骤 03：选择矩形工具，在其属性栏设置类型为“形状”，填充颜色为#bfbfbf，如下图所示。

步骤 04：在图像窗口单击并拖动鼠标光标，创建如下图所示的宽高为 1920 像素×500 像素的矩形，在图层面板中可得到一个形状图层，将该图层重命名为“海报模板”。

步骤 05：执行“文件>打开”命令，打开如下图所示的渐变背景素材图。

步骤 06：选择移动工具，将渐变背景素材图拖动到“海报模板”图层之上，得到一个新图层，并将该图层重命名为“渐变背景”，如下图所示。

步骤 07：执行“编辑＞自由变换”命令，调整“渐变背景”图层的大小及位置，如下图所示，最后按 Enter 键。

步骤 08：执行“图层＞创建剪贴蒙板”命令，为“渐变背景”图层添加剪贴蒙版（以后要换背景，只需替换“渐变背景”图层即可），如下图所示。

步骤 09：执行“文件＞打开”命令，打开如下图所示的建筑背景素材图。

步骤 10：使用通道抠图法抠出建筑图像，如下图所示。

步骤 11：选择移动工具，将抠出的建筑素材图拖动到“渐变背景”图层之上，得到一个新图层，将该图层重命名为“建筑修饰”，如下图所示。

步骤 12：执行“编辑＞自由变换”命令，调整“建筑修饰”图层的大小及位置，如下图所示，最后按 Enter 键。

步骤 13：在图层面板将“建筑修饰”图层的不透明度修改为“42%”，让“建筑修饰”图层显示的效果淡一点，效果如右图所示。

步骤 14：执行“图层>创建剪贴蒙板”命令，为“建筑修饰”图层添加剪贴蒙版（以后要换修饰元素，只需替换“建筑修饰”图层即可），如下图所示。

步骤 15：同时选择“建筑修饰”“渐变背景”“海报模版”和“海报背景”图层，然后执行“图层>图层编组”命令进行编组，并将该组重命名为“背景”，如下图所示。

步骤 16：选择横排文字工具，设置字体为 AR JULIAN，字号为 18 点，颜色为#053f4a，输入文字“NEW SPRING”，同时在图层面板中得到“new spring”文字图层。

步骤 17：选择横排文字工具，设置字体为华文琥珀，字号为 30 点，颜色为#053f4a，在如下图所示位置输入文字“百搭牛仔”，在图层面板中得到“百搭牛仔”文字图层。

步骤 18：选择横排文字工具，设置字体为方正小标宋简体，字号为 10 点，颜色为#053f4a，在如右图所示位置输入文字“时尚版型 顶级面料”，在图层面板中得到“时尚版型 顶级面料”文字图层。

步骤 19：选择矩形工具，在其属性栏设置类型为“形状”，填充颜色为#053f4a，如右图所示。

步骤 20：在图像窗口单击并拖动鼠标光标，创建宽高为 456 像素×60 像素的矩形，即可得到一个形状图层，将该图层重命名为“蓝背景”，如下图所示。

步骤 21：选择横排文字工具，设置字体为方正小标宋简体，字号为“10 点”，颜色为#fefefe，在如下图所示位置输入文字“全场让利 满 150 返 10 元”，得到“全场让利 满 150 返 10 元”文字图层。

步骤 22：同时选择所有的文字图层和“蓝背景”图层，然后执行“图层>图层编组”命令进行编组，并将该组重命名为“文字”，如右图所示。

步骤 23：选择椭圆工具，在其属性栏设置类型为“形状”，填充颜色为#930000，如右图所示。

步骤 24：在图像窗口单击并拖动鼠标光标，创建宽高为 109 像素×109 像素的圆形，即可得到一个形状图层，将该图层重命名为“椭圆背景”，如下图所示。

步骤 25：选择横排文字工具，设置字体为 Adobe 黑体 Std，字号为 6.85 点，颜色为#ffffff，在如下图所示位置输入文字“仅售”，即可得到“仅售”文字图层。

步骤 26：选择横排文字工具，设置字体为 Adobe 黑体 Std，字号为 4.62 点，颜色为#ffffff，在如下图所示位置输入字符“￥”，在图层面板中得到“￥”图层。

步骤 27：选择横排文字工具，设置字体为 Adobe 黑体 Std，颜色为#fefefe，在如下图所示位置输入数字“99.00”，在图层面板中得到“99.00”文字图层。

步骤 28：选择所有的文字图层和“椭圆背景”图层，然后执行“图层>图层编组”命令进行编组，并将该组重命名为“售价”，如右图所示。

步骤 29：执行“文件>打开”命令，打开如下图所示的牛仔裤背景素材图。

步骤 30：根据前面所学知识，执行“滤镜>液化”命令，对素材进行液化处理，效果如下图所示。

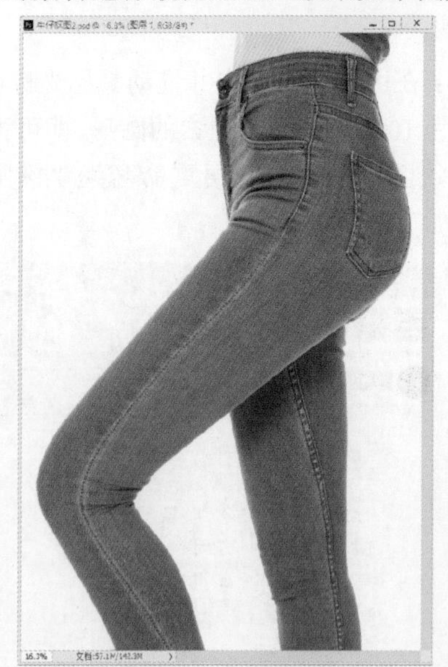

步骤 31：使用通道抠图法抠出牛仔裤，如下图所示。

步骤 32：选择移动工具，将抠出的牛仔裤素材图拖动到“售价”组之上，得到如下图所示的一个新图层，并将该图层重命名为“模特”。

步骤 33：执行“编辑＞自由变换”命令，调整“模特”图层的大小及位置，如下图所示，最后按 Enter 键。

步骤 32：选择“模特”图层，然后执行“图层＞图层编组”命令进行编组，并将该组重命名为“商品”，如下图所示。

步骤 33：最后执行“文件＞存储为”命令，选择图像的保存位置和格式，保存即可，最终效果如右图所示。

9.5　优惠券设计

活动入口版块主要是优惠券设计，优惠券设计一般包括下方的背景和上方的文字，本节将讲解如何制作优惠券。

步骤 01：打开 Photoshop，执行“文件＞新建”命令，然后设置相应的宽度和高度等，单击“创建”按钮后，新建的“背景”图层如右图所示。

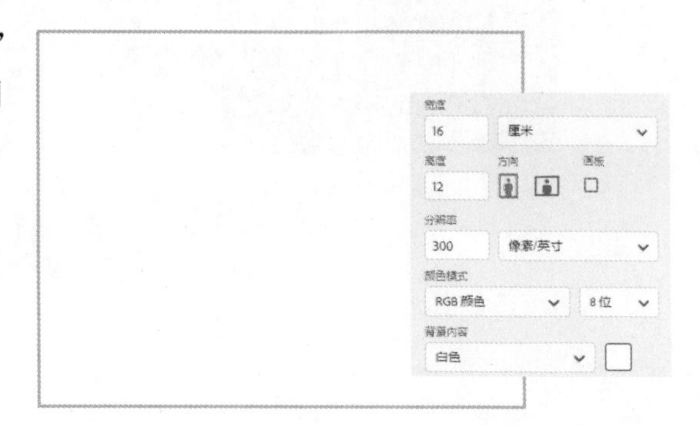

步骤 02：选择矩形工具，在其属性栏设置类型为形状，填充颜色为#ff9a42，如右图所示。

步骤 03：接着在图像窗口单击并拖动鼠标光标，创建宽高为 1036 像素×492 像素的矩形，即可得到一个形状图层，如右图所示将该图层重命名为“优惠券背景”。

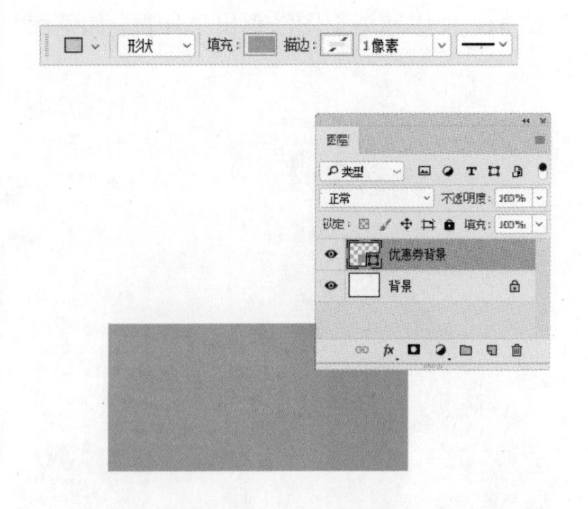

步骤 04：执行“图层>图层样式>描边”命令，打开“描边”命令窗口，然后设置参数，给“优惠券背景”图层添加一个描边效果（颜色为黑色），如下图所示。

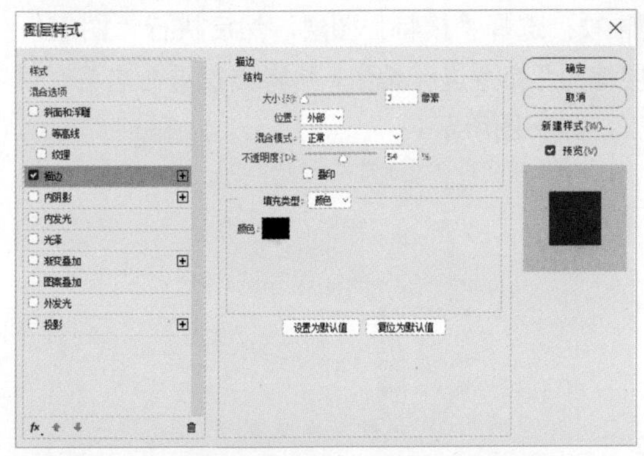

步骤 05：选择横排文字工具，设置字体为方正小标宋简体，字号为 28 点，颜色为#fefefe，在如下图所示位置输入符号“￥”，在图层面板中得到“￥”文字图层。

步骤 06：选择横排文字工具，设置字体为 AR JULIAN，字号为 48 点，颜色为#fefefe，在如下图所示位置输入数字“100”，在图层面板中得到“100”文字图层。

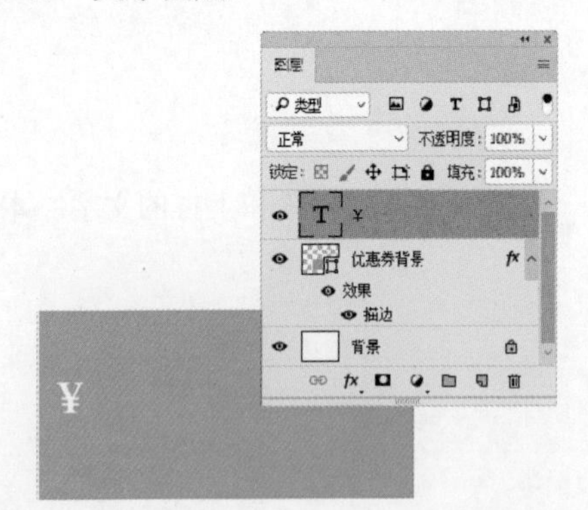

步骤 07：选择横排文字工具，设置字体为 Adobe 黑体 Std，字号为 14 点，颜色为#fefefe，在如下图所示位置输入文字“满 1000 元使用”，在图层面板中得到“满 1000 元使用”文字图层。

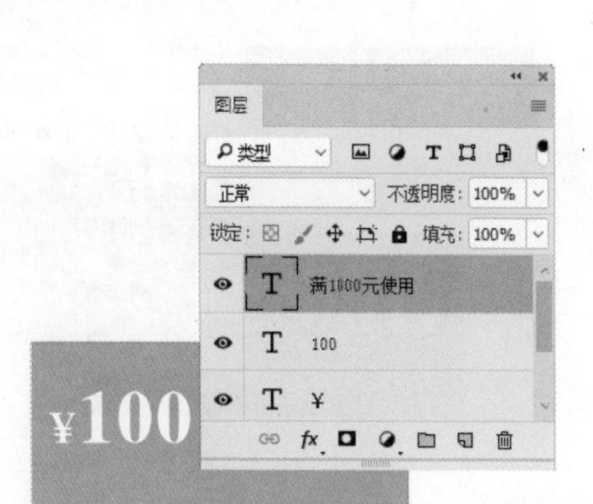

步骤 08：选择横排文字工具，设置字体为 Adobe 黑体 Std，字号为 14 点，颜色为#fefefe，在如下图所示位置输入文字“有效期 2019.2.24—2020.12.24”，在图层面板中得到“有效期 2019.2.24—2020.12.24”文字图层。

步骤 09：选择矩形工具，在其属性栏设置类型为“形状”，填充颜色为#e98028，如右图所示。

步骤 10：在图像窗口单击并拖动鼠标光标，创建宽高为 128 像素×492 像素的矩形，即可得到一个形状图层，将该图层重命名为“领取背景”，如下图所示。

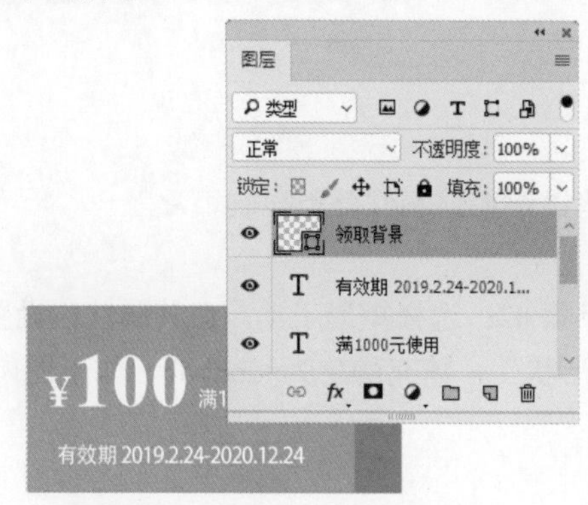

步骤 11：选择直排文字工具，设置字体为方正小标宋简体，字号为 19 点，颜色为#fefefe，在如下图所示位置输入文字“领取”，在图层面板中得到 “领取”文字图层。

步骤 12：同时选择除“背景”外的所有图层，然后执行“图层＞图层编组”命令进行编组，并将该组重命名为“模板 1”，如右图所示。

步骤 13：使用相同的操作，创建如下图所示的“模板 2”“模板 3”和“模板 4”组。

步骤 14：最后执行“文件＞存储为”命令，选择图像的保存位置和格式，保存即可，最终效果如下图所示。

步骤 15：使用相同的思路，还可以创建如右图所示的其他样式的优惠券。

9.6 分类导航设计

分类导航版块主要是对商品进行分类，本节将讲解如何制作分类导航。

步骤 01：打开 Photoshop，执行“文件＞打开”命令，打开如下图所示的背景素材图。

步骤 02：选择矩形工具，在其属性栏设置类型为“形状”，填充颜色为#dbdbdb，如下图所示。

步骤 03：在图像窗口单击并拖动鼠标光标，创建宽高为 502 像素×140 像素的矩形，即可得到一个形状图层，将该图层重命名为“分类背景”，如下图所示。

步骤 04：执行“图层>图层样式>描边”命令，打开“描边”命令窗口，然后设置参数，给“优惠券背景”图层添加一个描边效果（颜色为黑色），如下图所示。

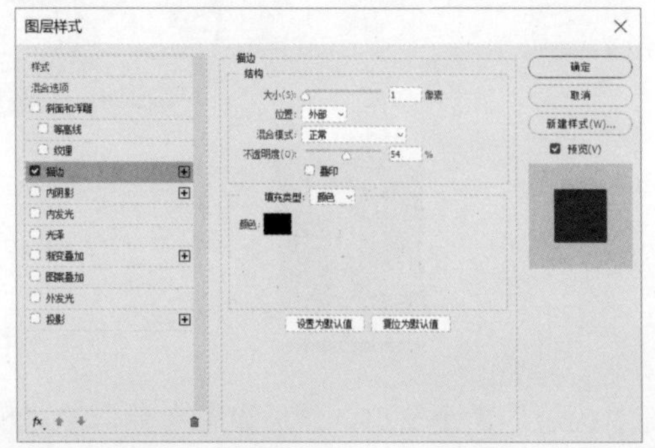

步骤 05：选择矩形工具，在其属性栏设置类型为“形状”，填充颜色为#4d4d4d，如右图所示。

步骤 06：在图像窗口“优惠券背景”图层下面单击并拖动鼠标光标，创建宽高为 502 像素×40 像素的矩形，即可得到一个形状图层，将该图层重命名为“箭头背景”，如右图所示。

步骤 07：选择钢笔工具，在其属性栏设置类型为“形状”，填充颜色为#ffffff，如下图所示。

步骤 08：在图像窗口创建如下图所示的箭头，即可得到一个形状图层，将该图层重命名为“箭头”。

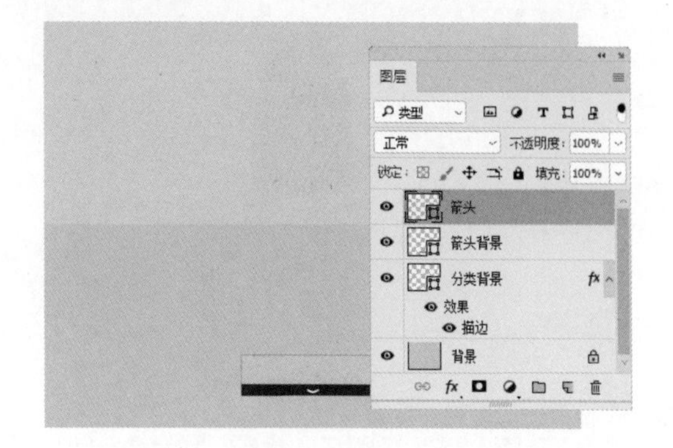

步骤 09：选择横排文字工具，设置字体为方正小标宋简体，字号为 12 点，颜色为#000000，在如右图所示位置输入文字“短裙子”，在图层面板中得到“短裙子”文字图层。

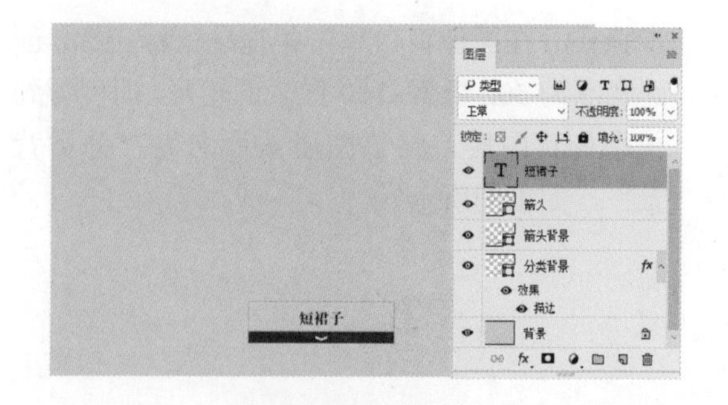

步骤 10：选择矩形工具，在其属性栏设置类型为“形状”，填充颜色为#e98028，如右图所示。

步骤 11：在图像窗口单击并拖动鼠标光标，创建宽高为 502 像素×502 像素的矩形，即可得到一个形状图层，将该图层重命名为“模特模板”，如右图所示。

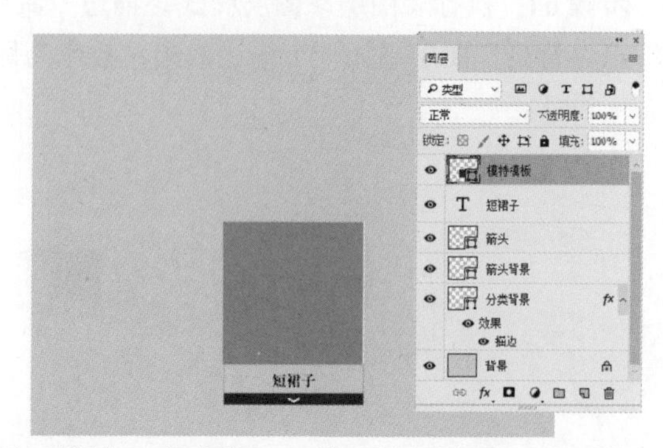

步骤 12：执行“图层>图层样式>描边”命令，打开“描边”命令窗口，然后设置参数，给“模特模板”图层添加一个描边效果（颜色为黑色），如下图所示。

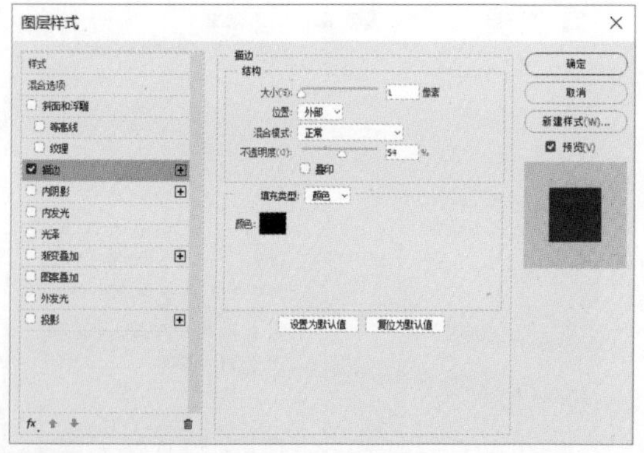

步骤 13：执行“文件>打开”命令，打开如下图所示的模特素材图。

步骤 14：选择移动工具，将模特素材图拖动到“模特模板”图层之上，得到一个新图层，将该图层重命名为“模特”，效果如下图所示。

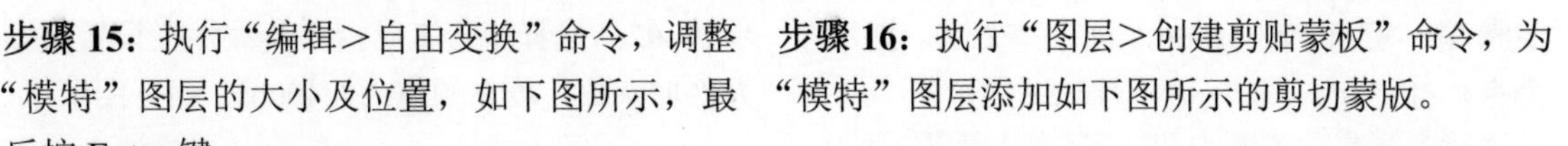

步骤 15： 执行“编辑＞自由变换”命令，调整“模特”图层的大小及位置，如下图所示，最后按 Enter 键。

步骤 16： 执行“图层＞创建剪贴蒙板”命令，为“模特”图层添加如下图所示的剪切蒙版。

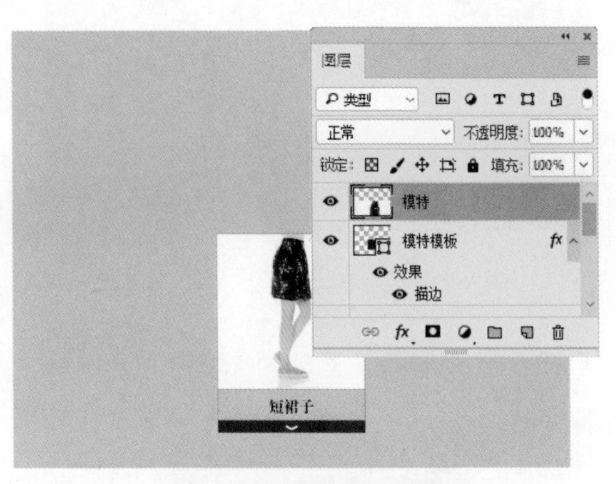

步骤 17： 同时选择除“背景”外的所有图层，然后执行“图层＞图层编组”命令进行编组，并将该组重命名为“模板 1”，如右图所示。

步骤 18： 使用相同的操作，创建如下图所示的“模板 2”“模板 3”“模板 4”和“模板 5”组。

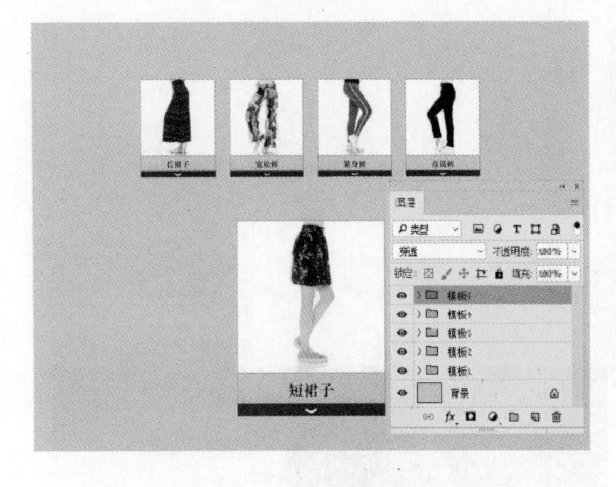

步骤 19： 最后执行“文件＞存储为”命令，选择图像的保存位置和格式，保存即可，最终效果如下图所示。

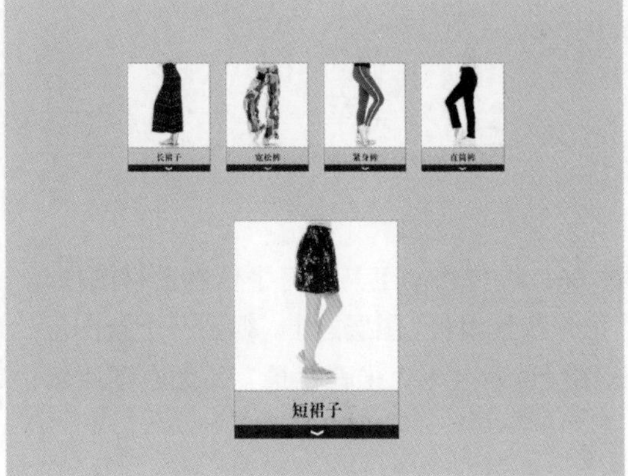

9.7　产品主图模块设计

产品主图模块是网店首页必备的重点版块，它没有固定的模板，可以设计出很多种类。

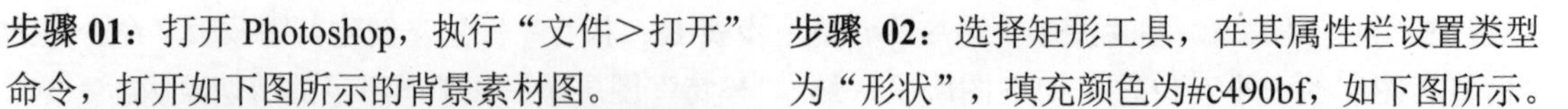

步骤 01：打开 Photoshop，执行“文件>打开”命令，打开如下图所示的背景素材图。

步骤 02：选择矩形工具，在其属性栏设置类型为“形状”，填充颜色为#c490bf，如下图所示。

形状 填充： 描边： 1像素

步骤 03：在图像窗口单击并拖动鼠标光标，创建宽高为 1920 像素×140 像素的矩形，即可得到一个形状图层，将该图层重命名为“推荐背景模板”，如下图所示。

步骤 04：执行“文件>打开”命令，打开如下图所示的牛仔裤素材图。

步骤 05：选择移动工具，将牛仔裤素材图拖动到“推荐背景模板”图层之上，得到一个新图层，将该图层重命名为“推荐背景”，如右图所示。

步骤 06：执行“编辑>自由变换”命令，调整“推荐背景”图层的大小及位置，如下图所示，最后按 Enter 键。

步骤 07：执行“图层>创建剪贴蒙板”命令，为“推荐背景”图层添加剪贴蒙版（以后要换修饰元素，只需替换“推荐背景”图层即可），如下图所示。

步骤 08：选择横排文字工具，设置字体为华文琥珀，字号为 12 点，颜色为#ffffff，在如下图所示位置输入文字“掌柜推荐”，在图层面板中得到 “掌柜推荐”图层。

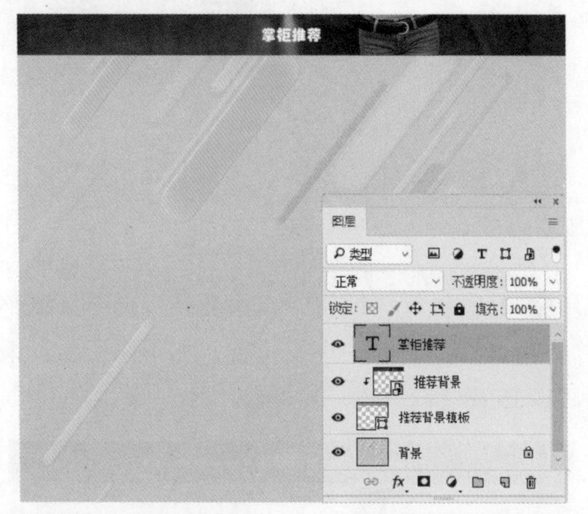

步骤 09：使用第 8 章中的知识点，在“掌柜推荐”图层两侧创建如下图所示的修饰素材，并在图层面板中将其重命名为“修饰素材”。

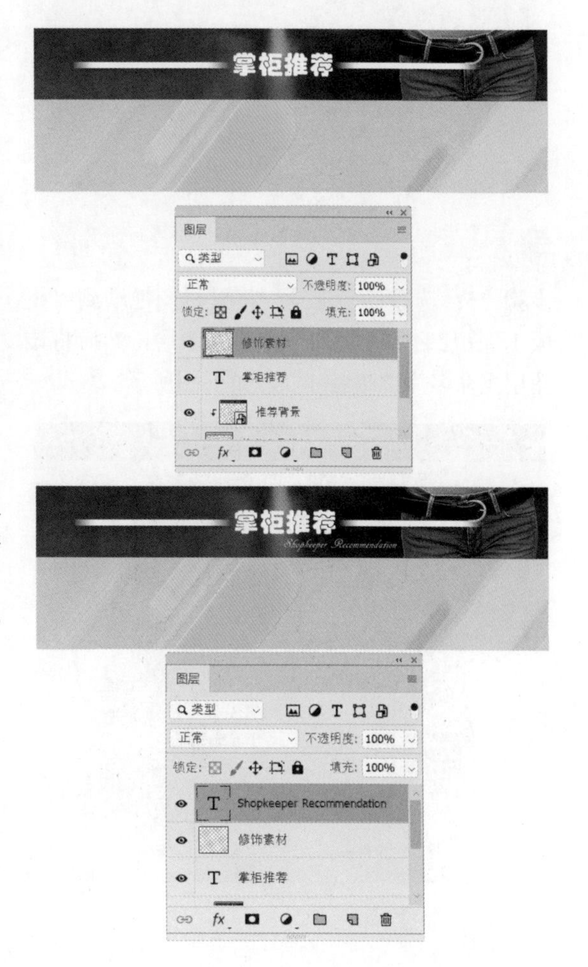

步骤 10：选择横排文字工具，设置字体为 AR DECODE，字号为 6 点，颜色为#ffffff，在如右图所示位置输入文字“Shopkeeper Recommendation”，在图层面板中得到“Shopkeeper Recommendation”文字图层。

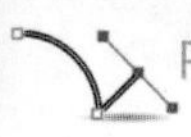

步骤 11：同时选择除“背景”图层外的所有图层，然后执行“图层＞图层编组”命令进行编组，并将该组重命名为“掌柜推荐”，如下图所示。

步骤 12：选择矩形工具，在其属性栏设置类型为“形状”，填充颜色为#c490bf，如下图所示。

步骤 13：在图像窗口单击并拖动鼠标光标，创建宽高为 542 像素×760 像素的矩形，即可得到一个形状图层，将该图层重命名为“模板 1”，如下图所示。

步骤 14：执行“文件＞打开”命令，打开如下图所示的素材图。

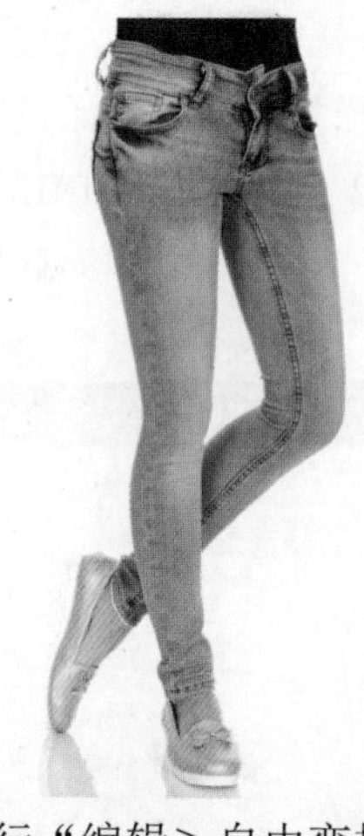

步骤 15：选择移动工具，将素材图拖动到“模板 1”图层之上，得到一个新的图层，然后将该图层重命名为“模特 1”，如下图所示。

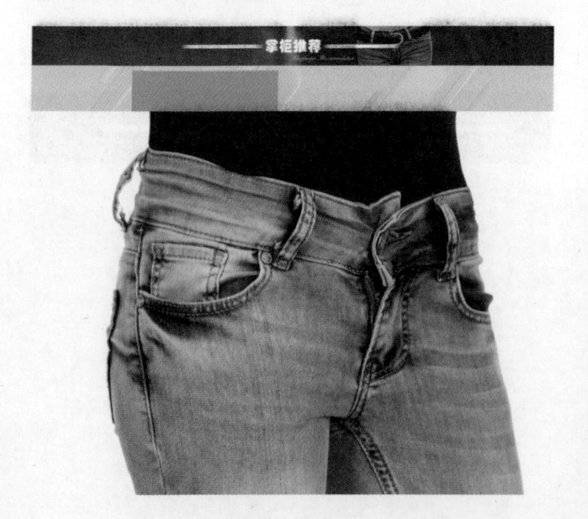

步骤 16：执行“编辑＞自由变换”命令，调整“模特 1”图层的大小及位置，如下图所示，最后按 Enter 键。

步骤 17： 执行“图层>创建剪贴蒙板”命令，为“模特 1”图层添加剪贴蒙版（以后要换商品图，只需替换“模特 1”图层即可），如下图所示。

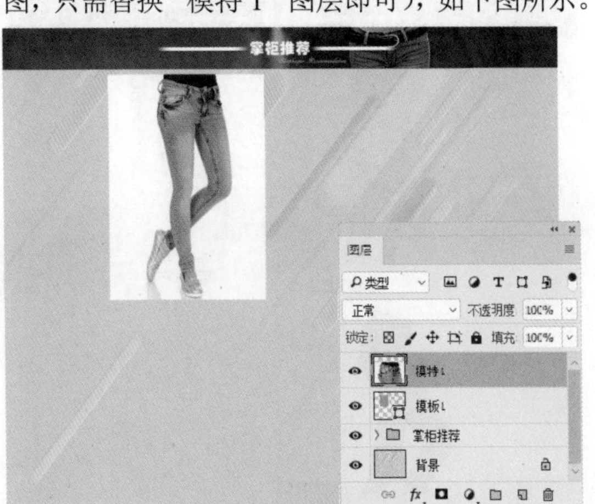

步骤 18： 选择矩形工具，在其属性栏设置类型为“形状”，填充颜色为#ff0000，如下图所示。

步骤 19： 在图像窗口单击并拖动鼠标光标，创建宽高为 218 像素×47 像素的矩形，即可得到一个形状图层，将该图层重命名为“价格背景”，如下图所示。

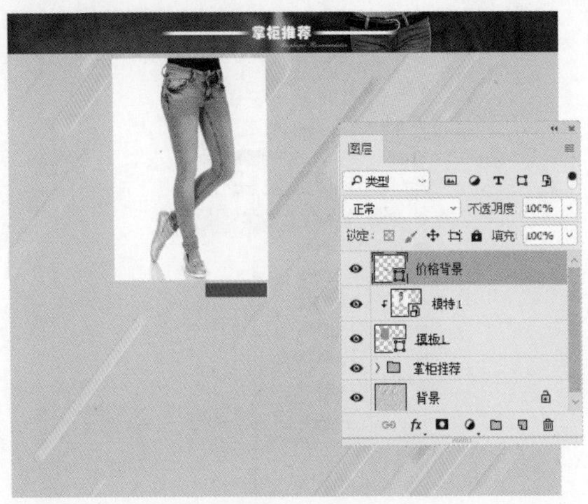

步骤 20： 选择横排文字工具，设置字体为 Adobe 黑体 Std，字号为 6 点，颜色为#ffffff，在如下图所示位置输入文字“折扣价￥599”，在图层面板中得到 “折扣价￥599”文字图层。

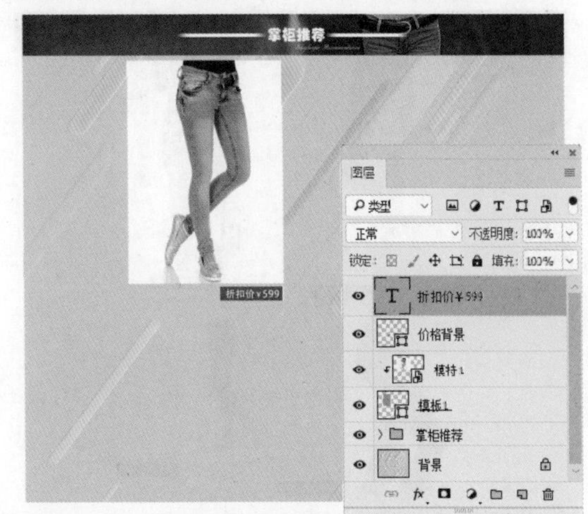

步骤 21： 同时选择“价格背景”和“折扣价￥599”图层，然后执行“图层>图层编组”命令进行编组，并将该组重命名为“价格 1”，如下图所示。

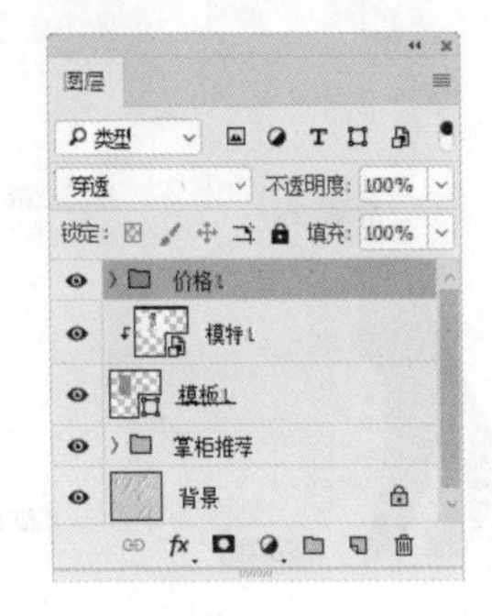

步骤 22： 同时选择“模特 1”图层、“模板 1”图层和“价格 1”组，然后执行“图层>图层编组”命令进行编组，并将该组重命名为“模板 1”，如下图所示。

步骤 23：使用相同的方式，创建如下图所示的“模板 2”组。

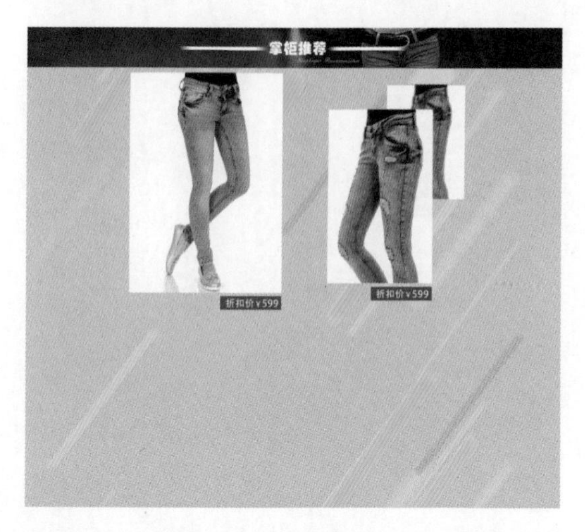

步骤 24：同理，创建如下图所示的“模板 3”组。

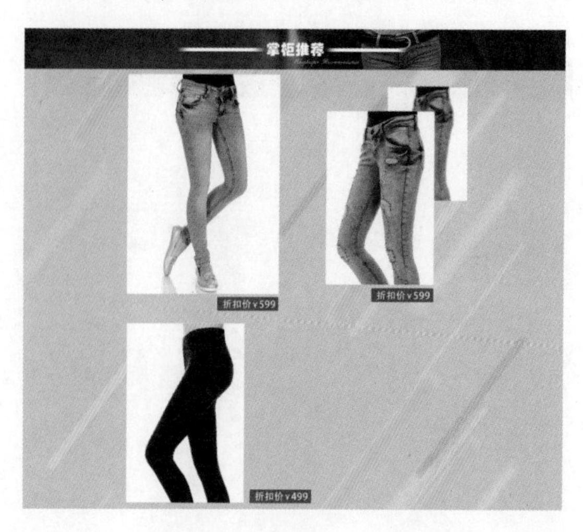

步骤 25：接着，创建如下图所示的“模板 4”组。

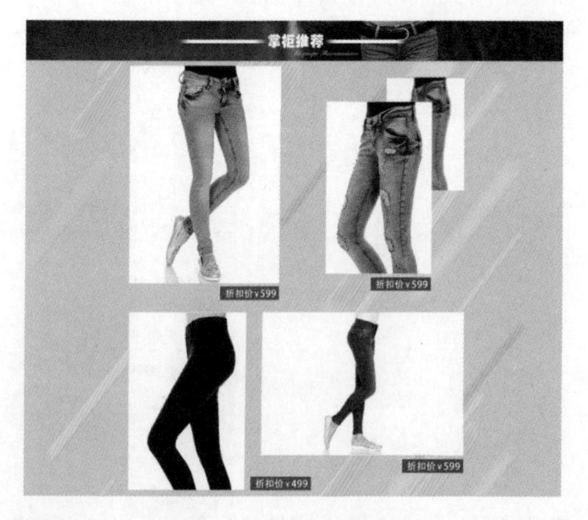

步骤 26：同时选择“模板 1”“模板 2”“模板 3”和“模板 4”组，然后执行“图层>图层编组”命令进行编组，并将该组重命名为“主图版块”，如下图所示。

步骤 27：最后执行“文件>存储为”命令，选择图像的保存位置和格式，保存即可，如右图所示。

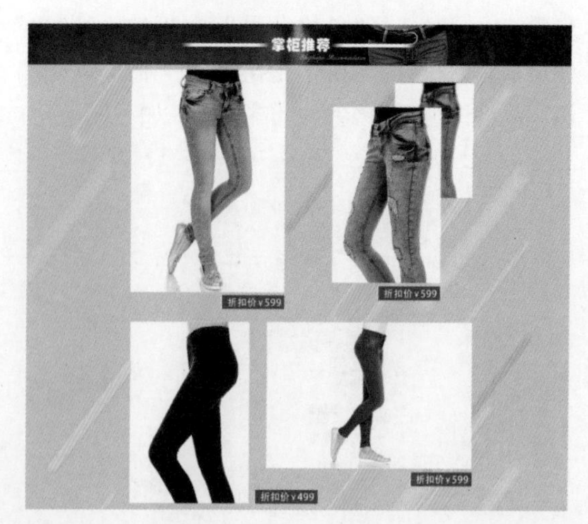

步骤 28：其他“自定义模块”的创建和“主图版块”的创建相似，只是使用不同的排版方式而已，如下图所示为一些自定义版块。

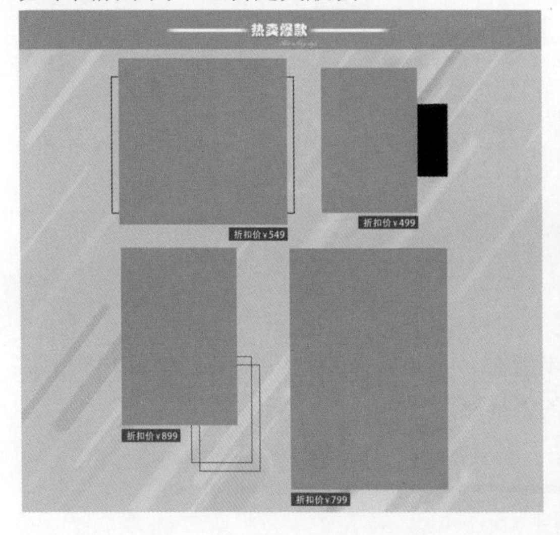

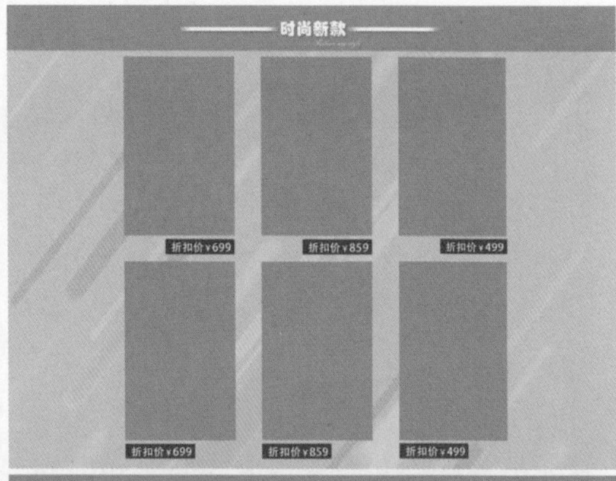

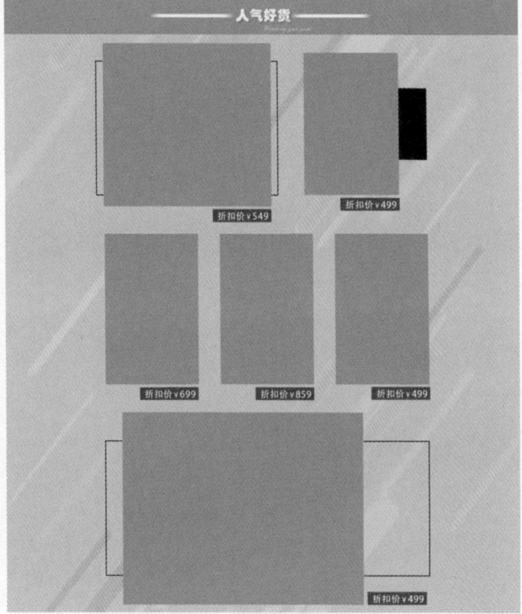

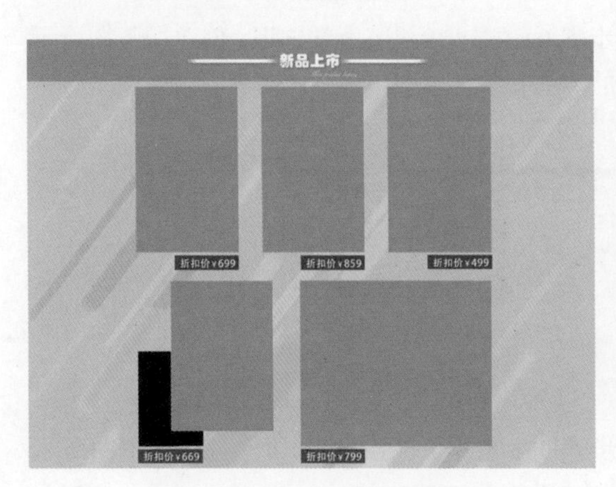

9.8　女装牛仔裤网店设计

在学习完网店招牌、导航条、全屏海报、优惠券、分类导航、产品主图模块的设计之后，本节根据前文所学知识设计一个女装牛仔裤网店，大致步骤如下。

步骤 01：打开 Photoshop，执行“文件＞打开”命令，打开如下图所示的背景素材图（大小为 1920 像素×6732 像素）。

步骤 02：根据 9.2 节所学知识，创建如下图所示的“店招”版块。

步骤 03：根据 9.3 节所学知识，创建如下图所示的“导航”版块。

步骤 04：根据 9.4 节所学知识，创建如下图所示的“海报”版块。

步骤 05：根据 9.5 节所学知识，创建如下图所示的“活动入口”版块。

步骤 06： 根据 9.6 节所学知识，创建如下图所示的“产品分类”版块，如下图所示。

步骤 08： 根据 9.7 节所学知识，创建如下图所示的“ 掌柜推荐”版块。

步骤 10： 同理，创建如下图所示的“热卖爆款”版块。

步骤 07： 我们在第 8 章已经学过图标的创建，本节只需复习旧知识，然后创建客服图标即可，如下图所示。

步骤 09： 根据 9.7 节所学知识，创建如下图所示的“新品上市”版块。

步骤 11： 尾部模块主要是购物指南、物流服务、安全提示、品质保障、合作伙伴、帮助中心、联系我们等问题的说明，只需文字说明就可以。创建的尾部模块如下图所示。

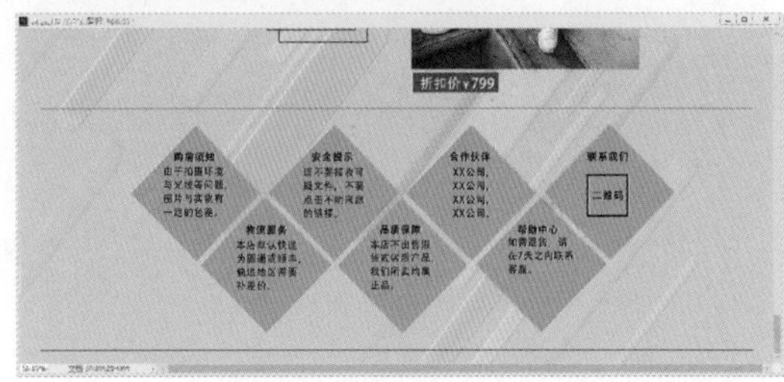

步骤 12：最后执行“文件>存储为”命令，选择图像的保存位置和格式，保存即可。保存的 jpeg 格式图像效果如右图所示。